高等职业教育"十四五"规划教材

高等职业本科教材

YOUPIN FENXI SHIXUN

油品分析实训

（第二版）

甘黎明　汪永丽　主编

U0254672

中国石化出版社

内容提要

本教材结合石油化工类职业本科专业现代分析测试技术、应用化工技术及专科专业工业分析与检验、炼油技术、石油化工生产技术等对油品分析职业能力要求而编写。教材包括 15 组实训，每组实训由 2~4 个子项目组成。教材中所选项目均来自现行的国家标准和行业标准，结合教材可进行油品密度、色度、馏程、黏度、闪点、凝点、冷滤点、苯胺点、热值、硫含量、实际胶质、水分、机械杂质、残炭、润滑油泡沫特性、石蜡熔点、沥青针入度、延度、软化点等典型油品检验项目的学习和操作训练。

本教材可作为高等职业院校现代分析测试技术、应用化工技术、工业分析与检验、炼油技术、石油化工生产技术等专业和其他相关专业的实训教材，也可作为油品检验、油品质量管理、油品应用等岗位的工作参考书以及相关岗位的技术培训参考教材。

图书在版编目（CIP）数据

油品分析实训/甘黎明，汪永丽主编 . — 2 版 . — 北京：中国石化出版社，2023.2

ISBN 978-7-5114-6966-3

Ⅰ . ①油… Ⅱ . ①甘… ②汪… Ⅲ . ①石油产品 - 分析 - 高等职业教育 - 教材 Ⅳ . ① TE626

中国版本图书馆 CIP 数据核字（2023）第 019957 号

中国石化出版社出版发行

地址：北京市东城区安定门外大街 58 号

邮编：100011　电话：（010）57512500

发行部电话：（010）57512575

http：//www.sinopec-press.com

E-mail：press@sinopec.com

北京富泰印刷有限责任公司印刷

全国各地新华书店经销

*

787×1092 毫米　16 开本　18.25 印张　332 千字

2023 年 8 月第 2 版　2023 年 8 月第 1 次印刷

定价：48.00 元

第二版前言

本教材第一版自 2015 年出版以来，受到多所高等职业院校及油品分析检验、应用等岗位技术人员的欢迎，在教学及实践过程中发挥了一定的积极作用。

随着石油化工行业的发展和分析检测技术的不断进步，国家和行业对一些石油产品的标准和试验方法进行了更新，第一版中的一些标准和内容稍显陈旧，不利于相关院校的教学工作，也给分析化验人员的参考工作带来诸多不便。因此，在第一版的基础上做了修订。

本次教材修订吸收广大读者的意见、建议，在保持第一版教材基本结构不变的基础上，重点进行了知识更新和标准查新，具体修订内容如下：

（1）注意知识更新，保持教材的先进性。增补了一些现行石油产品分析常用的方法；查阅最新国家及行业标准，对第一版教材中涉及的石油产品标准和试验方法进行更新，与新标准保持一致。

（2）丰富教材内容。随着标准的更新，增补、替换了大部分石油产品分析仪器的型号、图片及使用说明，保持相关分析仪器的先进性。

（3）继续保持教材的科学性和严谨性。注意职业能力培养，突出不同石油产品关键特性指标，使之更贴近教学需要。

本教材的修订由甘黎明负责协调组织，教材实训一～实训八由甘黎明（兰州石化职业技术大学）编写，实训九～实训十五及附录由汪永丽（兰州石化职业技术大学）编写，全书由甘黎明、汪永丽统稿并担任主编，兰州石化职业技术大学郑晓明、王守伟、田华等参与了部分修订工作，兰州石化公司质检处钱梅高级工程师、兰州石化职业技术大学李薇教授对本书进行审阅，在此对他们的付出表示衷心的感谢。

受编者水平所限，本次修订工作中难免存在疏漏，恳请专家和读者批评指正，不胜感谢。

编者

2023 年 3 月

第一版前言

油品分析实训是为了满足高职相关专业人才培养方案中对油品分析课程教学目标的要求，基于工学结合教学理念组织的，在实验（训）室针对不同油品的典型指标进行的知识、技能训练教学过程。

通过油品分析实训，要求达到以下目标：①使学生认识和感受石油及不同种类的石油产品的形状、外观，了解石油产品链，认识石油产品标准和试验方法标准；②能够正确解读石油及石油产品试验方法标准，并能够根据具体分析任务制订实施方案；③能够根据试验方法要求，正确进行取样、试样脱水、过滤等前处理工作；④能够控制试验条件，进行试样分析工作；能够对数据进行正确的计算和取舍，提供较规范的结果报告；⑤熟悉所做项目的影响因素，并能够正确应对；⑥熟悉油品分析过程中的不安全因素，并能够正确处理。

本教材结合石油化工类高职院校工业分析与检验、炼油技术、石油化工生产技术等专业人才培养方案对油品分析职业能力要求而编写。本教材可作为高职高专院校相关专业的实训教材，也可作为油品检验、油品质量管理、油品应用等岗位的工作参考书以及相关岗位的技术培训参考教材。

本教材秉承"工学结合"的教学理念，结合油品分析实训要求及实验室设备状况，围绕这几个专业对石油产品分析的基本知识和基本操作技能要求，以国家标准和行业标准为主，精选了一些使用普遍且单项操作用时不太多的实验方法编写而成。考虑到本教材在相关专业后续的专业实验和毕业设计（实验）中也有应用，因此个别项目尽管用时稍多也编入教材，以增加教材的适用性和选择性。

教材包括 15 个实训，每个实训由性能相近或联系紧密的 2~3 个子项目组成。教材中所选项目均来自现行的国家标准和行业标准，结合教材可进行油品密度、色度、馏程、黏度、闪点、凝点、冷滤点、苯胺点、热值、硫含量、实际胶质、水分、机械杂质、残炭、润滑油泡沫特性、石蜡熔点、沥青针入度、延度、软化点等典型项目的学习和操作训练。

教材首先对每个项目的标准方法及其适用范围、重要术语、现行标准、训练目标等进行了介绍，在仪器和试剂、准备工作、试验步骤、数据处理等环节，尽可能再现标准的核心内容，体现方法的条件性，使学生通过学习和训练，达到一定的操作执行能力。在注意事项部分对影响指标的一些主要因素做了强调，旨在加深对知识和技能的掌握。在仪器操作部分介绍了目前较为常用的一些试验仪器的结构和使用方法，旨在使学生加深对油品分析试验仪器的认识，熟悉其操作方法，理解商品化油品试验仪器与试验方法标准对仪器的基本要求之间的关系；为巩固学习效果，加深对具体指标的认识和理解，每个项目后的简答题供学生练习。教材附录包括油品分析实验数据报告表格示例、油品分析实训项目考核评分表示例、常见油品技术规格和油品分析常见溶液配制方法等。结合实验室设备配置状况和相关专业的教学要求，利用本教材可组织为期 1 周或 2 周的油品分析实训教学。

教材的特点主要体现在以下几方面：①教材所选项目内容与企业化验室相关岗位的操作内容基本一致，涵盖面广，针对性和可操作性强；②教材所选项目较多，但多数用时不长，在 1~2h 内可以完成，且试验设备不太复杂，为教学组织提供了较大的选择性；③关联性比较强的项目编排在一起，有助于学习过程中的比较和归纳；④对比较典型的商品化油品试验仪器做了介绍，所选仪器多数与企业化验室油品分析仪器的技术水平相当，因此对这些仪器结构和操作方法的学习也是非常有价值的。

油品分析实训教学组织形式比较理想化的是以实训室为第一课堂的理实一体化教学，通过教学设计和组织可以实现"学中做，做中学"，能够较好地实现教学目标。由于在多数高职院校中工业分析与检验、炼油技术、石油化工生产技术等相关专业平行班级较多，实训任务重，受实训室条件限制，上述教学形式实施难度较大。组织集中式的油品分析实训不失为一种选择。其主要过程是教师提前安排布置实训任务计划、学生预习内容、在实训室集中进行项目学习和讨论、各小组完成 1~2 个项目实训后进行项目交换和工位交接，学生互教互学，直至各小组完成所有项目的实训任务，教师点评和总结实训。在集中实训教学过程中同样要科学设计和组织教学过程，保障实训课堂教学目标实施的有效性。此外，对实训教学的考核评价要采用过程考核与结果考核相结合的考核办法，以考核促训练，以训练促进步。

本教材由甘黎明（兰州石化职业技术学院）编写绪论、实训一～实训九和附录；李锐（兰州石化职业技术学院）编写实训十～实训十五。全书由甘黎明、李锐统稿。兰州石化公司质检部高级工程师钱梅同志认真审阅了本书并提出宝贵建议，李薇教授对本教材的编写提供了很多的建议和指导，夏德强、王守伟、郑晓明、汪永丽、田华等老师对本教材的编写提供了帮助，在此表示衷心感谢。

受编者水平所限，书中存在不妥和疏漏之处在所难免，敬请各位读者批评指正。

目录
CONTENTS

实训 一 油品密度、色度的测定

项目一 密度计法测定石油和液体油品的密度（参照 GB/T 1884—2000）

1. 方法标准相关知识

（1）标准使用范围

GB/T 1884—2000 适用于用玻璃密度计测定雷德蒸气压不超过 100kPa 的原油、石油产品和石油产品与非石油产品（如其他液体化工产品）混合物的密度。

使用密度计测定时需要的样品量较多，必须能够保证密度计在量筒中自由悬浮。如果样品量小，可以考虑用比重瓶法测定。

（2）方法概要

将处于规定温度的试样，倒入温度大致相同的量筒中，放入合适的密度计，静置，当温度达到平衡后，读取密度计读数和试样温度。用《石油计量表》把观察到的密度计读数换算成标准密度。必要时可以将盛有试样的量筒放在恒温浴中，以避免测定温度变化过大。

测定应该在环境温度稳定的条件下进行，必要时在恒温装置中进行测定。对于黏稠液体可用恒温水浴控制在高于室温的情况下测定。

正确规范读取密度计上的刻度是该指标测定的关键之一。

在实验室环境中测得的密度必须换算成标准密度（20℃）后报告。

（3）术语和概念

密度：指在一定的温度（t℃）下，单位体积内所含物质的质量数（$\rho_t = m_{真空} / V$）。单位是 g/cm³ 或 kg/m³。

相对密度：物质的密度与某标准物质（多以水为标准）的密度之比称为相对密度。

标准密度：我国以 20℃时的密度为标准密度，用 ρ_{20} 表示。欧美一些国家则以 15.6℃（60 ℉）的密度为标准密度。这样，相对密度则有 d_4^{20} 和 $d_{15.6}^{15.6}$ 的区别，我国用 d_4^{20} 表示；ISO 标准用 $d_{15.6}^{15.6}$ 表示。

$$相对密度指数：API 度 = 141.5/d_{15.6}^{15.6} - 131.51$$

视密度：在测量温度和条件下观察得到的密度称为视密度，用 ρ_t 表示。为了便于数据对比，必须换算为标准密度报告。

根据石油产品的密度，可以判断该油品的种类和质量；利用密度进行体积和质量的换算，以及交货验收的计量和某些油品的质量控制。

（4）密度测定方法分类

①密度计法；②比重瓶法；③液体天平法；④U 形振动管法；⑤静水力学称量法（固体）；⑥气体扩散计法（气体）。

（5）密度测定部分相关标准

GB/T 1884—2000《原油和液体石油产品密度实验室测定法 （密度计法）》

GB/T 13377—2010《原油和液体或固体石油产品 密度或相对密度的测定 毛细管塞比重瓶和带刻度双毛细管比重瓶法》

GB/T 2013—2010《液体石油化工产品密度测定法》

GB/T 8928—2008《固体和半固体石油沥青密度测定法》

SH/T 0604—2000《原油和石油产品密度测定法 （U 形振动管法）》

SH/T 0221—1992（2004）《液化石油气密度或相对密度测定法 （压力密度计法）》

此外，石油密度的换算依据是 GB/T 1885—1998《石油计量表》。

2. 训练目标

①能够正确理解和执行密度计法测定油品密度的国家标准；

②掌握密度测定的原理和表示方法，能够正确使用石油密度计测定油品的密度；

③学会密度的换算方法，了解密度计法测定油品密度的影响因素。

3. 仪器与试剂

（1）仪器

石油产品密度试验器（符合 GB/T 1884—2000 技术规定），或由以下仪器组合：密度计

（符合 SH/T 0316—1998 的技术要求，定期检定），量筒（透明玻璃或塑料材质，250mL 或 500mL），温度计（两种：−1~38℃，最小分度值为 0.1℃；−20~102℃，最小分度值为 0.2℃），恒温浴（能容纳量筒，使试样完全浸没在恒温浴液面以下，可控制试验温度变化在 ±0.25℃ 以内）。

（2）试剂

煤油、柴油、汽油机油或其他油品（可任选 2 种油品测定）。

4. 实验步骤

（1）试样的准备

充分混合试样，对饱和蒸气压大于 50kPa 的轻质石油产品在原来的容器或密闭系统中混合；含蜡原油在混合样品前要加热到高于倾点 9℃ 以上或高于浊点 3℃ 以上。含蜡馏分油样品在混合前应加热到浊点 3℃ 以上。

将调好温度的试样小心地沿管壁倾入洁净的量筒中，注入量为量筒容积的 70% 左右。若试样表面有气泡聚集时，要用清洁的滤纸除去气泡。将盛有试样的量筒放在没有空气流动并保持平稳的实验台上。

（2）测量温度

用合适的温度计或搅拌棒作垂直旋转运动搅拌试样。使整个量筒中试样的密度和温度达到均匀，测量并记录温度准至 0.1℃，从密度计量筒中取出温度计或搅拌棒。

（3）密度计选择和放入

石油密度计技术要求见表 1-1。根据试样的状况选择合适量程的密度计，将干燥、清洁的密度计小心地放入搅拌均匀的试样中，达到平衡位置时放开让密度计自由地漂浮。要注意避免弄湿液面以上的干管，密度计底部与量筒底部的间距至少保持 25mm，否则应向量筒注入试样或用移液管吸出适量试样。

把密度计向下按到平衡点以下 1mm 或 2mm，并让它回到平衡位置观察弯月面形状。如果弯月面形状改变应清洗密度计干管，重复此项操作直到弯月面形状保持不变。

表 1-1　石油密度计技术要求

型号	单位	密度范围	每支单位	刻度间隔	最大刻度误差	弯月面修正值
SY-02		600~1100	20	0.2	± 0.2	+0.3
SY-05	kg/m³（20℃）	600~1100	50	0.5	± 0.3	+0.7
SY-10		600~1100	50	1.0	± 0.6	+1.4
SY-02		0.600~1.100	0.02	0.0002	± 0.0002	+0.0003
SY-05	g/cm³（20℃）	0.600~1.100	0.05	0.0005	± 0.0003	+0.0007
SY-10		0.600~1.100	0.05	0.0010	± 0.0006	+0.0014

注：可以使用 SY-Ⅰ 型或 SY-Ⅱ 型石油密度计。

对于不透明黏稠液体要等待密度计慢慢地沉入液体中；对透明低黏度液体将密度计压入液体中约两个刻度再放开。在放开时要轻轻地转动一下密度计使它能在离开量筒内壁自由悬浮。

（4）测量密度和温度

对于透明液体读数时，先使眼睛稍低于液面的位置慢慢地升到表面，先看到一个不正的椭圆，然后变成一条与密度计刻度相切的直线，如图 1-1 所示，密度计读数为液体下弯月面与密度计刻度相切的那一点。

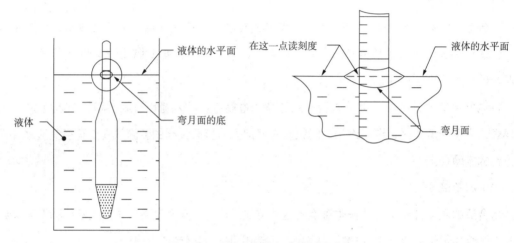

图 1-1　透明液体的密度计刻度读数

对于不透明液体读数时，使眼睛稍高于液面的位置观察，如图 1-2 所示，密度计读数为液体上弯月面与密度计刻度相切的那一点。

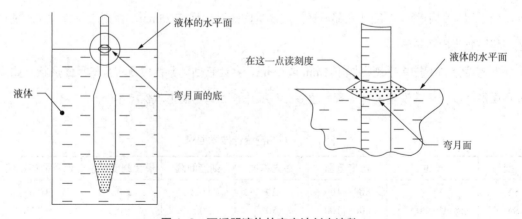

图 1-2　不透明液体的密度计刻度读数

记录密度计读数后立即小心地取出密度计，并用温度计垂直地搅拌试样，记录温度准至 0.1℃。如这个温度与开始试验温度相差大于 0.5℃，应重新读取密度计和温度计读数，直到温度变化稳定在 ±0.5℃以内。

5. 数据处理

（1）对密度计读数修正

由于密度计读数是按读取液体下弯月面作为检定标准的，不透明试样读数时以干管的上弯月面为准，因此需按表 1-1 中弯月面修正值对读数方式加以修正（SY-Ⅰ型或SY-Ⅱ型石油密度计除外），记录到 0.1kg/m^3（0.0001g/cm^3）。

（2）将视密度换算为标准密度

根据油品种类，查 GB/T 1885《石油计量表》可以将修正后的密度计读数换算成 20℃下的标准密度。若试样的视密度 ρ_t 是在 20℃ ±5℃范围内测定的，则试样的标准密度 ρ_{20} 可以按式（1-1）换算：

$$\rho_{20} = \rho_t + \gamma(t - 20) \tag{1-1}$$

式中　γ——平均密度温度系数，g/（$\text{cm}^3 \cdot$ ℃），可根据试样密度查表 1-2。

密度的换算也可以直接查 GB/T 1885。

表 1-2　油品平均密度温度系数

20℃密度 /（g/cm³）	平均密度温度系数 /[g/（cm³·℃）]	20℃密度 /（g/cm³）	平均密度温度系数 /[g/（cm³·℃）]
0.6650~0.6599	0.00097	0.8000~0.8099	0.00073
0.6600~0.6699	0.00095	0.8100~0.8199	0.00071
0.6700~0.6799	0.00093	0.8200~0.8299	0.00070
0.6800~0.6899	0.00091	0.8300~0.8399	0.00069
0.6900~0.6999	0.00090	0.8400~0.8499	0.00068
0.7000~0.7099	0.00088	0.8500~0.8599	0.00066
0.7100~0.7199	0.00086	0.8600~0.8699	0.00065
0.7200~0.7299	0.00085	0.8700~0.8799	0.00064
0.7300~0.7399	0.00083	0.8800~0.8899	0.00063
0.7400~0.7499	0.00081	0.8900~0.8999	0.00062
0.7500~0.7599	0.00080	0.9000~0.9099	0.00061
0.7600~0.7699	0.00078	0.9100~0.9199	0.00060
0.7700~0.7799	0.00077	0.9200~0.9299	0.00059
0.7800~0.7899	0.00076	0.9300~0.9399	0.00058
0.7900~0.7999	0.00074	0.9400~0.9499	0.00057

（3）报告

试验报告至少应包括以下内容：试验物质的类型和标志、国家标准号、试验结果、密度计读数及相应的试验温度、与本方法规定不同的任何情况、试验日期。

6. 精密度

（1）重复性

在温度范围为 -2~24.5℃时，同一操作者用同一仪器在恒定的操作条件下，对同一试样重复测定两次，结果之差要求如下：透明低黏度试样，不应超过 0.0005g/cm³；不透明试样，不应超过 0.0006g/cm³。

（2）再现性

在温度范围为 -2~24.5℃时，由不同实验室提出的两个结果之差要求如下：透明低黏度试样，不应超过 0.0012g/cm³；不透明试样，不应超过 0.0015g/cm³。

7. 注意事项

①用密度计测密度时，在接近或等于标准温度 20℃时最准确。在整个试验期间，若环境温度变化大于 2℃时，要使用恒温水浴，以免测定误差过大。当密度计用于散装石油计量时，需在接近散装石油温度 3℃以内测定密度，这样可以减少石油体积修正误差。

②对未知试样根据预先估计的密度值，选择合适的密度计进行测定。首先，密度计要轻轻放入试样，防止密度计快速下沉到底部，撞坏密度计。其次，要注意避免弄湿液面以上的干管。试样必须搅拌均匀。试样内或表面上不应存在气泡，否则会影响读数。

③密度计在使用前应擦拭干净，擦拭后不要再握拿最高分度线以下部分，以免影响读数。密度计只能握拿最高分度线以上的干管部分，垂直取放，切勿横着拿取密度计的细管一端，以防折断。

④记下密度计读数后，应立即测定试样温度。

8. 思考题

①将密度计放入液体时，如果密度计的干管部分浸入过多，对测定结果有何影响？

②用密度计法测定密度时，如果盛装试液的量筒容量过小，对测定有何影响？

③如何用密度计测定黏稠试样的密度？

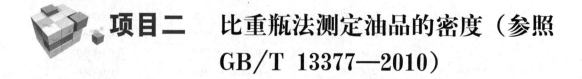

项目二　比重瓶法测定油品的密度（参照 GB/T 13377—2010）

1. 方法标准相关知识

（1）标准适应范围

GB/T 13377 适用于当所测油品试样量少，或试样是固体、半固体时，可以用带毛细管塞比重瓶测定密度。

对于挥发性较强的试样（雷德饱和蒸气压不大于130kPa）则用带刻度双毛细管比重瓶进行测定。本方法也适合于实验室开发研究过程中样品密度的测定。

在准确规范操作的条件下，比重瓶法可得到较准确的结果。

（2）方法概要

通过比较相同体积试样和水的质量确定试样的密度，即用同一比重瓶分别称出在试验温度时试样和纯水的质量，然后计算出试样的标准密度。把比重瓶充满至溢流，使其在试验温度的水浴中达到平衡可确保等体积。

本项目关键步骤是测定比重瓶水值和装入比重瓶试样量的调整等。

2. 训练目标

①能够正确理解和执行用比重瓶法测定油品密度的国家标准；

②掌握比重瓶法的测定原理；能够正确使用比重瓶测定黏稠和固体石油产品的密度；

③学会密度的换算方法；熟悉比重瓶法测定油品密度的影响因素。

3. 仪器与试剂

（1）仪器

毛细管塞比重瓶：瓶颈带有标线或毛细管磨口塞子，容量为25mL或50mL，如图1-3所示。

图1-3（a）中的防护帽（磨口帽）型推荐用于除黏稠或固体产品外的所有试样，通常适用于挥发性产品。磨口帽或防护帽有效地减少了膨胀和挥发的损失，这种比重瓶可用于测定温度低于实验室温度的情况。

图1-3（b）所示比重瓶，称为盖-卢塞克型，适用于除高黏度外的非挥发性液体。

图1-3（c）所示的广口比重瓶，适用于较黏稠液体或固体。

图1-3中（b）和（c）型比重瓶没有"防护帽"或膨胀室。这两种比重瓶均不适用于测定温度远低于实验室温度的情况，因为称重时样品通过毛细管的膨胀可造成试样损失。

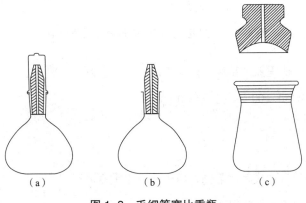

（a）　　　　　　（b）　　　　　　（c）

图1-3　毛细管塞比重瓶

带刻度双毛细管比重瓶：适用于测定挥发性试样的密度，容量 1~10mL，如图 1-4 所示。

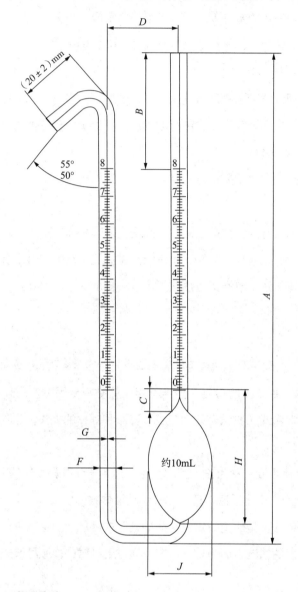

图 1-4　带刻度双毛细管比重瓶（里普金型）

恒温浴：深度大于比重瓶的高度，能保持水浴温度控制在所要求温度 ±0.05℃以内。

温度计：0~50℃或 50~100℃，分度值 0.1℃。

比重瓶支架；电子天平。

（2）**试剂**

铬酸洗液：洗涤用汽油或其他溶剂，用于洗涤比重瓶油污。

试样：柴油、润滑脂或石蜡等（任选 1~2 种油品试验）。

4. 实验步骤

（1）准备工作

①根据试样性质，选择适当型号的比重瓶。

②用表面活性剂洗液彻底清洗比重瓶和塞子，然后依次用自来水和蒸馏水冲洗干净，用一种溶于水的溶剂（如丙酮）清洗干燥，必要时也可用铬酸洗液清洗。正常时，每次测定之间可用 40~60℃的轻质石油醚清洗，然后真空干燥。

③比重瓶经干燥后冷却至室温，消除比重瓶上可能的静电，称重 m_0，准确至 0.1mg。

（2）测定毛细管塞比重瓶的水值

①用新煮沸并冷至稍低于 20℃的蒸馏水充满比重瓶，牢牢地插上比重瓶塞，注意不要压入空气泡。将比重瓶浸入恒温水浴中至比重瓶颈部，保持在 20℃ ±0.05℃水浴中不少于 1h。

②待恒温后擦干瓶塞顶部，以便使液体在毛细管顶部形成弯月面。取出比重瓶并冷却至比重瓶和内容物稍低于水浴温度，防护帽（磨口帽）型瓶冷却时要盖上防护帽。

③用清洁的无毛布擦干净比重瓶的外部，消除静电后称重 m_c，准确至 0.1mg。

④比重瓶 20℃水值 m_{20} 按式（1-2）计算：

$$m_{20}=m_c-m_0 \tag{1-2}$$

式中 m_{20}——比重瓶 20℃的水值，g；

m_c——装有 20℃水的比重瓶质量，g；

m_0——空比重瓶质量，g。

比重瓶的水值至少测定 3~5 次，取其算术平均值作为该比重瓶的水值。水值和瓶号对应记录并保存，不必每次都测定。根据使用情况，一定时期后应重新测定比重瓶的水值。

⑤如果需要测定 t℃下的密度，可在所需温度 t℃下测定比重瓶的水值 m_t，方法同 20℃水值测定。

（3）液体试样的测定（用带毛细管塞比重瓶）

①将清洗、干燥的比重瓶（已校准）称量，25mL 及以上容量的比重瓶称准至 0.5mg，其他较小容量的比重瓶称准至 0.1mg。

②将比重瓶注满试样，必要时可预热比重瓶和试样，或用注射器或吸量管小心地装入，确保试样装满及气泡分出。

③将比重瓶浸入恒温浴中至颈部，在试验温度下恒温 20min。待温度达到平衡，没有气泡，试样表面不再变动时，牢牢地插上已在试验温度下的毛细管瓶塞，确保液体中没有气泡。将溢出毛细管顶部的多余试样擦去，使毛细管中的液体在塞顶形成弯月面。

④取出比重瓶并冷却至比重瓶和内容物稍低于水浴温度，用清洁的无毛布擦干净比重瓶的

外部，消除静电后称重 m_t，准确至 0.1mg。

（4）固体或半固体试样密度测定（用广口型比重瓶）

①将清洗、干燥的比重瓶（已校准）称量，称准至 0.5mg。

②向比重瓶中加入适量碎屑形状的试样（如石蜡），碎屑尽量有规则，以减少带入空气泡的可能；也可以将溶化的试样倒入温热的比重瓶中，减少可能产生的空气泡。

③使比重瓶及内容物冷却达到室温，并称量 m_1，称准至 0.5mg。

④向比重瓶中注满新煮沸并冷却至室温的新鲜蒸馏水，除去全部空气泡（可用细金属丝）。在恒温水浴中，将比重瓶浸入到颈部，使比重瓶及试样在试验温度 $t℃$ 下稳定 20min，并让气泡升至表面。

⑤在温度恒定后，将预先处于试验温度下的瓶塞牢牢插入，注意不要压入空气。擦去毛细管顶部多余的水，使毛细管中的水在塞顶形成弯月面。

⑥取出并冷却比重瓶和内容物稍低于水浴温度，用清洁的无毛布擦干净比重瓶的外部，消除静电后称重 m_2，称准至 0.5mg。

5. 数据处理

（1）液体试样 $t℃$ 时的密度 ρ_t

当测定试样温度和测定水值温度一致时，按式（1-3）计算：

$$\rho_t = \frac{(m_1 - m_0)\rho_c}{m_c - m_0} + C \tag{1-3}$$

式中　m_1——在 $t℃$ 时装有试样的比重瓶的质量，g；

　　　m_0——空比重瓶的质量，g；

　　　m_c——在校正温度时充满水的比重瓶的质量，g；

　　　ρ_c——水在校正温度 t_c 时的密度，查表 1-3，如 20℃时水的密度是 0.99820g/cm³；

　　　C——空气浮力修正值，如需准确值可查 GB/T 13377—2010 表 2 空气浮力修正值。一般情况下可按 0.00012g/cm³ 计。

当试样测定温度和水值测定温度不一致时，在计算过程中还需要考虑比重瓶材质在不同温度下的膨胀的影响。

计算得到的 ρ_t 可按查《石油计量表》换算成标准密度。

（2）固体和半固体试样 $t℃$ 的密度 ρ_t

按式（1-4）计算：

$$\rho_{20} = \frac{(m_1 - m_0)\rho_c}{m_c - m_0 - m_2 + m_1} + C \tag{1-4}$$

式中 m_0——空比重瓶在空气中的表观质量，g；

m_1——盛有固体或半固体试样的比重瓶在空气中的表观质量，g；

m_2——盛有试样和水的比重瓶在空气中的表观质量，g；

m_c——充满水的比重瓶在校正温度 t_c 下在空气中的表观质量，g；

ρ_c 和 C 含义同前式。

表 1-3　水的密度表

温度 /℃	密度 / (g/cm³)	温度 /℃	密度 / (g/cm³)	温度 /℃	密度 / (g/cm³)
0	0.99984	19	0.99840	37.78	0.99305
1	0.99990	20	0.99820	38	0.99297
2	0.99994	21	0.99799	39	0.99260
3	0.99996	22	0.99777	40	0.99222
4	0.99997	23	0.99754	45	0.99021
5	0.99996	24	0.99730	50	0.98804
6	0.99994	25	0.99704	55	0.98570
7	0.99990	26	0.99678	60	0.98321
8	0.99985	27	0.99651	65	0.98055
9	0.99978	28	0.99623	70	0.97778
10	0.99970	29	0.99594	75	0.97486
11	0.99960	30	0.99565	80	0.97180
12	0.99950	31	0.99534	85	0.96862
13	0.99938	32	0.99503	90	0.96531
14	0.99924	33	0.99470	95	0.96189
15	0.99910	34	0.99437	98.89	0.95914
16	0.99894	35	0.99403	100	0.95835
17	0.99877	36	0.99368		
18	0.99860	37	0.99333		

6. 精密度

（1）重复性

同一操作者用同一仪器按照正确的试验方法，对同一样品进行测定，密度范围在 0.777~0.892g/cm³ 时，密度连续测定结果差值不应超过 0.0007g/cm³；相对密度重复性不超过 0.0007。

（2）再现性

不同的操作者在不同实验室按照正确的试验方法，对同一样品进行测定，密度范围在 0.777~0.892g/cm³ 时，两个独立结果之差不应超过 0.0010g/cm³；相对密度重复性不超过 0.0010。

（3）取重复测定两个结果的算术平均值作为测定结果

密度按照精确到 0.1kg/m³ 或 0.0001g/cm³，相对密度按照精确到 0.0001 报告结果。

此外，报告中还应包括以下内容：报告值是密度还是相对密度；若是密度要注明单位和温度；若是相对密度要注明 t_1 和 t_2；测定方法；采用标准的名称。

7. 注意事项

①检查比重瓶的磨砂塞应研磨完好，使瓶塞始终达到瓶颈中的一定深度，保证比重瓶容积为一个常数。

②比重瓶使用前应用清洗良好并干燥。

③测定"水值"的水必须用新煮沸并经冷却至 18~20℃ 的蒸馏水。

④比重瓶放入恒温浴内，恒温浴中的水面应稍低于比重瓶颈，不得浸没其上端。

⑤用比重瓶法测定石油产品密度应在标准温度 20℃ 下进行，恒温浴应控制在 20℃ ±0.05℃。

⑥调节比重瓶内的液面高度时应小心细致，不能在液体中包含气泡。

⑦要尽可能做到迅速称量，以免因称量液体的蒸发而影响准确度。

⑧对明显含有水和机械杂质的试样应除去水和机械杂质，固体石油产品需要粉碎成比较规则的小块。

8. 思考题

①比重瓶擦拭不完全对测定有何影响？

②半固体试样上如果吸附空气对测定有何影响？如何避免空气的干扰？

 项目三 油品色度的测定［参照 SH/T 0168—1992（2000）］

1. 方法标准相关知识

（1）标准适应范围

色度是反映液体石油产品所呈现色调深浅的指标，常见于溶剂油、轻柴油、煤油和某些润滑油产品标准。SH/T 0168 适合于各种润滑油、煤油及柴油等石油产品。

（2）方法概要

将试样注入比色管中，然后与标准玻璃色片相比较，以其相当的色号作为该试样的色度。用 SH/T 0168 所测结果可按图 1-5 换算成 GB/T 6540 系列色号。

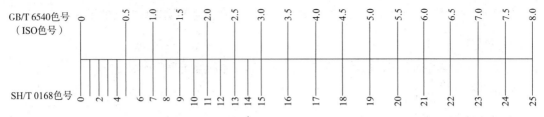

图 1-5 SH/T 0168 色号与 GB/T 6540 色号（ISO 色号）对照

（3）色度测定意义

油品的颜色与原油的性质、加工工艺、精制深度等因素有关。胶质具有很强的染色能力，油品中含有微量的胶质都可导致油品颜色加深。一些经过裂化处理的油品中含有较多的不饱和烃类和非烃类，性质不稳定，在空气中氧化聚合生成胶质，使油品变色。润滑油的颜色与基础油的精制深度及所加的添加剂有关。在使用或贮存过程的变色则与油品的氧化、变质程度有关。如呈乳白色，则有水或气泡存在；颜色变深，则氧化变质或污染。

在油品生产过程中测定油品的色度可以判断油品的精制程度；在储存过程中测定油品色度的变化可以衡量油品的稳定性。

（4）色度测定方法

①铂 – 钴比色法；②赛波特比色计法；③标准色板对照法；④分光光度法；⑤罗维朋比色法等（油脂类）。

（5）液体色度测定部分标准

GB/T 3143—1982（1990）《液体化学产品颜色测定法 （Hazen 单位——铂 – 钴色号）》

GB/T 3555—2022《石油产品赛波特颜色的测定 赛波特比色计法》

GB/T 6540—1986（2004）《石油产品颜色测定法》

SH/T 0258—1992（2004）《润滑油的颜色测定法》

SH/T 0168—1992（2000）《石油产品色度测定法》

2. 训练目标

①能够正确理解和执行 SH/T 0168 油品色度测定方法；

②能够正确使用色度计测定各种液体油品的色度；

③学会色度的换算方法，了解色度测定的影响因素。

3. 仪器与试剂

（1）仪器

比色仪：符合 SH/T 0168 技术要求。由光源、标准色盘、棱镜和观测目镜等组成，并附有比色管。

比色管：内径为 32.5~33.4mm，高为 120~130mm，由无色透明玻璃制成的平底圆筒。

（2）材料

煤油：稀释深色油品用，颜色水白色，并不得大于本标准 1 号色度。

擦镜纸等。

4. 准备工作

（1）装样

用擦镜纸将比色管仔细擦净。向一支比色管内注入蒸馏水 50mm 以上的深度，放入带盖容器室的右边作为参比液。向另一支比色管中注入透明的试样 50mm 以上的深度，放入带盖容器的左边，盖上盖子。如果试样浑浊不透明时，则需加热浑浊消失后注入比色管内，立即测定。

（2）深色样品的预处理

如果试样的颜色深于 25 号标准色片时，则用煤油稀释后测定混合物的颜色。稀释比例是试样与煤油的体积比为 15：85。

5. 实验步骤

（1）测定试样

开启光源，旋转标准色盘转动手轮，同时从观察目镜中观察。当试样的颜色与某标准玻璃色片颜色相同时，记录数字盘上的读数，作为试样的色度。如果试样的颜色在某两个邻近的标准玻璃色片之间时，则记录其色号范围，如 11~12 号、15~16 号。用煤油稀释后测定的试样，在报告中应加以注明"稀释"。

（2）关机

测定完毕，关闭灯开关，取出比色管，洗涤干净后备用。

6. 报告

取重复测定结果中较大的色号作为测定结果。

7. 精密度

重复性：同一操作者重复测定两个结果之差不应大于 1 个色号。

8. 思考题

① SH/T 0168 法测得的色度如何与 ISO 标准色号转换？

②油品变色的原因有哪些？

仪器一 SYD-1884型石油产品密度试验器

1. 仪器组成

该仪器由浴缸及缸盖、温度控制器、电动搅拌装置、电加热装置、密度计量筒及其夹持器、石油密度计、温度计等组成，如图1-6所示。

电加热装置采用密封不锈钢管制成，为恒温浴提供足够的热源。

电动搅拌装置采用无减速单相异步电动机，输入功率25W，转速1200r/min；搅拌叶轮 ϕ50mm（与加热管一起被不锈钢筒罩住），保证恒温浴内安放密度计量筒处温度均匀。

传感器（分度号为Pt100）的信号送至温度调节器，并自动控制电加热器对恒温浴介质的加热功率，同时将浴缸内的温度显示出来。

浴缸为硬质玻璃缸，可存放恒温浴液体。

缸盖上设有两个密度计量桶安装孔及量筒专用夹具，可同时进行两个试样的测定。另外如果需要在低温时测定试样密度，缸盖上还提供一个备用孔。通过此孔，可放置制冷器以降低浴缸温度满足低温测试要求。

温度计分度值为0.2℃全浸水银温度计，测温范围为 -20~102℃。

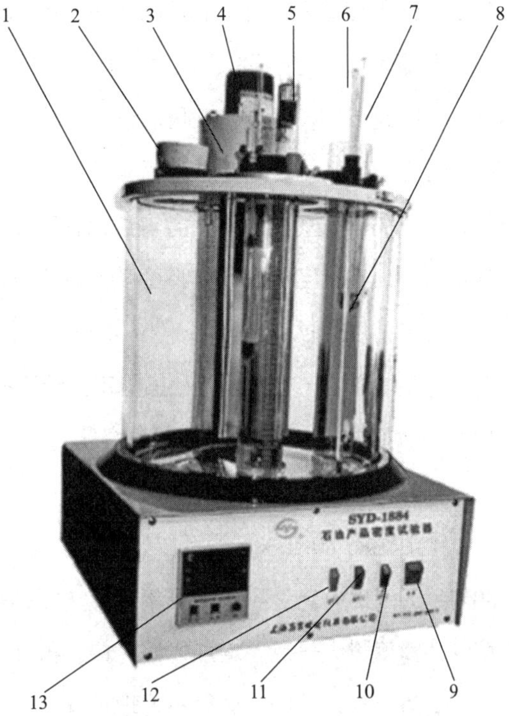

图1-6 SYD-1884型石油产品密度试验器

1—缸体；2—橡胶塞；3—电气罩；4—搅拌电机；5—温度传感器；6—密度计；7—温度计；8—试样管；9—总电源开关；10—搅拌电机开关；11—温控Ⅱ开关；12—温控Ⅰ开关；13—控温仪

2. 使用方法

①根据测定温度，确定使用的恒温浴液体介质（如水）并注入恒温浴缸中，液体介质的液面应高于加热罩上缺口（若注入油，应注意：油遇热体积要膨胀），以保证液体上、下循环。

②接好搅拌电机及温度传感器并将其插入浴中，接通电源，打开电源开关、搅拌开关。

③电源接通后温度控制器进入工作状态，PV显示窗显示当前浴温值，SV显示窗显示上一次设定的温度值。

④根据试验需要选定温度设定值，按功能键（SET），SV显示闪烁，再按移位键、减键或加键，设定试验所需的浴温值，再按SET键，温度控制值设定完毕。

⑤打开温控（Ⅰ、Ⅱ）开关，加热管通电，浴温开始升高，当浴温升至接近设定值时，温控Ⅱ被自动关断（1000W，处于不加热状态），此后温控Ⅰ（700W）加热处于受控状态。

⑥若发现温度控制器显示温度与玻璃温度计检测温度产生偏差时，则需作修正。

先确定修正值：当温度控制器显示值高于玻璃温度计检测值时，修正值应为负，反之则为正。

例如：温度控制器显示值为 80.0℃，玻璃温度计检测值为 79.7℃时，修正值为 –0.3，如玻璃温度计检测值为 80.3℃时，则修正值为 +0.3。

再输入修正值：按"SET"键进入 B 菜单，按动"SET"键，SV 窗显示 5C 时，按移位键、加键或减键，输入修正值。修正完毕后再按动"SET"键，退出 B 菜单。

⑦当恒温浴温度恒定在所需试验温度后，将密度计量筒专用夹具从浴盖上转一个角度后取下，拧开夹具一侧的两个紧定螺钉，将密度计量筒（试样已转移其中）套入夹具中，夹紧密度计量筒，锁定紧定螺钉，再将密度计量筒放入浴缸中，转动专用夹具与浴盖锁紧。

⑧将温度计插入试样中，小心地搅拌试样，待其温度达到平衡状态后，再把合适的石油密度计垂直地放入试样中，并让其稳定。读取石油密度计刻度的读数并记下试样的温度，按 GB/T 1885 的换算方法换算到 20℃下的密度。

3. 注意事项

①浴温在 80℃以下时可以用水浴，此时搅拌电机上的搅拌叶片不需作改动。当浴温超过80℃用油浴时，若达不到控温精度要求，则需对搅拌叶片作改动，将加热管保护罩拆除，将搅拌叶片角度拗大一点，增加搅拌力量，再装上保护罩。

②浴液加温的同时必须不停地搅拌，以保证浴缸内温度均匀，搅拌电机不转，应先检查电容，再检查电机。

③仪器接通电源后若温控仪 PV 无显示，可将后面板上温度传感器的尼龙插头拔下进行检查。在室温状态下，尼龙插头缺口所对的插脚与两边各插脚间的电阻值均小于 110Ω，温度每提高 1℃阻值升高约 0.4Ω，而不与缺口所对的两个插脚间的电阻为零，以此来判断传感器的好坏。

④温控开关打开后，若升温较慢，则可检查八芯插头。测量 7、4 两脚间的电阻约 50Ω，8、4 两脚间的电阻约 69Ω。如前者开路表明 1000W 加热管坏，后者开路表明 650W 加热管坏，以此来判断加热器的好坏。

⑤若经检查加热管是好的但加热升温仍很慢，则可检查装在控制箱底板上的、控制极焊有500Ω 电阻的可控硅，必要时需更换该可控硅。若控温效果很差，则可检查控制箱底板上的另一只可控硅，必要时可更换该可控硅。

仪器二 SYP1013-1 型石油产品色度试验器

1. 仪器结构

SYP1013-1 型石油产品色度试验器结构如图 1-7 所示，仪器由标准色盘、观察光学镜头、光源、比色管组成。

仪器以温度为 2750K±50K 的内磨砂乳壳灯泡为标准光源，光源发射的光通过乳白色玻璃片和日光滤色玻璃片滤色后变成标准光，再将标准光变成二条大小、形状完全相同的平行光束，能同时分别均匀地照射在标准色盘的颜色玻璃片上和比色管的试样上。

标准色盘上有 26 个 ϕ14 光孔，其中 25 个分别顺序装有 1~25 色号的标准颜色玻璃片，第 26 孔为空白，色盘通过装在仪器右侧的手轮转动，以便比色试验时选择正确的相当色。

色盘上的标准颜色玻璃色号应取用作为标定标准色的比色液进行校正。比色管为内径 ϕ32mm，高 120~130mm 的无色平底玻璃管。比色管由仪器顶部的小盖位置放入。

图 1-7 SYP1013-I 型石油产品色度试验器
适用标准：GB/T 6540，SH/T 0168
适用范围：测定润滑油、煤油、柴油等石油产品的颜色

观察目镜由凹镜和分隔栅组成，在目镜中可同时看到二个半圆色，其左边的为试样颜色。其右边的为标准色颜色，光学目镜具有光线调节和调焦能力，使用方便。

2. 使用方法

测定方法系将欲测定的石油产品试样注入比色管内，然后与标准色片相比较以确定其色度色号。本仪器表示的色号与 GB/T 6540 中的色号可转换，见图 1-5。

3. 注意事项

①光学目镜系统，已经调焦和光线调节正确，使用时不宜多动，需调整亦应仔细进行。

②装有油样的比色管放入仪器中时，必须将试管外表面及底部揩拭干净。

③标准颜色玻璃片每隔半年，须用 SH/T 0168 规定的标定比色液（使用重铬酸钾、硫酸钴、三氯化铁、盐酸、硫酸、硫氰酸铵等试剂按照规定的方法配制）作一次校验，如发现色片颜色与相当色号的比色液颜色相差达一个色号时，应更换新的色盘或送请制造厂重新标定。

实训 二 油品馏程、饱和蒸气压的测定

项目一 油品馏程的测定（参照 GB/T 6536—2010）

1. 方法标准相关知识

（1）标准适用范围

GB/T 6536—2010 根据 ASTM D86：2007a《石油产品常压蒸馏试验法》重新起草。适用于馏分燃料如天然汽油（稳定轻烃）、轻质和中间馏分、车用火花点燃式发动机燃料、航空汽油、喷气燃料、柴油和煤油，以及石脑油和石油溶剂油产品。不适合于含有较多残留物的产品。

除了用手工蒸馏方法外，该标准也包含了自动仪器测定法，在有争议时，仲裁试验应采用手工蒸馏。目前，大部分油品的馏程指标要求用本标准测定。

（2）方法概要

根据试样的组成、蒸气压、预期初馏点和预期终馏点等性质，将试样归类为所规定五个组别中的一组。将 100mL 试样在其相应组别所规定的条件下，在环境大气压和设计约为一个理论分馏塔板的情况下，用实验室间歇蒸馏仪器进行蒸馏。根据对试验结果的要求，系统地观测并记录温度读数和冷凝物体积、蒸馏残留物和损失体积，观测的温度读数需进行大气压修正，试验结果以蒸发百分数或回收百分数对相应的温度作表或作图表示。

测定过程：取样—试样分组—仪器准备—控制条件蒸馏—记录数据—校正—报告。

测定要点：控制蒸馏过程中的加热速度。

（3）术语和概念

①馏程。

馏程是指油品在规定条件下蒸馏所得到从初馏点到终馏点，表示其蒸发特征的温度范围。

馏程是衡量燃料油蒸发性的重要指标之一，反映燃料油从液态变为气态的性质。我国采用恩氏蒸馏的方法来测定馏程，这种蒸馏是条件性的，蒸馏出的数量只是相对的比较数量，而不是实沸点的蒸馏。

馏程是控制汽油、煤油、喷气燃料和柴油等轻质燃料和各种溶剂油质量的重要指标。

②温度计读数、校正温度计读数。

温度计读数：在试验条件下，用规定温度计测得的在蒸馏烧瓶支管下方颈部的饱和蒸气的温度，以℃表示。也可由热电偶测量装置显示。

校正温度计读数：温度计读数经大气压力校正后的温度。

③初馏点、终馏点、干点和分解点。

初馏点：蒸馏时从冷凝管末端滴下第一滴冷凝液时观察到的温度计读数，以℃表示。

终馏点：在按规定进行的蒸馏过程中，得到的最高校正温度计读数，以℃表示。终馏点通常在蒸馏烧瓶底部全部液体蒸发后才出现，又称"最高温度"。

干点：在蒸馏烧瓶最低点的最后一滴液体（不包括蒸馏烧瓶壁或者温度测量装置上的任何液滴或液膜）蒸发瞬时观察到的校正温度计读数，以℃表示。一般油品用终馏点而不采用干点，对于一些有特殊用途的石脑油可以报告干点。

分解点：在蒸馏烧瓶中的液体出现热分解初始迹象时相对应的校正温度计读数，以℃表示。

④回收百分数、最大回收百分数、校正回收百分数和总回收百分数。

回收百分数：在观察温度计读数同时，在接收量筒内观测到的冷凝物体积，以装样体积分数表示。

最大回收百分数：蒸馏结束后，在量筒内接收冷凝物的最大体积百分数。

校正回收百分数：对观测损失和校正损失之间的差异进行校正后的最大回收百分数。

总回收百分数：按规定条件蒸馏完成后，得到的最大回收百分数和烧瓶内残留百分数之和。

⑤轻组分损失、蒸发百分数。

轻组分损失：指试样从接收量筒转移到蒸馏烧瓶的挥发损失、蒸馏过程中试样的蒸发损失和蒸馏结束时蒸馏烧瓶中未冷凝的试样蒸气损失。

蒸发百分数：油品按规定条件蒸馏时，所得回收百分数与损失百分数之和。

汽油等轻质油品馏程指标中常用蒸发百分数代替回收百分数。

⑥损失百分数和残留百分数。

损失百分数：100% 减去总回收百分数所得差值。

残留百分数：蒸馏结束后，所测定蒸馏烧瓶中残留体积，以装样体积分数表示。

⑦回收温度和蒸发温度。

回收温度：在馏出液体体积达到指定百分数或体积时温度计的读数，以℃表示。

蒸发温度：与蒸发体积分数对应的温度计读数。车用汽油馏程要求用蒸发温度表示。蒸发温度不能直接读出，可以回收百分数 – 温度的数据为基础，采用内插法计算得到。

（4）馏程测定部分相关标准

GB/T 6536—2010《石油产品常压蒸馏特性测定法》

GB/T 255—1977（2004）《石油产品馏程测定法》

GB/T 26984—2011《原油馏程的测定》

GB/T 3146.1—2010《工业芳烃及相关物料馏程的测定 第 1 部分：蒸馏法》

GB/T 22054—2008《有机液体（除石油产品）蒸馏特性测定通用方法》

2. 训练目标

①正确解读馏程测定的国家标准，理解油品馏程测定意义。

②能够根据油品正确选择和控制馏程测定条件；掌握馏程的测定方法和操作技能。

③掌握汽油、柴油等油品馏程测定结果的修正与计算方法。

④熟悉馏程测定仪器的结构，熟悉馏程测定的影响因素。

3. 仪器与试剂

（1）仪器

石油产品蒸馏器：符合 GB/T 6536 标准要求，蒸馏仪器的基本元件是蒸馏烧瓶、冷凝器和相连的冷凝浴、用于蒸馏烧瓶的金属防护罩或围屏、加热器、蒸馏烧瓶支架和支板、温度测量装置和收集馏出物的接收量筒。

自动蒸馏仪器还应装备有一个测量并自动记录温度及接收量筒中相应回收体积的系统。用于测定汽油馏程的仪器最好配置冷冻系统，便于控制冷却槽温度。蒸馏测定装置如图 2-1 所示。

蒸馏烧瓶：100mL，125mL。

量筒：100mL 和 5mL，分度为 1mL；100mL 量筒应有 5mL 刻线。

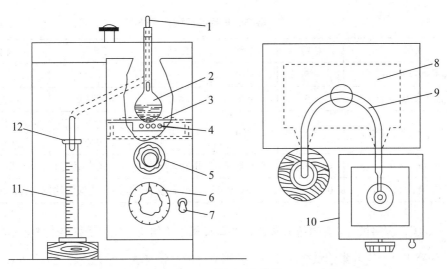

图 2-1 蒸馏测定装置

1—温度计；2—蒸馏烧瓶；3—石棉板（烧瓶支板）；4—电加热器；5—烧瓶调节旋钮；6—热量调节盘；7—电源开关；8—冷凝器；9—冷凝器管；10—罩；11—量筒；12—吸水纸

玻璃水银温度计：符合 GB/T 514 中 GB-46 和 GB-47 的要求。低温范围温度计：-2~300℃，分度值为 1℃；高温范围温度计：-2~400℃，分度值为 1℃。

大气压力计或空盒气压表、秒表等。

（2）试剂及材料

车用汽油或柴油、拉线（细绳或铜丝）、沸石、吸水纸（或脱脂棉）、无绒软布等。

4. 准备工作

（1）确定样品组别

根据表 2-1 分组情况，确定油品试样所属组别。

表 2-1 油品组别特性

项目	0 组	1 组	2 组	3 组	4 组
馏分类型 蒸气压（37.8℃）/kPa （试验方法 GB/T 8017） 蒸馏特性 初馏点 /℃ 终馏点 /℃	天然汽油	≥ 65.5 ≤ 250	<65.5 ≤ 250	<65.5 ≤ 100 >250	<65.5 >100 >250

（2）取样

取样应根据 GB/T 4576 的要求进行。各组别样品储存和样品处理符合表 2-2 要求。

表2-2　取样、样品储存和样品处理

项目	0组	1组	2组	3组	4组
样品瓶温度/℃	<5	<10			
样品储存温度/℃	<5	<10	<10	环境温度	环境温度
分析前样品处理后温度/℃	<5	<10	<10	环境温度或高于倾点9~21℃	环境温度或高于倾点9~21℃
取样时含水	重新取样	重新取样	重新取样	无水硫酸钠干燥后取样	
重新取样时仍含水	0、1、2组，在0~10℃用无水硫酸钠干燥后，用倾泻法倒出样品取样				

对于0组，应将试样收集在已预先冷却的取样瓶中（如有可能，最好将试样瓶浸在冷却液体中），并弃去第一次收集的试样。若不能，则应将所采试样置于预先冷却至低于5℃的样品瓶中，并以搅动最小的方式进行取样。立即用塞子紧密塞住取样瓶，将试样保存在冰浴或冰箱中。

对于1组，在10℃下取样后，立即用塞子封好样品瓶。按表2-2要求保存。

对于2、3、4组，在室温下取样后，立即用塞子封好样品瓶。按表2-2要求保存。

如果试样含有可见水，则不适合做试验，应另取一份无悬浮水的试样或对试样脱水。

（3）仪器的准备

按照表2-3所示，根据确定的试样组别选择合适的蒸馏烧瓶、温度测量装置和蒸馏烧瓶支板。将接收量筒、蒸馏烧瓶和冷凝浴调节到规定温度。使冷凝浴和接收量筒的温度保持在规定的温度下。接收量筒应浸没在一个冷却浴中，并使浸入液面至少达到量筒的100mL刻线，也可将整个接收量筒用空气循环室包围起来。

用缠在细绳或铁丝上的无绒软布将冷凝管内的残留液体除去。

表2-3　馏程仪器准备

项目	0组	1组	2组	3组	4组
蒸馏烧瓶/mL	100	125	125	125	125
蒸馏温度计范围/℃	−2~300	−2~300	−2~300	−2~300	−2~400
蒸馏烧瓶支板孔径/mm	32	38	38	50	50
开始试验的温度					
烧瓶和温度计/℃	0~5	13~18	13~18	13~18	≤环境温度
烧瓶支板和金属罩/℃	≤环境温度	≤环境温度	≤环境温度	≤环境温度	—
接收量筒和100mL试样的温度/℃	0~5	13~18	13~18	13~18	13~环境温度

5. 试验步骤

①记录环境大气压力。

②保持试样温度符合表 2-2 的要求，用量筒准确量取 100mL 试样，然后将试样尽可能全部倒入蒸馏瓶中（烧瓶倾斜并保持支管向上，不能流入支管中）。如果样品不是液态，应加热至其倾点以上 9~21℃，摇匀。在蒸馏烧瓶中放入少量沸石。

③用硅酮橡胶塞将温度计感温泡定位于瓶颈的中心，温度计毛细管的底端应与蒸馏烧瓶支管内壁底部的最高点齐平（见图 2-2）。如果使用热电偶或电阻温度计，应根据仪器说明书进行装配。

④将对应规格的烧瓶支撑板放在电炉上。

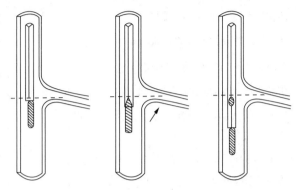

图 2-2　温度计在蒸馏烧瓶颈中的位置

用硅酮橡胶塞，将蒸馏烧瓶支管紧密安装在冷凝管上，蒸馏烧瓶要调整至垂直，蒸馏烧瓶支管伸入冷凝管内 25~50mm。升高并调整电炉及烧瓶支撑板，使其对准并接触蒸馏烧瓶底部。

⑤将先前量取过试样、未经干燥的接收量筒放入冷凝管末端下方已控温的冷却浴中。冷凝管的末端应位于接收量筒的中心，且伸入量筒中至少 25mm，但不能低于量筒的 100mL 刻线。

⑥用一张吸水纸或类似的材料盖住接收量筒，以减少蒸馏中的蒸发损失。

开始蒸馏，记录蒸馏开始时间。观察并记录初馏点，精确至 0.5℃。自动法测定时精确到 0.1℃。当观测到初馏点后，应立即移动接收量筒以使冷凝管滴液尖端接触到量筒内壁。

⑦在蒸馏过程中加热速度的调整非常关键，使从开始加热到初馏点的时间间隔、中间蒸馏过程以及到终馏点的加热速率要符合表 2-4 的规定。

⑧在初馏点和终馏点之间，观察并记录、计算和报告出指标规格所要求数据。一般记录规定的回收百分数和对应的温度读数；有些情况下则要记录在规定温度读数时对应的回收百分数。

手动法：记录接收量筒的体积读数，精确至 0.5mL；记录温度读数，精确至 0.5℃。

自动法：记录接收量筒的体积读数，精确至 0.1mL；记录温度读数，精确至 0.1℃。

0 组：如果未指明有特殊的数据要求，记录初馏点、终馏点和从 10%~90% 回收体积之间每 10% 回收体积倍数时的温度读数。

1 组、2 组、3 组和 4 组：如果未指明有特殊的数据要求，记录初馏点、终馏点和 / 或干点，在 5%、15%、85% 和 95% 回收体积时的温度读数，以及 10%~90% 回收体积之间每 10% 回收体积倍数时的温度读数。

表2-4　馏程试验条件

项目	0组	1组	2组	3组	4组
冷浴的温度 /℃	0~1	0~1	0~5	0~5	0~60[1]
接收量筒周围冷却浴的温度 /℃	0~4	13~18	13~18	13~18	样温 ±3
从开始加热到初馏点的时间 /min	2~5	5~10	5~10	5~10	5~15
初馏点到 5% 回收体积的时间 /s	—	60~100	60~100	—	—
初馏点到 10% 回收体积的时间 /min	3~4	—	—	—	—
从 5% 回收体积到烧瓶中残留物为 5mL 的均匀平均冷凝速率 /（mL/min）	—	4~5	4~5	4~5	4~5
从 10% 回收体积到烧瓶中 5mL 残留物的均匀平均冷凝速度 /（mL/min）	4~5	—	—	—	—
从烧瓶中 5mL 残留物到终馏点的时间 /min	≤ 5	≤ 5	≤ 5	≤ 5	≤ 5

注：适合的冷浴温度取决于试样的蒸馏馏分和蜡含量。应该使用得到满意操作允许的最低温度。通常 0~4℃的浴温范围适用于煤油和轻质中间馏分燃料；在某些情况下，中间馏分燃料、重馏分油和类似的馏分可能要保持冷凝浴温度在 38~60℃的范围。

⑨当蒸馏烧瓶中残留液体约为 5mL 时，最后一次调整加热，使蒸馏烧瓶中 5mL 残留液体蒸馏到终馏点的时间 ≤ 5min。

注：由于蒸馏烧瓶中剩余 5mL 沸腾液体的时间难以确定，可用观察接收量筒内回收液体的数量来确定。一般动态滞留量约为 1.5mL，如果没有轻组分损失，蒸馏烧瓶中 5mL 的液体残留量可认为对应于接收量筒内 93.5mL 的量。这个量需根据轻组分损失估计值进行修正。

如果实际的轻组分损失与估计值相差大于 2mL，应重新进行试验。

⑩根据需要观察并记录终馏点或干点，并停止加热。加热停止后，使馏出液完全滴入接收量筒内。记录接收量筒内液体体积相应的回收百分数。

手动法：当冷凝管中连续有液滴滴入接收量筒时，每隔 2min 观察并记录冷凝液体积，精确至 0.5mL，直至两次连续观察的体积相同。准确测量接收量筒内液体的体积，记录并精确至 0.5mL。

自动法：仪器将连续监测回收体积，直至在 2min 之内回收体积的变化小于 0.1mL，准确记录接收量筒内液体的体积，并精确至 0.1mL。

待蒸馏烧瓶稍冷却之后，从冷凝管上拆下蒸馏烧瓶，将其内容物（沸石除外）倒入一个 5mL 带刻度量筒中，将蒸馏烧瓶倒悬在量筒之上，让蒸馏烧瓶内液体滴下，直至观察到量筒内的液体体积无明显增加，测量带刻度量筒中液体的体积，精确至 0.1mL，记作残留百分数。0 组试样读数前须将 5mL 带刻度量筒冷却至低于 5℃。

6. 计算

①总回收百分数为最大回收百分数和残留百分数之和。用 100% 减去总回收百分数得到损失百分数。

②不用对大气压作弯月面凹降修正，不用调校大气压至海平面读数。从气压计得到的读数也不用修正到标准温度和标准重力下。可直接用于温度的修正计算。如压力表的读数是 850mbar，直接换算成 85.0kPa 即可。

③将温度计读数修正到 101.3kPa 标准大气压下的数值，修正方法有计算法和查表法两种。

a. 计算法。先按照温度计的鉴定证书上的修正值对温度计读数进行修正，然后按式（2-1）、式（2-2）计算标准大气压下的温度值。

$$t_c = t + C \qquad (2-1)$$

$$C = 0.0009(101.3 - p_k)(273 + t) \qquad (2-2)$$

式中 t_c——修正至 101.3kPa 时的温度计读数，℃；

t——观察到的温度计读数，℃；

C——温度计读数修正值，℃；

p_k——试验时的大气压力，kPa。

b. 查表法。按照表 2-5 给出不同温度范围和实际大气压力和标准大气压力之间的差值，计算出温度修正值。当实际压力低于 101.3kPa 时加修正值，否则减去修正值。

表 2-5　温度计读数修正值

温度范围 /℃	每 1.3kPa 的修正值 /℃	温度范围 /℃	每 1.3kPa 的修正值 /℃
10~30	0.35	>210~230	0.59
>30~50	0.38	>230~250	0.62
>50~70	0.40	>250~270	0.64
>70~90	0.42	>270~290	0.66
>90~100	0.45	>290~310	0.69
>100~130	0.47	>310~330	0.71
>130~150	0.50	>330~350	0.74
>150~170	0.52	>350~370	0.76
>170~190	0.54	>370~390	0.78
>190~210	0.57	>390~410	0.81

④校正损失百分数。当温度计读数修正到 101.3kPa 时，将实际损失百分数也修正到 101.3kPa。校正损失百分数 L_c 用式（2-3）计算或者通过查 GB/T 6536—2010 标准附录表得到。

$$L_c = \frac{0.5 + (L - 0.5)}{1 + (101.3 - p_k)/0.8}$$ （2-3）

式中　L_c——修正至 101.3kPa 时损失百分数，%；

　　　L——观测损失百分数，%；

　　　p_k——试验时的大气压力，kPa。

⑤校正回收百分数。校正回收百分数按式（2-4）计算。

$$R_c = R_{max} + (L - L_c)$$ （2-4）

式中　R_c——校正回收百分数，%；

　　　R_{max}——观察到的最大回收百分数，%；

　　　L——从试验数据计算得出的损失百分数，%；

　　　L_c——校正后的损失体积百分数，%。

⑥蒸发百分数。如需要在规定温度读数时对应的蒸发百分数，将损失百分数加到规定温度时得到的每个观测回收百分数上，这些结果作为相应的蒸发百分数，见式（2-5）。

$$P_e = P_r + L$$ （2-5）

式中　P_e——蒸发百分数，%；

　　　P_r——回收百分数，%；

　　　L——观测损失，‰。

⑦蒸发温度的计算。在测定过程中。读取的是回收体积与其对应的温度，当要求报告蒸发百分数和温度之间的关系时，则只有通过对回收百分数和对应温度换算求得。换算方法有计算法和图解法。计算法按式（2-6）计算。

$$T = T_L + \frac{(T_H - T_L)(R - R_L)}{R_H - R_L}$$ （2-6）

式中　T——蒸发温度，℃；

　　　R——对应规定蒸发体积分数的回收体积分数，%；回收百分数 = 蒸发百分数 – 损失百分数；

　　　R_L——临近并低于 R 的回收体积分数，%；

　　　R_H——临近并高于 R 的回收体积分数，%；

　　　T_L——在 R_L 时观察到的温度计读数，℃；

　　　T_H——在 R_H 时观察到的温度计读数，℃。

7. 报告

馏程报告应包括以下项目，报告格式说明见图 2-3。

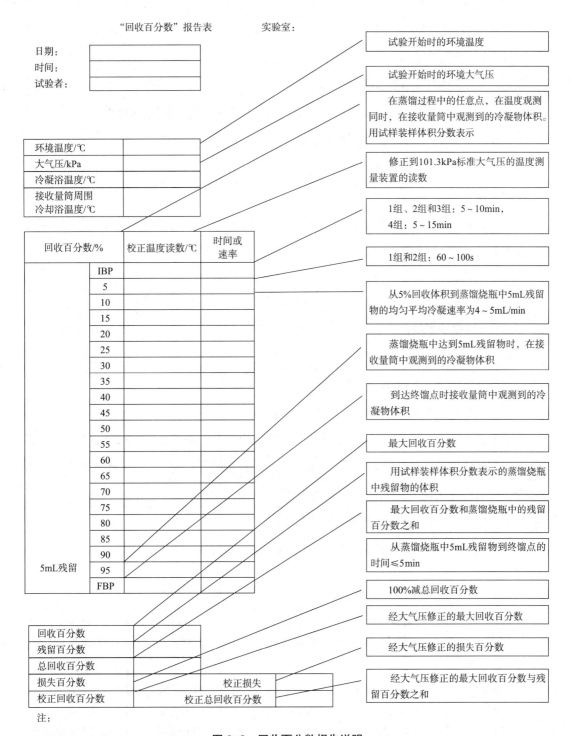

图2-3 回收百分数报告说明

①大气压，精确至 0.1kPa。

②以百分数形式报告所有体积读数。手动法：精确至 0.5%。自动法：精确至 0.1%。

③报告所有温度读数。手动法：精确至 0.5℃。自动法：精确至 0.1℃。

温度读数经大气压修正后，下述数据报告前不需作进一步的计算：初馏点、干点、终馏点、分解点和所有回收百分数相对应的温度读数。

报告中应指明温度读数是否经过大气压修正。

④在温度读数未被修正到 101.3kPa 时，分别报告残留百分数和损失百分数。

⑤计算蒸发百分数时不要采用校正损失。

⑥报告是否使用了方法所述的干燥剂。

8. 精密度

①温度变化率。确定一个结果的精密度，通常需确定此点的温度变化率 S_c。亦即每回收百分数或每蒸发百分数的温度变化。S_c 可通过式（2-7）计算。

$$S_c = \frac{T_U - T_L}{V_U - V_L} \quad\quad （2-7）$$

式中 T_U——较高的温度，℃；

  T_L——较低的温度，℃；

  V_U——与 T_U 相应的回收百分数或蒸发百分数，%；

  V_L——与 T_L 相应的回收百分数或蒸发百分数，%。

②0 组的重复性和再现性。终馏点重复测定的两个结果之差不应超过 3.5℃。对每个规定体积分数所对应温度读数重复测定的两个结果之差，不应超过在规定体积分数处相应 2mL 馏出液变化所对应的温度变化值。0 组再现性未确定。

③1 组的重复性和再现性符合表 2-6 中的要求。

④2 组、3 组和 4 组的重复性和再现性符合表 2-7 中的要求。

表 2-6 1 组重复性和再现性

体积分数 /%	手动法 重复性 r/℃	手动法 再现性 R/℃	自动法 重复性 r/℃	自动法 再现性 R/℃
初馏点	3.3	5.6	3.9	7.2
5	$1.9+0.86S_c$	$3.1+1.74S_c$	$2.1+0.67S_c$	$4.4+0.2S_c$
10	$1.2+0.86S_c$	$2.0+1.74S_c$	$1.7+0.67S_c$	$3.3+0.2S_c$
20	$1.2+0.86S_c$	$2.0+1.74S_c$	$1.1+0.67S_c$	$3.3+0.2S_c$
30~70	$1.2+0.86S_c$	$2.0+1.74S_c$	$1.1+0.67S_c$	$2.6+0.2S_c$
80	$1.2+0.86S_c$	$2.0+1.74S_c$	$1.1+0.67S_c$	$1.7+0.2S_c$
90	$1.2+0.86S_c$	$0.8+1.74S_c$	$1.1+0.67S_c$	$0.7+0.2S_c$
95	$1.2+0.86S_c$	$1.1+1.74S_c$	$2.5+0.67S_c$	$2.6+0.2S_c$
终馏点	3.9	7.2	4.4	8.9

表2-7 2组、3组和4组重复性和再现性（手动法）

体积分数 /%	重复性 r/℃	再现性 R/℃
初馏点	$1.0+0.35S_c$	$2.8+0.93S_c$
5~95	$1.0+0.41S_c$	$1.8+1.33S_c$
终馏点	$0.7+0.36S_c$	$3.1+0.42S_c$
温度读数相应的体积分数	$0.7+0.92/S_c$	$1.5+1.78/S_c$

9. 注意事项

①试验用温度计、蒸馏烧瓶和量筒必须经过检验，符合要求。馏程测定仪器型号较多，但是必须满足标准的基本要求。

②注入烧瓶的试油温度和收集的馏出液温度应基本一致。如果量取试样及馏出物时的温度不同，必将引起测定误差。

③试验前必须擦拭冷凝管内壁，清除前次试验留有的液体。

④选择合适孔径的烧瓶支板（石棉垫），既要保证加热速度又要避免油品过热。轻质油选择石棉垫孔径应较小，重质油选择孔径较大。要保证油品在规定的时间内沸腾，并达到应有的蒸馏速度。

⑤温度计的安装位置很重要，直接影响温度计读数的准确性。温度计插得过深，会因高沸点蒸气或高温液滴溅落在温度计上而使温度偏高；如果插得过浅，会因烧瓶颈部的蒸气分子少而使温度计读数偏低；如果温度计插歪不与烧瓶瓶颈中心线重合，会由于离瓶壁过近使温度计读数偏低。

⑥测定不同石油产品的馏程时，冷凝器内水温控制要求不同。例如，汽油的初馏点低，轻组分多，挥发性大，为保证蒸馏汽化的油气全部冷凝为液体，减少蒸馏损失，必须控制冷凝器温度为0~5℃；煤油馏分较汽油重得多，初馏点一般在150℃以上，为使油气冷凝，水温控制不高于30℃；蒸馏含蜡液体燃料（凝点高于–5℃）时，需加热水，控制水温在不超过60℃，这样，既可使油蒸气冷凝为液体，又不致使重质馏分在管内凝结，保证冷凝液在管内自由流动，达到试验方法所规定的要求。

⑦加热速度和馏出速度的控制是操作的关键。各种石油产品的沸点范围是不同的，如果对较轻的油品快速加热，可发生两方面不良影响：其一，迅速产生的大量气体可使蒸馏瓶内压力上升，高于外界大气压，导致温度测定值高于正常蒸馏温度；其二，始终保持较大加热速度，将引起过热现象，造成干点升高。反之，加热过慢会使初馏点、10%点、50%点、90%点及终馏点等降低。

⑧若试样含水较多或油品初馏点高于水的沸点，蒸馏汽化后会在温度计上冷凝并逐渐聚成

水滴，水滴落入高温的油中会迅速汽化，造成瓶内压力不稳，甚至发生冲油（突沸）现象。若蒸馏的油品中水分较少，在蒸馏过程中会降低油气分压，从而影响了测定数据的准确性。因此必须对含水试样进行脱水处理，并加入沸石，以保证试验安全及测定结果的准确性。

⑨要注意蒸馏损失量的控制，测定汽油时，量筒的口部要用棉花等塞住，减少馏出物的挥发损失，使其充分冷凝，同时还能避免冷凝管上凝结的水落入量筒内。

10. 思考题

①测定馏程时如何安装温度计？

②蒸馏试验时，怎样擦洗冷凝管？

③如何确定蒸馏过程中出现热分解的现象？

④馏程测定时如何控制蒸馏速度？

⑤油品含水对测定有何影响？

 # 项目二　发动机燃料馏程的测定［参照 GB/T 255—77（2004）］

1. 方法标准相关知识

（1）标准适用范围

GB/T 255 标准适用于测定发动机燃料、溶剂油和轻质石油产品的馏分组成。

目前，大部分油品的馏程指标都按照 GB/T 6536 标准进行测定，航空汽油、1 号喷气燃料、2 号喷气燃料等油品的馏程测定仍然采用本标准。

（2）方法概要

100mL 试样在规定的试验条件下，用专门仪器按产品性质要求进行蒸馏，系统观察馏出液体积和馏出温度，最后计算出测定结果。

（3）术语和概念

油品的馏程一般测定的是在要求馏出百分数（如 10%、50%、90% 等）时对应的温度，然后对温度计读数修正后报告结果。

有些情况下则要求测定油品在某温度时对应的馏出百分数，此时需要对温度计读数进行预先修正，然后测定。

由于温度计读数受大气压影响，自身也存在读数误差。因此测定时要事先根据温度计检定证书上的误差对温度计的读数进行校正，还要根据大气压对温度影响的校正公式（2-1）、式（2-2）计算出修正值，然后记录蒸馏过程中达到修正值后的要求温度时馏出的体积分数。

（4）现行标准

GB/T 255—77（2004）《石油产品馏程测定法》。

2. 训练目的

①掌握馏程的测定方法和操作要点。

②掌握馏程测定结果的修正与计算方法。

3. 仪器与试剂

（1）仪器

石油产品馏程测定器（见图 2-4），符合 SH/T 0121—92《石油产品馏程测定装置技术条件》
中的规定，喷灯或用带自耦变压器的电炉。

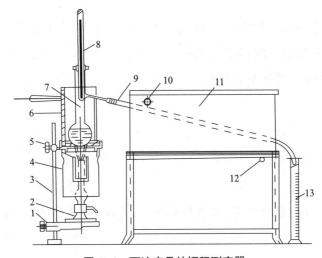

图 2-4 石油产品的馏程测定器

1—托架；2—喷灯；3—支架；4—下罩；5—石棉垫；6—上罩；7—蒸馏烧瓶；8—温度计；
9—冷凝管；10—排水支管；11—水槽；12—进水支管；13—量筒

温度计：符合 GB/T 514—2005《石油产品试验用玻璃液体温度计技术条件》中的规定。

量筒：100mL，5mL。

秒表等。

（2）试剂

92 号车用汽油、煤油或车用柴油。

4. 准备工作

（1）试样脱水

若油品含水，试验前应先加入新煅烧并冷却的食盐或无水氯化钙进行脱水。

（2）擦拭冷凝管

蒸馏前，用缠在铜丝或铝丝上的软布擦拭冷凝管的内壁，除去上次蒸馏残留下的液体。

（3）安装冷凝系统

蒸馏汽油时，将冷凝器的进水支管套上带夹子的橡皮管，然后将冰块装入水槽，注入冷水，使之浸过冷凝管。蒸馏时水槽中的温度必须保持在 0~5℃。

如果蒸馏溶剂油、喷气燃料、煤油及其他石油产品，冷凝器中通入冷水，控制水流量使水的温度不高于 30℃。若蒸馏含蜡液体燃料（凝点高于 –5℃），需通过加热控制水温在 50~70℃。

（4）洗涤蒸馏烧瓶

烧瓶可以用轻质汽油洗涤，再用空气吹干。必要时，用铬酸洗涤液或碱洗液除去蒸馏烧瓶中的积炭。

（5）量取试样

用清洁、干燥的 100mL 量筒量取 100mL 试样，注入蒸馏烧瓶中，不要让试样流入蒸馏烧瓶的支管内。量筒中的试样体积按凹液面的下边缘读取，观察时眼睛要与液面保持在同一水平面上。注入蒸馏烧瓶时试样的温应为 20℃ ±3℃。

（6）安装温度计

将插好温度计的软木塞，紧密地塞在盛有试样的蒸馏烧瓶口内，使温度计和烧瓶的轴心线互相重合，使水银球的上边缘与支管焊接处的下边缘处于同一水平面。

（7）安装装置

装有汽油或溶剂油的蒸馏烧瓶，要安装在内径为 30mm 的石棉垫上；装有煤油、喷气燃料或车用柴油的蒸馏烧瓶要安装在内径为 50mm 的石棉垫上；使之符合 SH/T 0121—92《石油产品馏程测定装置技术条件》中的有关规定。

蒸馏烧瓶的支管用软木塞与冷凝管的上端紧密连接。支管插入冷凝管内的长度要达到 25~40mm，但不要与冷凝管内壁接触。在软木塞的连接处均涂上火棉胶之后，将上罩放在石棉垫上，把蒸馏烧瓶罩住。

（8）安放接收器

将量取过试样的量筒（不需经过干燥）放在冷凝管下面，并使冷凝管下端插入量筒中不少于 25mm 处（暂时互相不接触），但不得低于 100mL 标线。量筒的口部要用棉花塞好，方可进行蒸馏。

蒸馏汽油时，量筒要浸在装有水的高型烧杯中，水面要高出量筒的 100mL 标线，量筒的底部要压有金属压载物，防止量筒浮起。在蒸馏过程中，高型烧杯中的水温应保持在 20℃ ±3℃。

5.试验步骤

（1）加热

装好仪器之后，记录大气压力，通电，调节电压使电炉均匀加热。

（2）加热速度控制

蒸馏汽油、溶剂油时从开始加热到馏出第一滴的时间为 5~10min，在一般情况下，初馏点前不改变加热速度。记录初馏点后，移动量筒使其内壁接触冷凝管末端，让馏出液沿量筒内壁流下。此后，蒸馏速度控制在 4~5mL/min，相当于每 10s 馏出 20~25 滴。检查蒸馏速度时，可以移动量筒使其内壁与冷凝管末端离开片刻。

（3）记录各馏分组成温度

在蒸馏过程中要及时记录试样技术标准中所要求的内容。

①如果试样的技术标准要求不同馏出体积分数（如 10%、50%、90% 等）的温度，那么当量筒中馏出液的体积达到技术标准所指定的体积分数时，应立即记录馏出温度。试验结束时，温度计的误差，应根据温度计检定证上的修正数进行修正；馏出温度受大气压力的影响，应根据式（2–10）进行修正。

②如果试样的技术标准要求在某温度（如 100℃、200℃、250℃、270℃等）时的馏出体积分数，那么当蒸馏温度达到相当于技术标准所指定的温度时，要立即记录量筒中的馏出液体积。

（4）蒸馏终点的控制

在蒸馏汽油或溶剂油的过程中，当量筒中的馏出液达到 90mL 时，允许对加热强度作最后一次调整，要求在 3~5min 内达到干点。如要求终点而不要求干点时，应在 2~4min 内达到终点。

在蒸馏喷气燃料、煤油或车用柴油的过程中，当量筒中的液面达到 95mL 时，不要改变加热强度，并记录从 95mL 到终点所经过的时间，如果这段时间超过 3min，此次试验无效。

蒸馏达到试样技术标准要求的终点（如馏出 95%、96%、97.5%、98% 等）时，除记录馏出温度外，应同时停止加热，让馏出液流出 5min，记录量筒中的液体体积。

如果试样的技术标准规定有干点温度，那么对蒸馏烧瓶的加热要达到温度计的水银柱停止上升而开始下降时为止，同时记录温度计所指示的最高温度作为干点。在停止加热后，让馏出液流出 5min，再记录量筒中液体的体积。

（5）测定残留体积

试验结束时，取出上罩，让蒸馏烧瓶冷却 5min 后，从冷凝管卸下蒸馏烧瓶。卸下温度计及瓶塞之后，将蒸馏烧瓶中热残留物小心地倒入 10mL 量筒内，待量筒冷却到 20~30℃时，记录残留物的体积。精确至 0.1mL。

（6）计算蒸馏损失

试样的体积（100mL）减去馏出液和残留物的总体积所得之差，就是蒸馏损失。

6. 数据处理

（1）大气压力对馏出温度影响的修正

大气压力对温度计读数的修正值用式（2-8）计算，也可用式（2-1）、式（2-2）。

$$C = 7.5k(101.3 - p_k) \text{ 或 } C = k(760 - p) \qquad （2-8）$$

式中　k——馏出温度的修正常数，可由表 2-8 查得；

　　　p_k，p——实际大气压力，分别以 kPa 和 mmHg 为单位；

　　　7.5——大气压力单位换算系数，kPa。

表 2-8　馏出温度的修正系数

馏出温度 /℃	k	馏出温度 /℃	k	馏出温度 /℃	k
11~20	0.035	131~140	0.049	251~260	0.063
21~30	0.036	141~150	0.050	261~270	0.065
31~40	0.037	151~160	0.051	271~280	0.066
41~50	0.038	161~170	0.053	281~290	0.067
51~60	0.039	171~180	0.054	291~300	0.068
61~70	0.041	181~190	0.055	301~310	0.069
71~80	0.042	191~200	0.056	311~320	0.071
81~90	0.043	201~210	0.057	321~330	0.072
91~100	0.044	211~220	0.059	331~340	0.073
101~110	0.045	221~230	0.060	341~350	0.074
111~120	0.047	231~240	0.061	351~360	0.075
121~130	0.048	241~250	0.062		

（2）报告

用各馏程规定的平行测定结果的算术平均值表示试样馏程。

7. 精密度

平行测定的两个结果允许有如下的误差：

初馏点：4℃；干点：2℃；中间馏分：1mL；残留物：0.2mL。

8. 注意事项

该方法标准颁布时间较早，有些测定条件规定得不够严格细致。但是测定过程中，加热速度的控制仍是试验成败的关键。

9. 思考题

①试比较 GB/T 255 和 GB/T 6536 测定条件的差异。

②油品的馏程有哪些不同的表达方式？

项目三 车用汽油雷德法蒸气压的测定（参照 GB/T 8017—2012）

1. 方法标准相关知识

（1）标准适用范围

GB/T 8017 适用于测定汽油、其他易挥发性石油产品及易挥发性原油的蒸气压。在标准中包括了 A、B、C、D 四种测定方法。

A 法适用于测定蒸气压小于 180kPa 的汽油（包括仅含甲基叔丁基醚 MTBE 的汽油）和其他石油产品。A 法的改进步骤适用于 35~100Pa 的汽油和添加含氧化合物汽油样品。

B 法及其改送步骤采用半自动水平浴测定仪，同样适用于测定 A 法及其改进步骤所适用的汽油及其他石油产品。

C 法适用于测定蒸气压大于 180kPa 的样品。

D 法适用于测定蒸气压约为 50kPa 的航空汽油。

该标准方法不适用于液化石油气蒸气压的测定。

（2）方法概要

将蒸气压测定仪的液体室充入冷却的试样，并与在水浴中已经加热到 37.8℃ 的气体室相连。将安装好的测定仪浸入 37.8℃ 浴中，直到观测到恒定压力。该读数经适当校正后，即报告为雷德法蒸气压。

所有四种方法均采用相同容积的液体室和气体室，二者的容积比为 1：4。

B 法利用半自动测定仪，浸于水平浴中，并在旋转中达到平衡，B 法也可使用波登弹簧压力计或压力传感器。C 法采用双开口液体室。D 法对液体室和气体室容积之比有更苛刻的限制。

A 法和 B 法的改造步骤针对添加含氧化合物汽油样品的测定，测定过程中应保证气体室、液体室和样品转移连接装置的内部干燥无水。

测定过程：取样—降温—试样转移—恒温测定—数据记录—压力校正—报告。

测定关键：减少试样转移过程中的损失；保证雷德法试验器的密封性。

（3）术语和概念

①饱和蒸气压：纯物质蒸气压是在某一温度下，液体同其液面上蒸气呈平衡状态时，平衡蒸气所产生的压力。其特点是蒸气压只是温度的函数，只要温度一定，则蒸气压为常数，与汽化率无关。

混合烃蒸气压等于各组分单独存在时的蒸气压与相应组分在平衡液相中的摩尔分数乘积的和，可由道尔顿分压定律和拉乌尔定律式（2-9）求得。

$$p_{混}=p_1^0 x_1+p_2^0 x_2+\cdots+p_n^0 x_n=\sum_{i=1}^{n} p_i^0 x_i \qquad (2-9)$$

但是混合烃蒸气压不仅是温度的函数，也是蒸发率的函数，即混合烃蒸气压随蒸发率升高而升高。由于石油馏分组成复杂，故不能用式（2-9）计算蒸气压，必须实测才有意义。

②雷德法蒸气压：采用规定的试验方法（GB/T 8017）测定汽油和其他挥发性石油产品蒸气压，所得到的经过修正后的总压力读数，以 kPa 为单位。

两个重要的测定条件：a. 测定器的液体室与气体室容积比为 1∶4，气体室容积 500mL，液体室容积 125mL；b. 温度 37.8℃ ±0.1℃。

蒸气压对于车用汽油和航空汽油来说是非常关键的因素，影响其启动、升温和高温或高纬度操作时形成气阻的趋势。燃料中含轻质组分越多，其饱和蒸气压越大，发动机越易启动。但是，如果燃料的饱和蒸气压过大，汽油就会在进入汽化器之前，在输油管中先行汽化，产生的气泡形成供油系统的气阻，使汽油不能顺利进入汽化器，导致发动机供油不足，甚至中断供油。燃料的饱和蒸气压越大，储运时的蒸馏损失也越大，还容易着火、爆炸。

原油的蒸气压对于原油生产和炼制操作、初始炼制加工具有重要意义。

此外，限制汽油饱和蒸气压的最高值，可减少汽油蒸气对空气的污染。

（4）蒸气压测定部分相关标准

GB/T 8017—2012《石油产品蒸气压的测定　雷德法》

SH/T 0794—2007《石油产品蒸气压的测定　微量法》

SH/T 0769—2005《石油产品、烃类及烃类－含氧化合物混合物蒸气压测定法（三级膨胀法）》

SH/T 0293—92（2004）《真空油脂饱和蒸气压测定法》

2. 训练目标

①能够正确理解雷德蒸气压的测定标准，理解汽油蒸气压的测定意义。

②掌握用 A 法测定雷德法蒸气压的条件和操作步骤。

③熟悉雷德法蒸汽压测定仪器的结构，掌握仪器的操作方法。

3. 仪器与试剂

（1）仪器

雷德法蒸气压测定仪的气体室和液体室如图2-5所示。

压力表：波登弹簧压力计，压力表的量程和要符合蒸气压标准要求。

冷浴：能放置样品容器和液体室，维护温度在0~1℃。

水浴：能浸没蒸气压测定仪，维护温度在37.8℃±0.1℃。

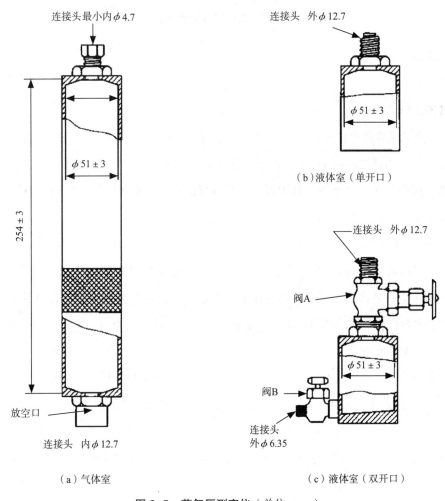

图2-5　蒸气压测定仪（单位：mm）

压力测量装置：量程应适用于校验所使用的压力表，具有0.5kPa的最小精度。

取样器：如图2-6所示，容量为1L，用玻璃或金属制造，器壁要求具有足够的强度。取样器附有试样转移连接装置，它是装有注油管和透气管的软木塞或盖子，能密封取样器口部，取样器口部内径不应小于20mm。注油管一端与软木塞或盖子的下表面相平，另一端能插到距离汽油室底部6~7mm处，透气管的底端能插到取样器底部。

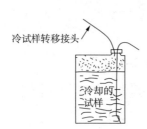
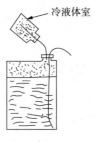
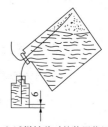

（a）转移试样前的容器　　　（b）用试样转移接头　　（c）液体室置于移液管上方　　（d）试样转移时的装置位置
　　　　　　　　　　　　　　　代替密封盖

图 2-6　从样品容器转移至液体室示意图

（2）试样

车用汽油。

4.准备工作

（1）检查试样容器中装入量

测定蒸气压的试样应从 1L 样品容器所盛装的样品中移取，样品容器中应盛装 70%~80% 的样品量，如图 2-6（a）所示。在取样时应确保样品量，且蒸气压是首先测量的项目，尽快测定。将样品容器放入冷浴中，保持在 0~1℃，直至试验全部完成。

（2）样品容器中样品的空气饱和

当样品容器温度在 0~1℃时，从冷浴室中取出，用吸湿性材料将其擦干，快速开关样品容器盖，注意不要让水进入。重新封盖容器后，剧烈摇动，再将其放回到冷浴中至少达 2min。重复上述步骤两次，然后将样品容器放入冷浴。

（3）液体室的准备

对未添加含氧化合物的样品，将打开并直立的液体室和样品转移的连接装置，完全浸入 0~1℃冷浴中，放置 10min 以上，使液体室和样品转移连接装置均达到 0~1℃。

A 法改进步骤：将密封并直立的液体室和样品的转移连接装置完全浸入 0~1℃冰箱或冷浴中，冷浴液面不要没过液体室螺口的顶部，放置 20min 以上，使液体室和样品转移连接装置均达到 0~1℃。

（4）气体室的准备

将压力表连接在空气室上，将气体室浸入 37.8℃ ±0.1℃ 的水浴中，使水浴的液面高出气体室顶部至少 24.5mm，并保持 10min 以上，在液体室充满试样之前不要将气体室从水浴中取出。

A 法改进步骤：将压力表和气体室连接，并将气体室密封后浸入 37.8℃ ±0.1℃ 的水浴中，使水浴的液面高出气体室顶部至少 24.5mm，并保持在 20min 以上，在液体室充满试样之前不要将气体室从水浴中取出。

5. 试验步骤

（1）试样的转移

准备工作完成后，将试样容器从冷浴室中取出，开盖，插入经冷却的试样转移管和透气管，见图 2-6（b）。将冷却的液体室尽快放空，放在试样转移管上，见图 2-6（c）。同时将整个装置快速倒置，最后液体室应保持直立位置，见图 2-6（d）。试样的转移管应延伸到离液体室底部 6mm 处，试样充满汽油室直至溢出，提起试样容器，向试验台轻轻叩击液体室，使液体室不含气泡。

测定添加含氧化合物的汽油样品的改进步骤，应用吸湿性材料擦干净样品容器和液体室的外表面，以杜绝样品转移过程中水进入样品容器和液体室中。

（2）安装仪器

立刻将气体室从水浴中取出，并尽快与充完样的液体室连接，不得有试样溅出，不得有多余动作，从气体室由水浴中拿出到与液体室完成连接的时间不得超过 10s。

测定添加含氧化合物的汽油样品的改进步骤，要求将气体室从水浴中取出后，迅速用吸湿材料将其外表面擦干，特别注意气体室和液体室的连接处的干燥，并在去除气体室的密封后尽快与充完样的液体室连接。

（3）测定器放入水浴

将安装好的蒸气压测定仪倒置，使试样从液体室进入气体室，在气体室仍呈倒置状态，上下剧烈摇动仪器 8 次。然后压力表向上，将测定仪浸入温度为 37.8℃ ±0.1℃的水浴中，稍微倾斜测定仪，使液体室与气体室的连接处刚好位于水浴液面下，仔细检查连接处是否漏气或漏油。

若无异常现象，则把测定仪浸入水浴中，使水浴液面高出空气室顶部至少 25mm。若出现漏液或漏气，则本次试验作废，舍弃试样，用新试样重新试验。

（4）蒸气压的测定

当安装好的蒸气压测定仪浸入水浴 5min 后，轻轻地敲击压力表，观察读数。将测定器取出，倒置并剧烈摇动 8 次，然后重新放入水浴中，上述操作时间越短越好，以避免测定器冷却。在不少于 2min 的时间间隔中，敲击压力表，观测读数。重复以上过程，直到完成不少于 5 次的摇动和读数。

继续此操作步骤，根据需要直到最后两次相邻的压力读数相同，并显示已达到平衡时为止。读取最后的压力，精确到 0.25kPa。记录此数值作为试样未经校正的蒸气压。

（5）压力表校正

迅速卸下压力表，不要试图除去可能窝存于压力表中的任何液体，将压力表与压力测量装置（如 U 型水银压差计）相连。将压力表和压力测量装置处于同一稳定的压力之下，该压力值应在记录的未经校正蒸气压的 ±1.0kPa 之内，将压力表读数同压力测量装置读数相对照，如果两者之间有差值，且压力表读数高于测量装置，则需要从未经校正的蒸气压减去此差值；若压力表读数低，则未经校正的蒸气压要加上此差值。

为方便拆卸并减少油气污染，测定仪从水浴中取出后可用自来水适当冷却后拆卸。

（6）仪器的清洗

做完试验后，要及时清洗仪器，为下次试验做好准备。拆开气体室和液体室，倒掉其中的试样。用 32℃ 左右的温水灌满气体室而后排出，重复清洗空气室至少 5 次。用同样的方法清洗液体室。将液体室放入冷浴以备下次使用。

对于添加含氧化合物汽油样品的试验，用以上方式清洗气体室后，然后用干燥空气吹干。用石脑油冲洗液体室，气体室和输液管若干次，而后再用丙酮冲洗若干次。接着再用干燥空气吹干。将液体室底部密封后放入冷浴，将气体室下端也适当密封，并与压力表相连。

（7）压力表的处理

拆下压力表，应用离心法除去窝存在波登管中的液体。操作时将压力表持于两手掌中，右手掌贴住表面，并使表连接装置的螺纹向前，手臂以 45° 角向前上方伸直，然后手臂快速向下甩动约 135° 的弧度，这样产生的离心力有助于表内液体的倒出，重复操作 3 次或直到液体完全从表中排出，将压力表接上气体室（关闭与液体室的接口），并置于 37.8℃ 的水浴中，以备下次试验使用保存。

6. 数据处理

将观测到的未经校正的蒸气压，经过压力校正后作为雷德法蒸气压报告，准确至 0.25kPa。

对于添加含氧化合物样品的试验结果报告，如果观察并证实样品或试样出现浑浊现象，需在试验结果后加"H"注明。

7. 精密度

用下述规定判断试验结果的可靠性（置信水平为 95%）。

重复性：同一操作者用同一仪器，对同一样品连续试验的两个结果之差不应该超过表 2-9 中的数值。

再现性：不同实验室不同操作者用不同的仪器，对同一样品测定的两个单一、独立的试验之差不应该超过表 2-9 中的数值。

表 2-9　雷德法蒸气压测定结果重复性要求

方法	蒸气压范围 /kPa	重复性 /kPa	再现性 /kPa
A 法	0~35	0.7	2.4

续表

方法	蒸气压范围 /kPa	重复性 /kPa	再现性 /kPa
A 法	35~100（汽油）	3.2	5.2
A 法改进步骤	35~100	3.65	5.52
A 法	110~180	2.1	2.8
B 法	35~100（汽油）	1.2	4.5
B 法改进步骤	35~100	4.00	5.38
C 法	> 180	2.8	4.9
D 法	约 50（航空汽油）	0.7	1.0

8. 注意事项

（1）压力表的读数及校正

在读数时，必须保证压力表处于垂直位置，要轻轻敲击后再读数。每次试验后都要将压力表用水银压差计进行校正，以保证试验结果有较高的准确性。

（2）试样的空气饱和

必须按规定剧烈摇荡盛放试样的容器，使试样与容器内的空气达到饱和，满足这样条件的试样，所测得的最大蒸气压才是雷德法蒸气压。

（3）检查泄漏

在试验前和试验中，应仔细检查全部仪器是否有漏油和漏气现象，任何时候发现有漏油漏气现象则舍弃试样，用新试样重做试验。

（4）取样和试样管理

取样和试样的管理应严格执行标准中的规定，避免试样蒸发损失和轻微的组成变化，试验前绝不能把雷德法蒸气压测定器的任何部件当作试样容器使用。如果要测定的项目较多，雷德法蒸气压的测定应是被分析试样的第一个试验，防止轻组分挥发。

（5）仪器的冲洗

按规定每次试验后必须彻底冲洗压力表、空气室和汽油室，以保证不含有残余试样。

（6）温度控制

仪器的安装必须按标准方法中的要求准确操作，不得超出规定的安装时间，以确保空气室恒定在 37.8℃；严格控制试样温度在 0~1℃，测定水浴的温度为 37.8℃ ±0.1℃。

9. 思考题

①试验时如何减少试样蒸发和组分的微小变化对蒸气压测定的影响？

②影响油品的饱和蒸气压的因素有哪些？

③比较 A 法与 A 法改进步骤的区别。

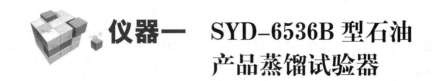

仪器一　SYD-6536B 型石油产品蒸馏试验器

1. 仪器结构

SYD-6536B 型石油产品蒸馏试验器的主要结构如图 2-7 所示。该仪器为双缸工作方式，开关和旋钮等在图中只标注 1 套。

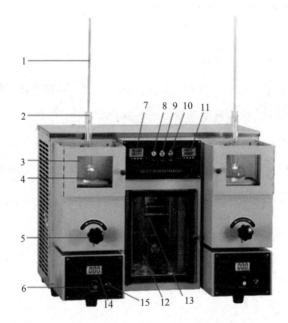

图 2-7　SYD-6536B 型石油产品蒸馏试验器

1—温度计；2—瓶塞；3—观察窗；4—蒸馏烧瓶；5—电炉高度调节旋钮；6—电压调节旋钮；7—风冷控制仪；8—风冷开关；9—制冷开关；10—电源；11—水冷控温开关；12—量筒；13—馏出口；14—电压表；15—电炉冷却风扇开关

2. 使用方法

①仔细阅读 GB/T 6536《石油产品常压蒸馏特性测定法》，了解并熟悉标准所阐述的试验方法、试验步骤和试验要求。

②按标准所规定的要求，准备好试验用的各种试验器具、材料等。

③检查本仪器的外壳，必须处于良好的接地状态，电源线必须有良好的接地端。检查本仪器的工作状态，使其符合规定的工作环境和工作条件。

④水浴冷却液（20% 甘油水）已灌注密封好，无需再配。

⑤根据样品所处的组别，选择合适的蒸馏烧瓶、温度计和蒸馏烧瓶石英板。精确量取试样

100mL 到烧瓶中，加入少量沸石，调节好温度计在蒸馏烧瓶中的位置，在烧瓶支管上装好支管塞。

⑥接通电话，调节蒸馏烧瓶和量筒的位置，打开"电源开关"，指示灯亮。并特别注意：调节"电压调节旋钮"，使电压表读数接近 0V。

⑦按下相应控制箱面板上的"水冷控温开关"。按温控仪上的"SET"键，正确设置试验所需的冷凝温度。如果冷凝水箱的设定温度在室温以下的，则需打开制冷开关，使试验温度符合测试要求。

注：当某一冷凝水箱温度设置值大于40℃时，请勿打开对应控制面板上的制冷开关；若两个冷凝水箱温度设置值均大于40℃时，请关闭制冷开关，以防仪器机件的损坏。

⑧冷凝水箱的浴温达到设定温度后，调节"电压调节旋钮"，调节电炉的加热功率，控制升温速度。

⑨严格按 GB/T 6536《石油产品常压蒸馏特性测定法》规定的要求，测定并记录测试结果。

⑩取出蒸馏烧瓶时，应将电炉高度调节旋钮调到适当位置，避免蒸馏烧瓶支管损坏。

⑪试验结束后，应及时关闭电源，并擦洗干净仪器的表面。

⑫仪器较长时间不用时，应放净冷凝水箱内的冷却液，用清水清洗并擦拭干净冷凝水箱，置于通风、干燥、无腐蚀性气体的环境中。

仪器二　SYD-8017 型石油产品蒸气压试验器

1. 仪器结构

仪器主要由水浴箱及控温装置、蒸气压弹、压力表等部分组成。主要结构如图 2-8 所示。水浴箱温控范围从室温到90℃，控温精度达 ±0.1℃，能满足试验的需要。精密压力表的气体压力测量精度可达 ±0.4‰。配备单开口式压弹和双开口式压弹，空气室与汽油室的体积比为 4∶1。

2. 使用方法

①仔细阅读 GB/T 8017《石油产品蒸气压的测定　雷德法》，了解并熟悉标准所阐述的准备工作、试验步骤和试验要求。按 GB/T 8017 标准所规定的要求，准备好试验用的各种试验器具、材料等。

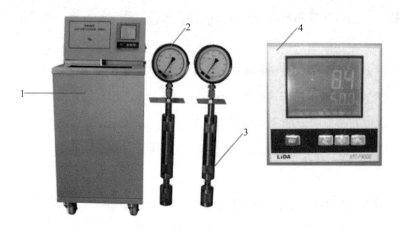

图 2-8　SYD-8017 型石油产品蒸气压试验器结构

1—水浴箱及控温装置；2—精密压力表；3—单开口式压弹；4—控制面板

②先从水浴箱内取出两个蒸气压弹后将清水加入浴箱，使水面离箱内胆顶面约 30mm，以保证有足量的水。

③打开电源开关，接通工作电源。

④设定水浴加热温度 37.8℃。使用控温仪设定加热温度的方法如下：按一下"SET"键（参见面板简图），设定温度值闪烁，按移位键"◄"移到所要的数位，该数位即停止闪动（其他数位仍会闪动），用"▼"键或"▲"键设定该数位的数值，各数位数值都调整好后，再按一下"SET"键，设定即告完毕，此时水浴按设定的温度自动控制。

⑤试验时，水浴的温度应以水银温度计为准，如设定温度与水银温度计有差值时需修正，修正方法如下：例如，仪表显示值为 37.8℃，玻璃温度计检测值为 37.5℃时，按"SET"键，PV 窗显示 5C，按加（或减）键确定修正值，使 SV 值显示 -0.3（若玻璃温度计检测值为38.1℃时，则使 SV 值显示 0.3），修正完毕后再按"SET"键 5s 退出 B 菜单即可。当温度计读数达 37.8℃±0.1℃时，表明浴温已符合试验要求。

⑥当试验温度等条件达到要求后，严格按照 GB/T 8017 标准的要求测定试样的蒸气压。

3. 使用注意事项

①水浴箱无足量的水时，不应通电加热，以免损坏加热元件。

②控温仪出厂前已设定好专用的 PID 工作程序，请不要随意调整。

③试验后按 GB/T 8017《石油产品蒸汽压的测定　雷德法》的要求清洗压力表、蒸气压弹等用具。

④仪器长期不用时，把水浴箱的水排清，擦拭干净，两压弹放入箱内，以防损坏。

⑤仪器应在通风、干燥、无腐蚀性气体的地方存放。

实训 三 油品闪点的测定

项目一 油品闭口杯闪点的测定
（参照 GB/T 261—2021）

1. 方法标准相关知识

（1）标准适用范围

GB/T 261—2021《闪点的测定　宾斯基－马丁闭口杯法》规定了用宾斯基－马丁闭口闪点试验仪测定可燃液体、带悬浮颗粒的液体、在试验条件下表面趋于成膜的液体和其他液体闪点的方法。适用于闪点在 40~370℃范围之内的样品。

该方法试验步骤包括步骤 A、步骤 B 和步骤 C。

步骤 A 适用于馏分燃料（包括柴油、生物柴油调和燃料、供热用油和汽轮机燃料）、未使用润滑油、油漆和清漆及其他不在步骤 B 和步骤 C 范围之内的均质液体。

步骤 B 适用于残渣燃料油、稀释沥青、用过润滑油、带悬浮颗粒的液体，在本试验条件下表面趋于成膜的液体或者黏度不适用于在步骤 A 规定的搅拌速度和加热条件下进行加热的液体。

步骤 C 适用于 BD 100 生物柴油样品的测定。

本标准不适用于水性油漆和水性清漆。

（2）方法概要

将样品倒入试验杯中，在规定的速率下连续搅拌，并以恒定速率加热样品。以规定的温度间隔，在中断搅拌的情况下，将火源引入试验杯开口处，使样品蒸气发生瞬间闪火，且蔓延至液体表面的最低温度，此温度为环境大气压下的观察闪点，再用公式修正到标准大气压下的闪点。

（3）相关概念

①闪点。在标准试验条件下，加热油品所逸出的蒸气被火焰引燃发生闪火的最低温度，结果修正到 101.3kPa 大气压下。

按照闪点测定方法不同有闭口杯法闪点、开口杯法闪点。闪点值和所用仪器及测定条件密切相关。测定闪点所用的试验杯有宾斯基 – 马丁闭口杯、阿贝尔 – 宾斯基闭口杯、阿贝尔闭口杯、泰格闭口杯、克里夫兰开口杯等类型。

闪点值是反映油品在运输、储存、操作等方面安全性能的重要指标，可用来区分"易燃物质"和"可燃物质"，如有些法规规定闪点在 45℃以下的为易燃品，45℃以上的为可燃品。闪点值也可用来表示在相对非挥发或非可燃性物质中是否存在高挥发性或可燃性物质，挥发性物质含量高，闪点低。

②闪点与爆炸浓度界限。闪火实际是微小的爆炸。不是任何可燃性气体和助燃气体形成的混合气体都能闪火爆炸，只有可燃蒸气在混合气体中的体积分数达到一定数值时，遇火才能发生闪火爆炸。混合物中可燃气体过多时，因含氧不足，不会爆炸；可燃气体过少时，燃烧发生的热量被过剩的空气吸收，同样不会爆炸。因此可燃气有爆炸的上限浓度和下限浓度。

油品闪点就是在测定条件下，油品蒸气与空气混合物达到爆炸下限或爆炸上限时的油温。通常情况下，高沸点油品在室温下不能形成爆炸混合气所需的下限浓度，必须加热才能使可燃气浓度达到爆炸下限浓度，引火才能发生爆炸，此时闪点为该油品爆炸下限时的油温。而汽油等低沸点油品由于挥发性强，在常温下就很容易超过其爆炸上限浓度，只有降温才能测出闪点，这时闪火爆炸浓度实际为上限浓度。

（4）闭口杯闪点部分测定标准

GB/T 261—2021《闪点的测定　宾斯基 – 马丁闭口杯法》

GB/T 27847—2011《石油产品闪点测定　阿贝尔 – 宾斯基闭口杯法》

GB/T 27848—2011《液体沥青和稀释沥青闪点测定　阿贝尔闭口杯法》

GB/T 21929—2008《泰格闭口杯闪点测定法》

GB/T 21789—2008《石油产品和其他液体闪点的测定　阿贝尔闭口杯法》

2. 训练目标

①掌握闭口杯法闪点的测定方法和有关计算。

②熟悉闭口闪点测定器的结构，熟悉闭口杯法闪点测定的影响因素。

③熟悉影响闪点测定的因素，能够正确控制测定条件。

3. 仪器和试剂

（1）仪器

闭口闪点测定器由试验杯、盖组件和加热室组成，仪器加热方式可以是燃气或电加热；点火方式可以是手动或自动，只要符合 GB/T 261—2021 附录 C 的要求即可。图 3–1 是电热式闪点试验器结构示意图。

温度计：包括低、中和高三个温度范围的温度计，符合 GB/T 261—2021 附录 C 的要求。应根据样品的预期闪点选用温度计。

气压计：精度 0.5kPa，分辨率为 0.1kPa，不能使用气象台或机场所用的已预校准至海平面读数的气压计。

加热浴或烘箱：用于加热样品，要求能将温度控制在 ±5℃ 之内。可通风且能防止加热样品时产生的可燃蒸气闪火，推荐使用防爆烘箱。

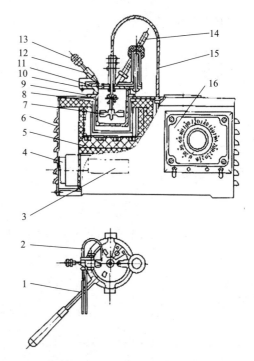

图 3–1　电热式闪点试验器

1—油杯手柄；2—点火管；3—铭牌；4—电动机；5—电炉盘；6—壳体；7—搅拌桨；8—浴套；9—油杯；10—油杯盖；11—滑板；12—点火器；13—点火器调节螺丝；14—温度计；15—传动软轴；16—开关箱

（2）试剂

试样：车用柴油或其他油品（柴油闭口杯闪点为 45~65℃）。

清洗溶剂：低挥发性芳烃（无苯）溶剂或甲苯－丙酮－甲醇混合溶剂。

4. 准备工作

①仪器准备：仪器应安装在无空气流的房间内，并放置在平稳的台面上。必要时用防护屏挡在仪器周围。

②试验杯的清洗：先用清洗溶剂冲洗试验杯、试验杯盖及其他附件，以除去上次试验留下的所有胶质或残渣痕迹。再用清洁的空气吹干试验杯，确保除去所用溶剂。

③样品保存：所取样品应装在合适的密封容器中，且样品只能充满容器容积的 85%~95%。样品储存温度避免超过 30℃，以减少蒸发损失。

④试样脱水：如果样品中含有未溶解的水，在样品混匀前应将水分离出来，某些残渣燃料油和润滑剂中的游离水可能会分离不出来，在样品混匀前应用物理方法除去水。

脱水是以新煅烧并冷却的食盐或硫酸钠或无水氯化钙为脱水剂，对试样进行处理，脱水后，取试样的上层澄清部分供试验使用。

5. 试验步骤

步骤 A：

①观察气压计，记录试验期间仪器附近的环境大气压。

②装入试样：将试样倒入试验杯至加料线，盖上试验杯盖，然后放入加热室，确保试验杯就位或锁定装置连接好后插入温度计。点燃试验火源，并将火焰直径调节为 3.2~4.8mm；或打开电子点火器，按仪器说明书的要求调节电子点火器的强度。

在整个试验期间，试样以 5~6℃ /min 的速率升温，且搅拌速率为 90~120r/min，搅动方向向下。

③点火试验：当试样的预期闪点为不高于 110℃时，从预期闪点以下 23℃ ±5℃开始点火，试样每升高 1℃点火一次，点火时停止搅拌。用试验杯盖上的点火操作旋钮或点火装置点火，要求火焰在 0.5s 内下降至试验杯的蒸气空间内，并在此位置停留 1s，然后迅速升高至原位置。

当试样的预期闪点高于 110℃时，从预期闪点以下 23℃ ±5℃开始点火，试样每升高 2℃点火一次，点火时停止搅拌。其余同前。

④记录闪点：记录火源引起试验杯内产生明显闪火时的温度，作为试样的观察闪点，但不要把在真实闪点到达之前，出现在试验火焰周围的淡蓝色光轮与真实闪点相混淆。

如果初次点火就得到了观察闪点，应终止试验，舍弃这个结果，重新进行试验。应另取一份新的试样在比第一个观察闪点温度低 23℃的条件下进行初次点火试验。

所记录的观察闪点温度与最初点火温度的差值应在 18~28℃范围之内，则认为此结果有效。如果没有得到有效的试验结果，应更换新试样重新进行试验，调整最初点火温度，直到获得有效的测定结果，即观察闪点与最初点火温度的差值应在 18~28℃范围之内。

注意：为有效地避免气流和光线的影响，闪点测定器周围可以放置防护屏。

步骤 B：

主要过程与步骤 A 一样，不同之处是在整个试验期间，试样以 1.0~1.5℃ /min 的速率升温，且搅拌速率为 250r/min ± 10r/min，搅动方向向下。

步骤 C：

①、②与 A 步骤一样，但在试验期间，试样以 2.5~3.5℃ /min 的速率升温，且搅拌速率为 90~120 r/min，搅动方向向下。

③第一次试验可将预期闪点设定为 100℃。初次点火试验应从低于试样预期闪点 24℃下开始，试样温度每升高 2℃点火一次，点火时停止搅拌。其余同前。

④记录闪点：记录火源引起试验杯内产生明显闪火时的温度，作为试样的观察闪点。

如果初次点火就得到了观察闪点，应终止试验，舍弃这个结果，重新取样进行试验。应另取一份新的试样在比第一个观察闪点温度低 24℃的条件下进行初次点火试验。

所记录的观察闪点温度与最初点火温度的差值应在 16~30℃范围之内，试验结果认为有效。如果没有得到有效的试验结果，应更换一份新试样重新进行试验，调整最初点火温度，直到获得有效的测定结果，即观察闪点与最初点火温度的差值在 16~30℃范围之内。

6. 数据处理

（1）大气压读数的转换

如果测得的大气压读数不是以 kPa 为单位的，可用下述等量关系换算到以 kPa 为单位的读数。

以 hPa 为单位的读数 ×0.1= 以 kPa 为单位的读数

以 mbar 为单位的读数 ×0.1= 以 kPa 为单位的读数

以 mmHg 为单位的读数 ×0.1333= 以 kPa 为单位的读数

（2）闪点的校正

用式（3-1）进行大气压力修正，将测定闪点修正到标准大气压（101.3kPa）下的闪点 T_C，修约精确到 0.5℃作为测定结果。

$$T_C = T_0 + 0.25（101.3 - p）\tag{3-1}$$

式中　T_C——相当于标准大气压力（101.3kPa）下的闪点，℃；

　　　T_0——环境大气压下观察的闪点，℃；

　　　p——环境大气压力，kPa；

　　　0.25——常数，用℃/kPa 表示。

注：本公式在大气压为 82.0~104.7kPa 的范围内为精确修正，超出此范围也适用。

（3）结果表示

结果报告修正到标准大气压（101.3kPa）下的闪点，精确至 0.5℃。

7. 精密度

用以下规定来判断结果的可靠性（置信水平为 95%）。

（1）重复性

在同一实验室，由同一操作者使用同一仪器，按照相同的方法，对同一试样连续测定的两个试验结果之差，应符合表 3-1 的要求。

（2）再现性

在不同实验室，由不同操作者使用不同的仪器，按照相同的方法，对同一试样测定的两个单一、独立的试验结果之差，应符合表 3-1 的要求。

表 3-1　闭口杯闪点测定的重复性和再现性要求

步骤	材料	闪点范围 /℃	重复性 r/℃	再现性 R/℃
A	油漆和清漆	—	1.5	—
	馏分油和未使用过的润滑油	40~250	0.029X	0.071X
B	残渣燃料油和稀释沥青	40~110	2.0	6.0
	用过润滑油	170~210	5[a]	16[a]
	表面趋于成膜的液体、带悬浮颗粒的液体或高黏稠材料	—	5.0	10.0
C	BD100 生物柴油	60~190	8.4	14.7

注：X 为两个连续试验结果的平均值。

a. 在 20 个实验室对一个用过柴油发动机油试样测定得到的结果。

8. 注意事项

（1）试样含水量

标准规定测定闭口闪点的试样含水量不大于 0.05%，否则，必须脱水。含水试样加热时，分散在油中的水会汽化形成水蒸气，会降低油蒸气浓度，形成的气泡会影响油品的正常汽化，推迟闪火时间，使测定结果偏高。水分较多的重油，用开口杯法测定闪点时，由于水的汽化，加热到一定温度时，试样易溢出油杯，使试验无法进行。

（2）加热速度

若加热速度过快，试样蒸发迅速，会使混合气局部浓度达到爆炸下限而提前闪火，导致测定结果偏低；加热速度过慢，测定时间将延长，点火次数增多，消耗了部分油气，使到达爆炸下限的温度升高，则测定结果偏高。因此，要严格按标准控制加热速度。

（3）火的控制

点火火焰的大小、与试样液面的距离及停留时间都应按标准规定执行。若球形火焰直径偏大，与液面距离较近，停留时间过长都会使测定结果偏高。

（4）试样的装入量

按要求杯中试样要装至环形刻线处，装入量过多或过少都会改变液面以上的空间高度，进而影响油蒸气和空气混合的浓度，使测定结果不准确。

（5）大气压力

油品的闪点与外界压力有关。气压低，油品易挥发，闪点有所降低；反之，闪点则升高。若有偏离，需作压力修正。

9. 思考题

①影响油品闪点的因素主要有哪些？

②测定闭口闪点时如何控制升温速度？

项目二　油品开口杯闪点和燃点的测定（参照 GB/T 3536—2008）

1. 方法标准相关知识

（1）标准使用范围

GB/T 3536—2008《石油产品　闪点和燃点的测定　克利夫兰开口杯法》适用于除燃料油（燃料油通常按照 GB/T 261 进行测定）以外的、开口杯闪点高于 79℃的石油产品。

（2）方法概要

将试样装入试验杯至规定的刻度线。先迅速升高试样的温度，当接近闪点时再缓慢地以恒定的速率升温。在规定的温度间隔，用一个小的试验火焰扫过试验杯，使试验火焰引起试样液面上部蒸气闪火的最低温度即为闪点。如需测定燃点，应继续进行试验，直到试验火焰引起试样液面的蒸气着火并至少维持燃烧 5s 的最低温度即为燃点。在环境大气压下测得的闪点和燃点用公式修正到标准大气压下的闪点和燃点。

（3）相关概念

燃点是指在规定试验条件下，试验火焰引起试样蒸气着火且至少持续燃烧 5s 的最低温度，修正到 101.3kPa 大气压下。一般在测定完开口杯闪点后测定。

油品闪点越高，其燃点也越高。对于同一油品来说，燃点比闪点高。

自燃点是指在规定的条件下，可燃物质发生自燃的最低温度。

自燃点取决于组分的化学性质，如苯的自燃点为 700℃，甲苯为 620℃，二甲苯为 580℃，丙烷为 493℃，丁烷为 428℃，汽油约为 480℃，煤油约为 370℃，柴油约为 350℃。

（4）开口杯闪点部分相关标准

GB/T 3536—2008《石油产品　闪点和燃点的测定　克利夫兰开口杯法》

GB/T 267—1988（2004）《石油产品闪点与燃点测定法　（开口杯法）》

GB/T 1671—2008《增塑剂闪点的测定　克利夫兰开口杯法》

2. 训练目标

①掌握开口杯法闪点的测定和大气压力修正计算方法。

②熟悉克利夫兰开口杯试验器的结构，熟悉开口杯法闪点测量影响因素。

3. 仪器和试剂

（1）仪器

克利夫兰开口闪点测定器，符合 GB/T 3536 附录 A 的技术要求。仪器包括试验杯、加热板、试验火焰发生器、加热器和支架等，同样加热方式可以是燃气和电加热；点火方式也手动和自动，图3-2是闪点试验器示意图。

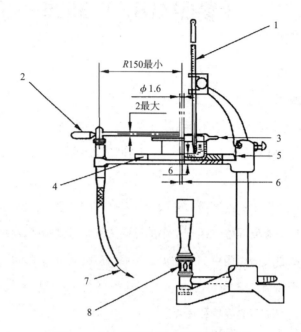

图 3-2　闭口杯闪点试验器结构示意图

1—温度计；2—点火器；3—试验杯；4—金属比较小球 ϕ3.2~4.8mm；
5—加热板；6—ϕ0.8mm 孔；7—至气源；8—加热器（火焰型或电阻型）

防护屏（约 460mm×460mm，高 610mm，有一个开口面，内壁涂成黑色）。

温度计规格见表 3-2，玻璃温度计符合 GB/T 514 中 GB-5 号的要求。或其他能够满足测量要求的温度计。

气压计：精度 0.1kPa，不能使用气象台或机场所用的已预校准至海平面读数的气压计。

表 3-2　克里夫兰开口杯法闪点温度计规格

项目	指标	项目	指标
范围 /℃	−6~400	总长 /mm	310 ± 5
浸入深度 / mm	25	棒径 /mm	6~7
细刻度 /℃	2	球长 /mm	7.5~10.0
分刻度 /℃	10	球径 /mm	4.5~6.0
数字刻度	20	球底到 0℃ 刻度的距离 /mm	45 ± 10
刻度误差 /℃　不超过	1（到 260℃） 2（超过 260℃）	球底到 400℃ 刻度的距离 /mm	275 ± 10
膨胀室允许加热至 /℃	420		

（2）试剂

清洗溶剂：用于除去试验杯沾有的少量试样。低挥发性芳烃（无苯）溶剂可用于除去油的痕迹；混合溶剂如甲苯－丙酮－甲醇可有效除去胶质类的沉积物。

钢丝绒：能除去碳沉积物而不损害试验杯的钢丝。

校准液：必要时用于仪器的校正。

汽油机油试样或其他试样。

4. 准备工作

（1）仪器准备

①安装测定装置：将测定装置放在避风暗处，用防护屏围好，以便能看清闪火现象。

注意：如试样蒸气或热解产品是有害的，应将仪器安置在能单独控制空气流的通风橱内，通过调节使蒸气可抽走，但空气流不能影响试验杯上方的蒸气。

②清洗试验杯：先用清洗溶剂冲洗试验杯，以除去上次试验留下的所有胶质或残渣痕迹。再用清洁的空气吹干试验杯，确保除去所用溶剂。如果试验杯上留有碳的沉积物，可用钢丝绒擦掉。

使用前将试验杯冷却到至少低于试样预期闪点56℃。

③仪器组装：将温度计垂直放置，使其感温泡底部距试验杯底部6mm，并位于试验杯中心与试验杯边之间的中点和测试火焰扫过的弧（或线）相垂直的直径上，且在点火器臂的对边。

注意：温度计的正确位置应使温度计上的浸没深度线位于试验杯边缘线以下2mm处。也可先将温度计慢慢地向下放，直至温度计与试验杯底接触，然后再往上提6mm。

（2）试样准备

①取样：将所取样品装入合适的密封容器中。为了安全，样品只能充满容器容积的85%~95%。样品储存温度应避免超过30℃。

②样品检查和处理：如果样品含有未溶解的水，在样品混匀前应将水分离出来。

液体的样品：取样前应先轻轻地摇动混匀样品，再小心地取样，应尽可能避免挥发性组分损失。

室温下为固体或半固体的样品：将装有样品的容器放入加热浴或烘箱中，在低于预期闪点56℃以下加热，为防止挥发性组分的损失，要避免加热过度。

5. 实验步骤

（1）观察大气压力

观察记录试验期间仪器附近环境大气压力。

（2）装样

将室温或已升过温的试样装入试验杯，使试样的弯月面顶部恰好位于试验杯的装样刻线。

如果注入试验杯的试样过多，可用移液管或其他适当的工具取出；如果试样沾到仪器的外边，应倒出试样，清洗后再重新装样。弄破或除去试样表面的气泡或样品泡沫，并确保试样液面处于正确位置。如果在试验最后阶段试样表面仍有泡沫存在，则此结果作废。

（3）调节试验火焰

点燃并调节火焰直径为 3.2~4.8mm。如果仪器安装了金属比较小球，应与金属比较小球直径相同。

（4）控制加热速度

开始加热时，试样的升温速度为 14~17℃/min。当试样温度达到预期闪点前约 56℃时减慢加热速度，使试样在达到闪点前的最后 23℃±5℃时升温速度为 5~6℃/min。试验过程中，应避免在试验杯附近随意走动或呼吸，以防扰动试样蒸气。

（5）点火试验

在预期闪点前至少 23℃±5℃时，开始用试验火焰扫划，温度每升高 2℃扫划一次。用平滑、连续的动作扫划，试验火焰每次通过试验杯所需时间约为 1s，试验火焰应在与通过温度计的试验杯的直径呈直角的位置上划过试验杯的中心，扫划时以直线或沿着半径至少为 150mm 的圆来进行。试验火焰的中心必须在试验杯上边缘面上 2mm 以内的平面上移动。先向一个方向扫划，下次再向相反方向扫划。如果试样表面形成一层膜，应把油膜拨到一边再继续进行试验。

（6）记录闪点

当在试样液面上的任何一点出现闪火时，立即记录温度计的温度读数，作为观察闪点，但不要把有时在试验火焰周围产生的淡蓝色光环与真正的闪火相混淆。

如果观察闪点与最初点火温度相差少于 18℃，则此结果无效。应更换新试样重新进行测定，调整最初点火温度，直至得到有效结果，即此结果应比最初点火温度高 18℃以上。

（7）燃点的测定

测定闪点之后，以 5~6℃/min 的速度继续升温。试样每升高 2℃就扫划一次，直到试样着火，并能连续燃烧不少于 5s。记录此温度作为试样的观察燃点。

如果燃烧超过 5s，用带手柄的金属盖或其他阻燃材料做的盖子熄灭火焰。

6. 数据处理

（1）校正

大气压力的测量和闪点的校正公式与闭口杯闪点相同，见式（3-1）。

（2）报告

修正后的闪点或燃点，以℃为单位，且结果修约至整数。

7. 精密度

用下列规定来判断试验结果的可靠性（95% 置信水平）。

（1）重复性

在同一实验室，由同一操作者，用同一台仪器对同一个试样连续测定的两个结果之差对于闪点和燃点均不能超过 8℃。

（2）再现性

由不同实验室，不同操作者使用不同的仪器按相同方法对同一试样测定的两个单一、独立的结果之差对于闪点不能超过 17℃，对于燃点不能超过 14℃。

8. 注意事项

（1）含水和溶剂

开口杯闪点测定法规定试样含水量不大于 0.1%，否则要进行脱水处理。试验用油杯和坩埚必须清洗并干燥，除去前次试验时留下的油迹和洗涤用的溶剂。

（2）温度计安装

温度计要垂直安装，位置符合要求。

（3）加热速度

和闭口杯闪点一样，加热速度也是试验的关键。

（4）点火操作

点火器火焰大小、其与试油液面的距离、火焰在液面上移动的速度都对测定结果有影响。

9. 思考题

①测定开口闪点时如何控制加热速度？

②试解释同一个油样的开口杯闪点比闭口杯闪点高 10~30℃。

10. 闪点试验器的校正

闪点试验器在使用过程中要保证测定结果的可靠性，必须定期用标准样品对试验器进行校正。

（1）校准检验标准

①有证标准样品（CRM）：由稳定的纯烃，按照 GB/T 15000.7 和 GB/T 15000.3 或者是经指定试验方法的实验室，确定了本标准闪点的其他稳定的物质组成。

②工作参比样品（SWS）：由稳定的石油产品、纯烃或用经 CRM 校验的仪器准确测定出闪点的稳定物质组成。SWS 应保存在避光容器中，储存温度不应超过 10℃。

实验室常用校验基准物质闭口闪电和开口闪点的参考值见表 3-3。

表 3-3　烃类样品闭口闪点和开口闪点的参考值

烃	标准闭口杯闪点 /℃	标准开口杯闪点 /℃
癸烷	53	—
十一烷	68	—
十二烷	84	—
十四烷	109	116
十六烷	134	139

（2）校验方法

①选取 CRM 或 SWS 闪点校验标准溶液作为试液，按照闪点测定步骤测定闪点值。

②进行大气压力校正，记录校正试验结果，精确到 0.1℃。

③用 CRM 标定值或 SWS 的给定值比较修正后试验结果。

单次试验：单次结果与 CRM 标定值或 SWS 的给定值之差，应满足式（3-2）的要求。

$$|x - \mu| \leqslant R/\sqrt{2} \tag{3-2}$$

式中　x——单次试验结果；

　　　μ——CRM 标定值或 SWS 的给定值；

　　　R——本标准的再现性。

多次试验：对于 CRM 或 SWS 的 n 次重复试验，n 次结果的平均值与 CRM 标定值或 SWS 的给定值之差，应满足式（3-3）的要求。

$$|\bar{x} - \mu| \leqslant R_1/\sqrt{2} \tag{3-3}$$

式中　$\bar{x}$——试验结果平均值；

　　　μ——CRM 标定值或 SWS 的给定值；

　　　R_1——即 $\sqrt{R^2 - r^2[1-(1/n)]}$；

　　　R——本标准的再现性；

　　　r——本标准的重复性；

　　　n——用 CRM 或 SWS 进行重复试验的次数。

④如果试验结果满足上述规定，对此进行记录。

如果试验结果仍然不能满足上述规定，应检查仪器和操作是否符合仪器说明书要求。

如果没有明显的不一致，再用不同的 CRM 进行进一步的校准验证。

如果后续试验结果满足上述规定，对此进行记录。

如果仍然不能清足上述规定，应将仪器送回生产厂进行仔细检查。

⑤对于使用 SWS 进行校准验证，如果试验结果不能满足上述规定，则使用 CRM 重复上述步骤。如果试验结果满足上述规定，对此进行记录，并删除 SWS 的校验结果。

⑥对于新仪器或一年至少使用一次的在用仪器，应使用 CRM，按照规定对仪器进行校准试验。日常仪器校验，可使用 SWS，按照规定对仪器进行校准试验。

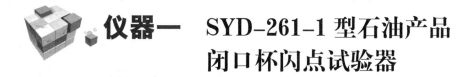

仪器一　SYD-261-1 型石油产品闭口杯闪点试验器

1. 仪器结构

仪器主要结构如图 3-3 所示。

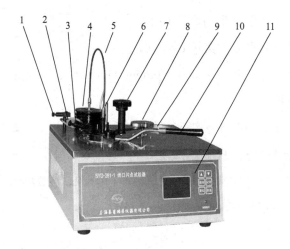

图 3-3　SYD-261-1 型石油产品闭口杯闪点试验器

1—进气调节阀；2—引火器；3—乳胶管；4—搅拌电机；5—传动软轴；6—温度传感器；7—点火组件；8—自动点火旋转轮；9—试杯孔；10—油杯；11—控制面板

2. 使用方法

①按 GB/T 261 标准所规定的要求，仪器放置在光线较暗且避风的地方以便观察闪火，准备好实验用的各种试验器具、材料等。

②油杯中盛放定量的试样后，放入加热炉中，搅拌器由搅拌电机经传动软轴带动，应安装到位。

③接通电源或按"复位"键后的显示界面如图 3-4 所示；这时，按下降"▼"键可移动光标，按上升"▲"键可改变参数和改变设置状态。

图 3-4 控制面板

预置步骤有 A、B 两挡；自动点火有开、关两挡；自动加热有开、关两挡；预置闪点范围为 0~400℃。各参数设置完毕，仪器自动保存各参数的设置。

④步骤 A 工作模式：

a. 设置步骤应设置为 A 状态，自动点火为开状态，自动加热为开状态。

b. 按 "启动" 键进入步骤 A 的初始工作状态。

c. 按 "启动" 键进入步骤 A 的实际工作状态。

d. 在步骤 A 工作状态下，搅拌速率为 90~120r/min，升温速率为 5~6℃/min。

e. 在预期闪点以下 23℃ ±5℃开始点火，以后每升高 1℃点火一次，并且点火时停止搅拌。

⑤步骤 B 工作模式：

a. 设置步骤应设置为 B 状态，自动点火为开状态，自动加热为开状态。

b. 按 "启动" 键进入步骤 B 的初始工作状态。

c. 按 "启动" 键进入步骤 B 的实际工作状态。

d. 在步骤 B 工作状态下，搅拌速率为 250r/min ± 10r/min，升温速率为 1.0~1.5℃/min。

e. 其他与步骤 A 相同。

⑥自动加热为关状态，仪器进入实际工作状态后，用手动（按 "▲" 键或 "▼" 键）来改变加热的功率值，从而人为地控制升温速率。

⑦记录闪点值，在实际工作过程中，如发现有闪火现象，应立即按 "记录" 键，仪器将记录本次试验的闪点值。这时搅拌停止，加热也停止。

3. 使用注意事项

①仪器使用完毕必须关闭外接可燃气源的阀门。

②仪器不用时，关闭电源开关，置于通风干燥处。

③本仪器适用于闭口闪点温度为 400℃以下的油品试验。

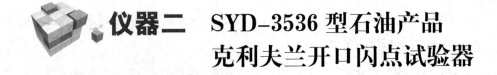

仪器二 SYD-3536 型石油产品克利夫兰开口闪点试验器

1. 仪器结构

本仪器的整机结构如图 3-5 所示。

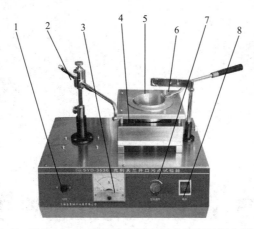

图 3–5　SYD–3536 型石油产品克利夫兰开口闪点试验器

1—点火扫划开关；2—点火器；3—调节加热功率电流表；4—电炉；5—克利夫兰油杯；
6—温度计架；7—调压旋钮；8—电源开关

2. 仪器使用方法

①按标准所规定的要求，仪器放置在光线较暗且避风的地方以便观察闪火，准备好试验用的各种试验器具、材料等。

②打开电源开关，指示灯亮，随后就可以进行试验操作。

③将试样倒入克利夫兰油杯中，至刻线处。

④把油杯放在电炉上，调节好点火装置和温度计的高度，调节好火焰的大小，根据标准的规定调节电位器，即调节升温速率，随后就可以进行点火试验

⑤在预期闪点前 28℃时，按动划扫按钮开关，点火杆划扫点火。如未出现闪点现象，则每升温 2℃后，再次按动划扫按钮开关，点火杆向相反方向划扫点火。试验火焰每次越过试验杯所需时间约为 1s。

⑥在油面上任何一点出现闪火时，记录温度计上的温度作为闪点。

⑦试验结束后，做好清洁工作，并应切断电源。

3. 仪器使用注意事项

①电源开启后顺时针旋转电位器旋钮，电流指示仍未过零，再向右旋一点角度即可。

②调节加热速率时，应注意尽量不要使加热电流长时间地超过 2.5A，以保证仪器的长期稳定使用。

③使用过程中，请经常检查乳胶管的老化情况，注意用气安全。

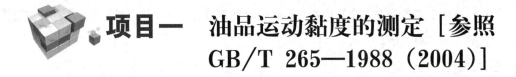

实训 四 油品黏度的测定

项目一 油品运动黏度的测定 [参照 GB/T 265—1988（2004）]

1. 方法标准相关知识

（1）标准适应范围

GB/T 265 适用于测定液体石油产品（指牛顿型流）的运动黏度。

（2）方法概要

在某一恒定的温度下，测定一定体积的试样在重力作用下流过一个经标定的玻璃毛细管黏度计的时间，计算流动时间与该黏度计常数的乘积，即为该温度下测定液体的运动黏度。

在温度 t℃时运动黏度用符号 v_t 表示。该温度下运动黏度和同温度下液体的密度之积为该温度下液体的动力黏度。在温度 t℃时的动力黏度用符号 η_t 表示。

（3）相关概念

①牛顿型流体和非牛顿型流体牛顿黏性定律表达式为 $\tau = \mu \dfrac{\mathrm{d}u}{\mathrm{d}y}$。服从牛顿黏性定律的流体，称为牛顿型流体，所有气体和大多数液体都属于这一类。凡不遵循牛顿黏性定律的流体，统称为非牛顿型流体，非牛顿型流体在化工过程中比较常见，如低温黏性流体、湍流液体等。

图 4-1 是牛顿型流体和非牛顿型流体的流变曲线，纵坐标是剪切力，横坐标是切变率。牛顿型流体的流动曲线是过原点的直线（ a ），非牛顿型流体的流动曲线不通过原点或不是直线（ b、c、d ）。

②动力黏度（Dynamic viscosity）又称绝对黏度。它是衡量流体黏性大小的物理量。动力黏度是液体在剪切应力作用下流动时内摩擦力的量度。其大小为所加于流动液体的剪切应力和剪切速率之比。

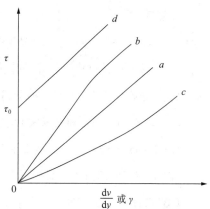

在国际单位制（SI）中，动力黏度的单位为：帕·秒（Pa·s）表示。通常使用的单位为：毫帕·秒（mPa·s）。

一般烃类化合物中，黏度都是随相对分子质量增

图 4-1 牛顿流体和非牛顿流体流变图

大、沸点的上升而增大的；当碳数相同时，黏度依正构烷烃、异构烷烃、芳香烃、环烷烃的顺序增加；黏度随分子异构程度的加大、环数的增加以及环上碳原子在油料分子中所占的比例的增大而增大。

③运动黏度是液体在重力作用下流动时内摩擦力的量度。其值为相同温度下液体的动力黏度与其密度之比。在国际单位制（SI）中，运动黏度的单位：米^2/秒（m^2/s）表示。通常使用的单位为：毫米^2/秒（mm^2/s）。

运动黏度对各种润滑油的分类分级、质量鉴别和确定用途等有决定性的意义。

④黏温特性是油品黏度随温度变化的性质。常用黏度比（ν_{50}/ν_{100}）和黏度指数（VI）表示。

石油及石油产品的黏度随温度的升高而降低，但是油品的组成不同，下降的程度也不相同。在同样馏分的情况下，以烷烃为主要成分的石油产品的黏度较小，而黏温特性较好；含芳烃或环烷烃多的石油产品黏度较大，而黏温特性较差；含胶质较多的石油产品黏度较大，而黏温特性较差。

各种烃类中，当碳数相近时，正构烷烃的黏温特性最好，异构烷烃的黏温特性次之；环烷烃、芳烃的黏温特性随侧链上碳原子数增加，黏温特性变好，随分子中环数增加而变差。

通常要求润滑油组分随温度的变化越小越好。

（4）黏度计的分类

①毛细管黏度计：用于测量油品的运动黏度，并计算动力黏度。如 GB/T 265 规定使用品式黏度计。GB/T 11137 规定使用坎农–芬斯克不透明黏度计（逆流法）。

②细孔式黏度计：多用于测定油品的条件黏度。如 GB/T 266 规定使用恩氏黏度计，国外标准使用的赛式黏度计和雷式黏度计均属此类。

③落球式黏度计：用于测定黏度较大油品动力黏度。如古尔维奇黏度测定管和霍普勒黏度计。

④旋转式黏度计：用于测定非牛顿型流体（如沥青等）的动力黏度。指用同轴圆筒系统测定流体流变性质的黏度计。如 SH/T 0739 规定使用 Brookfield 黏度仪。

⑤U 形振动管黏度计：用一定强度的磁脉冲激励测头使振动体振动，振动体置于被测流体中时，受流体黏性阻力作用振动将衰减，利用其衰减系数可测出流体的动力黏度和密度。

（5）运动黏度测定部分相关标准

GB/T 265—1988（2004）《石油产品运动黏度的测定法和动力黏度计算法》

GB/T 0515—2014《透明和不透明液体石油产品运动黏度测定法及动力黏度计算法》

GB/T 11137—89（2004）《深色石油产品运动黏度测定法（逆流法）和动力黏度计算法》

NB/SH/T 0870—2020《石油产品动力黏度和密度的测定及运动黏度的计算　斯塔宾格黏度计法》

SH/T 0654—1998《石油沥青运动黏度测定法》

2. 训练目标

①掌握油品黏度测定的原理和表示方法；

②能够判断测定时间的准确性，并正确计算结果；

③熟悉运动黏度测定仪器的结构，熟悉油品黏度测定的影响因素。

3. 仪器与试剂

（1）仪器

运动黏度试验器：由玻璃毛细管黏度计、恒温水浴（±0.1℃）、控温装置、计时装置等组成，符合 GB/T 265 的技术要求；

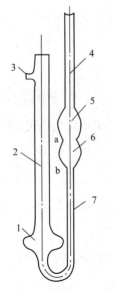

图 4-2　玻璃毛细管黏度计

1、5、6—扩张部分；2、4—管身；
3—支管；7—毛细管；a, b—标线

玻璃毛细管黏度计（图 4-2），一套共 13 支，毛细管内径分别是 0.4mm、0.6mm、0.8mm、1.0mm、1.2mm、1.5mm、2.0mm、2.5mm、3.0mm、3.5mm、4.0mm、5.0mm、6.0mm。每支黏度计都必须有经过检定的黏度计常数。试验时根据样品黏度范围选择 1~2 种适当规格的黏度计即可。

玻璃水银温度计，分度值为 0.1℃，符合 GB/T 514《石油产品试验用玻璃液体温度计技术条件》测运动黏度用的 4号、1 号温度计要求；

秒表（分度 0.1s）。

（2）试剂

用于毛细管黏度计清洗的溶剂油或石油醚、95% 乙醇；铬酸洗液（清洗毛细管内的污垢时使用）。

试样：润滑油或车用柴油等。

4. 准备工作

（1）试样预处理

试样含有水或机械杂质时，在试验前必须经过脱水处理，用滤纸过滤除去机械杂质。

对于黏度较大的润滑油，可以用瓷漏斗进行抽滤，也可以在加热至 50~100℃ 的温度下进行脱水过滤。

（2）选择适当的毛细管

测定试样的运动黏度时，应根据试验的温度和试样的黏度状况选用适当的黏度计，务使测得的试样流动时间不少于 200s，内径 0.4mm 的黏度计流动时间不少于 350s。也可将试样的预期黏度除 200 或 350 得到需要的黏度计常数，由常数选择适当规格的黏度计。

（3）清洗黏度计

在测定试样黏度之前，必须将黏度计用溶剂油或石油醚洗涤；如果黏度计沾有污垢，依次用铬酸洗液、水、蒸馏水或用 95% 乙醇洗涤。然后放入烘箱中烘干或用通过棉花滤过的热空气吹干。

（4）装入试样

测定运动黏度时，选择内径符合要求的清洁、干燥毛细管黏度计，吸入试样。

在装试样之前，将橡皮管套在支管 3 上，并用手指堵住管身 2 的管口，同时倒置黏度计，将管身 4 插入装着试样的容器中，利用洗耳球（或水流泵及其他真空泵）将试样吸到标线 b，同时注意不要使管身 4、扩张部分 5 和 6 中的试样产生气泡和裂隙。当液面达到标线 b 时，从容器中提出黏度计，并迅速恢复至正常状态，同时将管身 4 的管端外壁所沾着的多余试样擦去，并从支管 3 取下橡皮管套在管身 4 上。

（5）安装仪器

将装有试样的黏度计浸入事先准备妥当的恒温浴中，用夹子将黏度计固定在支架上，在固定位置时，必须把毛细管黏度计的扩张部分 5 浸入一半。温度计要利用另一个夹子固定，务使水银球的位置接近毛细管中央点的水平面，并使温度计上要测温的刻度位于恒温浴的液面上 10mm 处。

5. 实验步骤

（1）调整黏度计位置

将黏度计调整为垂直状态，要利用铅垂线从两个相互垂直的方向去检查毛细管的垂直情况。

根据样品指标要求（如车用柴油要求测定 ν_{20}，汽油机油则要求测定 ν_{100}），将恒温浴调整到规定温度，把装好试样的黏度计浸入恒温浴内，按表 4-1 规定的时间恒温。试验温度必须保持恒定，波动范围不允许超过 ±0.1℃。

表 4-1 黏度计在恒温浴中的恒温时间

试验温度 /℃	恒温时间 /min	试验温度 /℃	恒温时间 /min
80，100	20	20	10
40，50	15	−50~0	15

（2）调整试样液面位置

利用毛细管黏度计管身 4 所套的橡皮管将试样吸入扩张部分 6 中，使试样液面高于标线 a。

（3）测定试样流动时间

观察试样在管身中的流动情况，液面恰好到达标线 a 时，开动秒表；液面正好流到标线 b 时，停止计时，记录流动时间。应重复测定，至少 4 次。

（4）数据检查

按测定温度不同，每次流动时间与算术平均值的差值应符合表 4-2 中的要求。然后，用不少于 3 次测定的流动时间计算算术平均值，作为试样的平均流动时间。

表 4-2 不同温度下，允许单次测定流动时间与算术平均值的相对误差

测定温度范围 /℃	允许相对测定误差 /%	测定温度范围 /℃	允许相对测定误差 /%
<−30	2.0	15~100	0.5
−30~15	1.5		

6. 数据处理和报告

（1）计算

试样的运动黏度依据测得的平均流动时间，并按式（4-1）计算：

$$v_t = C\tau \tag{4-1}$$

式中　v_t——测定温度 t℃时样品的运动黏度，mm^2/s；

　　　C——毛细管黏度积常数，mm^2/s^2；

　　　τ——测出样品的平均流动时间，s。

（2）动力黏度

在温度 t℃时，试样的动力黏度 η_t 按式（4-2）计算：

$$\eta_t = v_t \rho_t \tag{4-2}$$

（3）报告结果

取重复测定两个结果的算术平均值，作为试样的运动黏度，黏度测定结果的数值，取四位有效数字。同时在报告中要注明所使用黏度计的规格、编号和黏度计常数。

7. 精密度

用下述规定来判断结果的可靠性（置信水平为 95%）。

（1）重复性

同一操作者重复测定两个结果之差，不应超过表 4-3 所列数值。

表 4-3　不同温度下，运动黏度测定的重复性要求

黏度测定温度 /℃	重复性 /%	黏度测定温度 /℃	重复性 /%
−60~−30	算术平均值的 5.0	15~100	算术平均值的 1.0
−30~15	算术平均值的 3.0		

（2）再现性

当黏度测定温度范围为 15~100℃时，由两个实验室提出的结果之差，不应超过算术平均值的 2.2%。

8. 注意事项

（1）温度的控制

油品黏度随温度变化很明显，必须严格保持稳定在所要求温度的 ±0.1℃以内，否则哪怕是极小的波动，也会使测定结果产生较大的误差。因此，试验时使用的恒温浴缸，要求其高度不小于 180mm，容积不小于 2L，设有自动搅拌装置和能够准确调温的电热装置。若测定试样在 0℃或低于 0℃时的运动黏度时，使用开有看窗的筒型透明保温瓶，其尺寸要求同上。根据测定条件，要在恒温浴缸内注入表 4-4 中列举的一种液体。

表 4-4　运动黏度恒温浴液体

测定温度 /℃	恒温浴液体
50~100	透明矿物油、丙三醇（甘油）或 25%硝酸铵溶液
20~50	水
0~20	水与冰的混合物或乙醇与干冰的混合物
−50~0	乙醇与干冰的混合物（若没有乙醇，可用无铅汽油代替）

（2）流动时间的控制

试样通过毛细管黏度计时的流动时间要控制在不少于 200s，内径为 0.4mm 的黏度计流动时间不少于 350s。以确保试样在毛细管中处于层流状态，试样通过的时间过短，易产生湍流，会使测定结果产生较大偏差；通过时间过长，试样处于滞流状态，也可引起测定偏差。

（3）黏度计位置

黏度计必须调整成垂直状态，否则会改变液柱高度，引起静压差的变化，使测定结果出现偏差。

（4）气泡的产生

吸入黏度计的试样不允许有气泡。气泡不但会影响装油体积，而且进入毛细管后还能形成气塞，增大流体流动阻力，使流动时间增长，测定结果偏高。

（5）试样的预处理

试样必须脱水、除去机械杂质。试样含水，在较高温度下测定时会汽化；在低温下测定时则会凝结，均影响试样的正常流动，使测定结果产生偏差。杂质的存在，易黏附于毛细管内壁，堵塞毛细管，增大流动阻力，使测定结果偏高。

9. 思考题

①黏度计中装入油品后，如果恒温时间达不到要求值会对测定有何影响？

②黏度计倾斜时，对测定结果有何影响？

③若黏度计中装入的油样过多，对测定结果有何影响？

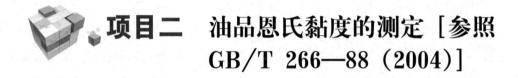

项目二　油品恩氏黏度的测定［参照 GB/T 266—88（2004）］

1. 方法标准相关知识

（1）标准使用范围

GB/T 266 规定了用恩氏黏度计测定油品黏度的方法。

恩氏黏度一般作为重油、乳化沥青、增塑剂等油品的黏度指标，润滑油都采用运动黏度作为黏度指标。

（2）方法概要

恩氏黏度是指试样在某温度下从恩氏黏度计流出 200mL 所需的时间与蒸馏水在 20℃流出相同体积所需的时间（黏度计的水值）之比。在试验过程中，试样流出应呈连续的线状。温度 t℃时的恩氏黏度，用符号 E_t 表示，恩氏黏度的单位为条件度，用符号 °E 代表。

（3）相关概念

恩氏黏度是一种条件黏度，可以相对地衡量油品的流动性，不具有任何的物理含义。欧美国家使用的赛氏黏度和雷氏黏度也是条件黏度，通常以油品在一定温度下从特定的实验仪器中流出一定体积时所用的时间（s）来表示黏度的大小。

表观黏度是牛顿型流体或非牛顿型流体的剪切应力与剪切速率之比。它只是对流动性好坏作一个相对的大致比较，反映了流体在特定的测量条件下的黏流性质。其单位与动力黏度单位一致。通过测定表观黏度可以判断发动机油的泵送性能。

（4）黏度的换算

运动黏度在 1~12mm²/s 范围时和恩氏黏度的换算可以查 GB/T 266 的附录 A。对于更高的黏度按 $E_t=0.135\,v_t$ 换算。

（5）恩氏黏度测定部分相关标准

GB/T 266—88（2004）《石油产品恩氏黏度测定法》

GB/T 11145—2014《润滑剂低温黏度的测定 勃罗克费尔特黏度计法》

GB/T 10247—2008《黏度测量方法》

SH/T 0048—91《润滑脂相似黏度测定法》

NB/SH/T 0739—2014《沥青高温黏度测定法 旋转黏度仪法》

2. 训练目标

① 掌握恩氏黏度的测定方法。

② 熟悉恩氏黏度试验器的结构，熟悉恩氏黏度测定的影响因素。

3. 仪器与试剂

（1）仪器

恩氏黏度计：应符合 GB/T 266 的技术要求，包括装试样的容器，堵塞流出管用的木塞，金属三脚架等，见图 4-3。盛试样的内容器 2 固定在作水浴或油浴用的外容器 4 中，这两个容器都是由黄铜制造的。内容器底部 9 制成球面形，内表面经过磨光并镀金。内容器设有黄铜制的中空凸形盖，盖上有两个孔口 5 及 3，以便插入木塞和温度计。木塞 6 用来堵塞内容器流出孔 10。在内容器器壁上装有 3 个向上弯成直角的小尖钉 8，作为控制油面高度和仪器水平的指示器。外容器中设有搅拌器 7 和温度计，此温度计用外容器壁上的夹子固定。用来放置仪器的铁三脚架 1 中有两条脚要设置水平调节螺钉 12；接收瓶 11：接收瓶有两种规格：100mL 和 200mL，后者较为常用，这种接收瓶为宽口带两道刻线的玻璃瓶，两道刻线对应表示 100mL 和 200mL 的容量，最高刻线至瓶口容量不小于 60mL。刻线是在 20℃时刻划的。接收瓶刻有"100mL"、"200mL" "+20℃" 和 "恩

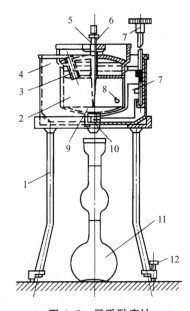

图 4-3 恩氏黏度计

1—铁三脚架；2—内容器；3—温度计插孔；4—外容器；5—木塞插孔；6—木塞；7—搅拌器；8—小针尖；9—球面形底，10—流出孔；11—接收瓶；12—水平调节螺丝

氏黏度计用"等字样。

温度计：共 2 支，符合 GB/T 514《石油产品试验用玻璃液体温度计技术条件》中恩氏黏度用温度计要求。电加热装置。移液管：5mL，1 支。烧杯：250mL，1 个。秒表：分度值为 0.2s，1 块。

（2）试剂

石油醚（30~60℃，化学纯）或溶剂油或乙醚（化学纯）；95% 乙醇（化学纯）等用于清洗仪器。

试样：润滑油或稀释沥青。

4. 准备工作

（1）测定黏度计的水值

水值是蒸馏水在 20℃时，从黏度计流出 200mL 所需的时间（s）。

在测定水值前，黏度计的内容器要依次用石油醚（或乙醚）、95% 乙醇和蒸馏水洗涤，用空气吹干。然后将黏度计的短脚放入铁三脚架的孔内，用固定螺钉固定。再将洁净、干燥的木塞插入流出管的上孔内。

用洁净、干燥（预先依次用铬酸洗液、水和蒸馏水仔细洗涤过）的接收瓶，将新蒸馏并冷却至 20℃的蒸馏水注入黏度计内容器中，直至内容器中的 3 个尖钉的尖端刚刚露出水面为止。然后再将相同温度的蒸馏水注入黏度计的外容器中，直至浸到内容器的扩大部分为止。

旋转三脚架的调整螺钉，调整黏度计的位置，使内容器中 3 个尖钉的尖端都处在同一水平面上。

将未经干燥的空接收瓶放在流出管下面，稍微提起木塞，使内容器中的水全部流入接收瓶内，但这次不记录水的流出时间。此时流出管内要装满水，并使流出管底端悬着一大滴水珠。

立即将木塞插入流出管内，重新将接收瓶中的水沿着玻璃棒小心地注入内容器中，切勿溅出。随后，将空接收瓶放在内容器上倒置 1~2min，使瓶中的水完全流出，然后将接收瓶放回流出管下面。

内、外容器中的蒸馏水都要充分搅拌。首先将插有温度计的盖围绕木塞旋转以便搅拌内容器中的蒸馏水，然后用安装在外容器中的叶片式搅拌器搅拌外容器中的蒸馏水，当两个容器中的水温都等于 20℃（在 5min 内温差不超过 0.2℃）而且内容器已调至水平状态（3 个尖钉的尖端刚好露出水面）时，迅速提起木塞（应能自动卡在内容器盖上，并保持提起的状态，不允许拔出木塞），同时开动秒表，此时，观察水从内容器流出的情况，当凹液面的下边缘到接收瓶的 200mL 环状标线时，立即停止计时。

连续测定 4 次蒸馏水流出时间，如果各次测定结果与该组数据的算术平均值之差不大于

0.5s，就将算术平均值作为第一次测定的平均流出时间。再以同样要求进行另一次平行测定、计算。如果重复测定的平均流出时间之差不大于0.5s，就取这两次结果的算术平均值作为仪器的水值。

（2）试样预处理

测定黏度前，用576目（每平方厘米有至少576个孔眼）的金属滤网过滤试样。如果试样含水，应先加入新煅烧并冷却的食盐、硫酸钠或粒状的无水氯化钙，摇动，经静置沉降后再用滤网过滤。

5. 实验步骤

（1）清洗仪器

每次测定黏度前，都要用清洁的溶剂油仔细洗涤黏度计的内容器及流出管，并用空气吹干。

（2）注入试样

用木塞严密塞住黏度计的流出孔（不可过分用力，以免木塞磨损），再将预先加热到稍高于50℃的试样注入内容器中。注意不要让试样中产生气泡，注入的试样液面要稍高于尖钉的尖端。

（3）调试仪器达测定条件

外容器中的蒸馏水应预先加热到稍高于50℃。当内容器中的试样温度恰好达到50℃±0.2℃时，继续保持5min，然后记下外容器中蒸馏水的温度。

在实验过程中要保持外容器的蒸馏水温度变化小于0.2℃，可以用搅拌器搅拌外容器中的蒸馏水，必要时可以用电加热装置稍微加热外容器。

稍微提起木塞，使多余的试样流下，直至3个尖钉的尖端刚好露出油面为止。如果流出的试样过多，应逐滴补添试样至尖钉的尖端，注意试样中不要留有气泡。

黏度计加上盖之后，在流出孔下面放置洁净、干燥的接收瓶。然后小心地旋转插有温度计的黏度计盖，利用温度计搅拌试样。

（4）测定流出时间

试样中的温度计恰好达到50℃±0.2℃时，停止搅拌，再保持5min，然后迅速提起木塞，同时开动秒表。木塞提起的位置保持与测定水值时相同（也不允许拔出木塞）。稍后移动接收瓶，使试样沿瓶壁流下，以保证液面平稳上升，防止泡沫生成。

当接收瓶中的试样正好达到200mL的标线时，立即停住秒表，读取试样的流出时间，准确至0.2s。重复测定两次。

6. 数据处理和报告

（1）计算

按式（4-3）计算试样的恩氏黏度。

$$E_t = \frac{\tau_t}{K_{20}}$$

（4–3）

式中　E_t——试样在温度 $t℃$ 时的恩氏黏度，

　　　　τ_t——试样在温度 $t℃$ 时，从黏度计流出 200mL 所需的时间，s；

　　　　K_{20}——黏度计的水值，s。

（2）报告

取重复测定两次结果的算术平均值，作为试样的恩氏黏度。

7. 精密度

同一操作者重复测定的两个流出时间之差，应满足表 4–5 中的要求。

表 4–5　恩氏黏度流出时间测定重复性要求

流出时间 /s	允许误差 /s	流出时间 /s	允许误差 /s
≤ 250	1	501~1000	8
251~500	3	> 1000	10

8. 注意事项

（1）仪器的保养

恩氏黏度计的各部件尺寸必须符合国家标准规定的要求，特别是流出管的尺寸规定非常严格，流出管及内容器的内表面已磨光和镀金，使用时注意减少磨损，不准擦拭，不要弄脏。更换流出管时，要重新测定水值。符合标准的黏度计，其水值应等于 51s±1s，按要求每 4 个月至少要校正 1 次。水值不符合规定，不允许使用。

（2）流出时间的测量要准确

测定时动作要协调一致，提木塞和开动秒表要同时进行，木塞提起的位置应保持与测定水值相同（也不允许拔出）。当接收瓶中的试样恰好到 200mL 的标线时，立即停止计时，否则将引起测定误差。

（3）黏度计水平状态

测定前，黏度计应调试成水平状态，稍微提起木塞，让多余的试样流出，直至内容器中的 3 个尖钉刚好同时露出液面为止。

（4）试样的预处理

机械杂质易黏附于流出管内壁，增大流动阻力，使测定结果偏高。为此测定前要用规定的金属滤网过滤试样，若试样含水，应加入干燥剂后，再过滤。此外装入的试样中不允许含气泡。

9. 思考题

① 如何测定恩氏黏度计的水值？方法标准对水值有何要求？

② 如何使装入恩氏黏度计中的试样量准确？

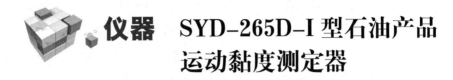

仪器 SYD-265D-Ⅰ型石油产品运动黏度测定器

1. 仪器结构

SYD-265D-Ⅰ型石油产品运动黏度测定器外观图如图 4-4 所示。

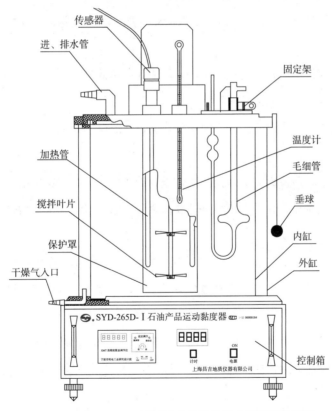

图 4-4 SYD-265D-Ⅰ型石油产品运动黏度测定器外观图

① 双层恒温浴：内层采用 $\phi300mm×300mm$ 的硬质玻璃缸，外层保温套为 $\phi360mm×285mm$ 的有机玻璃筒，内外层之间为空气保温层，试验时，为不使水蒸气进入保温层而影响观测，可在保温层充入干燥空气（充气设备自备）。浴缸盖上有两个小孔，分别为安放温度计和传感器设置。另外有四个毛细管安装孔，可同时进行两组平行样的检测。

②照明系统：本仪器安装了 220V、16W、2D 荧光管，为清晰地观测毛细管黏度计的工作提供了保证。

③控温系统：

a. 温度传感器：工业铂电阻，其分度号为 Pt100。

b. 温控仪：高精度温度控制仪，是专为恒温浴高精度控温设计的。采用四位半数显控制方式，PID 控制，控温迅速、响应快超调小，控温精度达 ±0.01℃。

c. 加热系统：辅助加热，为加速升温装置；控温加热，为保持浴温精度设置。

④水银温度计：符合 GB/T 514《石油产品试验用玻璃液体温度计技术条件》的规定，本仪器备有运动黏度用 1#、2#、3#、4#、5#、6# 六支温度计。

⑤搅拌系统：电动搅拌机采用无减速单相异步电动机，本仪器设计有两种搅拌叶，按水浴或油浴选择不同的搅拌叶。加热、搅拌都在保护罩内进行。

⑥计时装置：由变压器、计时电路板、JQC5641 数码显示电路、计时按钮等组成。

2. 使用方法

①根据使用的测试温度，在浴缸内灌入如表 4-4 所示的液体。

②根据试验温度选用适当的毛细管黏度计。

③打开仪器面板上的电源开关，开关指示灯亮，此时温控仪的显示窗有数字显示，显示此时的浴温。

④根据试验要求按下设定测量转换开关，显示设定值，调节设定旋钮，粗调设定温度，再用螺丝起子微旋设定旋钮，使显示值为试验要求之温度值。设计结束，按转换开关至测量，显示浴温。

⑤当浴温升至设定值附近时，提前 2℃辅助加热被自动切断，浴温进入受控状态。

⑥浴温稳定后，若发现温度计所测温度与显示温度有偏差，可调节测量值微调零旋钮，以实现高精度测温。

⑦观察试样在管身中的流动情况，液面正好到达标线 a 时，按动计时按钮，计时开始；液面正好流到 b 时，再按计时按钮，计时停止；计下时间后，第三次按动计时按钮，计时复位。

3. 注意事项

①电源打开，仪器无单独设置搅拌开关，加热控温，搅拌器同时开始工作。

②毛细管黏度计的垂直状态可通过架持器上的三个小螺丝钉进行调整。

③温度计安装时务必使水银球的位置接近毛细管黏度计的中央点的水平面。

④搅拌装置按水浴要求出厂，如使用油浴请拆下加热保护罩，卸下一片搅拌叶，接上所附的搅拌轴，装上大角度搅拌叶，再将保护罩装上。

实训 五 油品酸度、酸值、水溶性酸碱的测定

项目一 油品酸度的测定（参照 GB/T 258—2016）

1. 方法标准相关知识

（1）标准适用范围

GB/T 258—2016《轻质石油产品酸度测定法》适用于轻质石油产品如汽油、石脑油、煤油、柴油及喷气燃料。

这些易挥发液体油品在分析取样时，为减少误差一般采用移液管量取而不使用分析天平称量，因此酸度单位也不同于酸值。

（2）方法概要

用乙醇将轻质石油产品中的酸性物质抽出，在有颜色指示剂条件下，用氢氧化钾乙醇标准溶液滴定，以 mg/100mL 为单位表示酸度。

（3）相关概念

酸值：中和 1g 油品中的酸性物质所需氢氧化钾毫克数，以 mgKOH/g 油表示。

酸度：中和 100mL 轻质石油产品所需要氢氧化钾毫克数，以 mgKOH/100mL 表示。

油品中酸性物质成分复杂，包括无机酸和有机酸；有水溶性酸和水不溶性酸，因此无法根据酸碱反应物质的量计算出某种具体的酸性物质含量。酸值和酸度一般为有机酸、酚类化合物、无机酸及其他酸性物质的总和，但主要是有机酸性物质（环烷酸、脂肪酸、酚类、硫醇等）的中和值。

有机酸：主要是含羧基的化合物，如环烷酸、少量的脂肪酸等，大部分是原油中固有的，且在炼制过程中没有除去的组分，部分是石油炼制、运输、贮存过程中被氧化而生成的。

酚类化合物：轻质油中主要是苯酚、对甲基苯酚等低分子酚类；重质油中主要含有萘酚、蒽酚等。酚类物质含量少，酸性较弱，但危害性较大。

无机酸：一般油品中不含无机酸。如果油品精制条件控制不当时，油品中可能会残留或溶解有少量的硫酸、盐酸或氢硫酸等。

酸度（值）可用来判断油品中酸性物质的数量；判断油品对金属材料的腐蚀性；判断油品的使用性能；判断油品的变质程度等。

油品中酸性物质测定方法有：①化学滴定法；②电位滴定法；③定性。

（4）酸度（值）测定部分相关标准

GB/T 259—1988（2004）《石油产品水溶性酸及碱测定法》

GB/T 258—2016《轻质石油产品酸度测定法》

GB/T 264—1983《石油产品酸值测定法》

SH/T 0329—1992（2004）《润滑脂游离碱和游离有机酸测定法》

SH/T 0163—1992（2000）《石油产品总酸值测定法 （半微量颜色指示剂法）》

SH/T1765—2008（2022）《工业芳烃酸度的测定 滴定法》

2. 训练目标

①正确理解油品酸度测定标准。

②掌握油品酸度的测定原理与试验方法。

③掌握油水分离操作技术。

3. 仪器与试剂

（1）仪器

锥形瓶：250mL。球形回流冷凝管：长约300mm。移液管：25mL、50mL和100mL。微量滴定管：2mL，分度为0.02mL；或3mL，分度为0.02mL；或5mL，分度为0.05mL。电热板或水浴。分析天平：可准确称量至0.001g。

（2）试剂

0.05mol/L氢氧化钾乙醇溶液：用95%乙醇（AR）和氢氧化钾（AR）配制后再标定出其准确浓度。

碱性蓝 6B：称取碱性蓝 1g，称准至 0.01g，然后将它加在 50mL 煮沸的 95% 乙醇中，并在水浴中回流 1h，冷却后过滤。必要时将煮热的澄清滤液用 0.05mol/L 氢氧化钾乙醇溶液或 0.05mol/L 盐酸溶液中和，直至加入 1~2 滴碱溶液能使指示剂溶液从蓝色变成红色，而在冷却后又能恢复成蓝色为止。

甲酚红：称取甲酚红 0.1g，称准至 0.001g，研细后溶入 100mL95% 乙醇中，并在水浴中煮沸回流 5min，趁热用 0.05mol/L 氢氧化钾乙醇溶液滴定至甲酚红溶液由橘红色变为深红色，而在冷却后又能恢复成橘红色为止。

酚酞：配成 1% 乙醇溶液。

4. 准备工作

（1）驱除二氧化碳

取 95% 乙醇溶液 50mL 注入清洁无水的锥形瓶内，用软木塞将球形回流冷凝管与锥形瓶连接，将 95% 乙醇煮沸 5min。

（2）中和抽提溶剂

在煮沸的 95% 乙醇中加入 0.5mL 的碱性蓝 6B 溶液（或甲酚红溶液）后，在不断摇荡下趁热用 0.05mol/L 氢氧化钾乙醇标准溶液滴定中和，直至锥形瓶中的混合物碱性蓝 6B 指示剂从蓝色变为浅红色（或甲酚红指示剂从黄色变为紫红色）为止。在煮沸过的 95% 乙醇中加入 1~2 滴酚酞溶液代替碱性蓝溶液（或甲酚红溶液）时，按同样方法中和至呈现玫瑰红色为止。

5. 实验步骤

（1）取样

柴油取样量为 20 mL，其他油品试样量均为 50mL，在 20℃ ±3℃ 下量取试样，将试样加入中和过的热的 95％ 乙醇 – 指示剂溶液中。

（2）滴定操作

将球形回流冷凝管装到锥形瓶上之后，将锥形瓶中的混合物煮沸 5min，对已加有碱性蓝 6B 溶液或甲酚红溶液的混合物，此时应再加入 0.5mL 的碱性蓝 6B 溶液或甲酚红溶液，仍需在不断摇荡下趁热用 0.05mol/L 氢氧化钾乙醇标准溶液滴定，直至 95% 乙醇层的碱性蓝 6B 溶液从蓝色变为浅红色（甲酚红溶液从黄色变为紫红色）为止；或对已加有酚酞溶液的混合物，此时应再加入 1~2 滴酚酞溶液，按上述操作直至 95% 乙醇层的酚酞溶液呈现浅玫瑰红色为止。

注：在每次滴定过程中，从对锥形瓶停止加热到滴定达到终点，所经过的时间不应超过 3min。

6. 数据处理和报告

（1）计算

试样的酸度 X（mgKOH/100mL）按式（5–1）计算：

$$X = \frac{100 \times 56.1 \times cV}{V_1}$$

（5-1）

式中　V——滴定时所消耗氢氧化钾乙醇标准滴定溶液的体积，mL；

　　　V_1——试样的体积，mL；

　　　c——氢氧化钾乙醇标准滴定溶液物质的量浓度，mol/L；

　　　56.1——氢氧化钾的摩尔质量。

（2）报告

取平行测定两个结果的算术平均值，作为试样的酸度结果，精确到 0.01mg/100mL。

7. 精密度

平行测定两个结果间的差数，重复性和再现性不应超过表 5-1 所示数值。

表 5-1　精密度

酸度	重复性允许差数 /（mgKOH/100mL）	再现性
＜ 5	0.08	0.20
≥ 0.1~1.0	0.10	0.25
＞ 1.0	0.20	—

8. 注意事项

（1）指示剂用量

每次测定所加的指示剂要按标准中规定的用量加入，以免引起滴定误差。通常用于测定试样酸度（值）的指示剂多为弱酸性有机化合物，本身会消耗碱性溶液，如果指示剂用量多于标准中规定的要求，测定结果将可能偏高。

（2）煮沸条件的控制

试验过程中，待测试液要按标准规定的温度和时间煮沸并迅速进行滴定，以提高抽提效率和减少 CO_2 对测定结果的影响。标准中规定将抽提溶剂预煮沸 5min 后中和以及抽提过程中煮沸 5min 并要求滴定操作尽快完成，除了应达到有效抽提试样中酸性物质和有利油、液两相分层外（第二次煮沸），都是为了驱除 CO_2 并防止 CO_2 溶于乙醇溶液中（CO_2 在乙醇中的溶解度比在水中的高 3 倍）。CO_2 的存在，将使测定结果偏高。

（3）滴定终点的确定

准确判断滴定终点对测定结果有很大的影响。用酚酞作指示剂滴定至乙醇层显浅玫瑰红色为止；用甲酚红作指示剂滴定至乙醇层由黄色变为紫红色为止；用碱性蓝 6B 作指示剂滴定至乙醇层由蓝色变为浅红色为止；对于滴定终点颜色变化不明显的试样，可滴定到混合溶液的原有颜色开始明显地改变时作为滴定终点。

（4）抽出溶液颜色的变化

当遇到抽出溶液颜色较深时，利用颜色指示终点的化学滴定分析方法测定试样的酸度（值）时会产生严重误差，必须改用电位滴定法测定。

9. 思考题

①测定酸度时，可否使用无水乙醇代替 95% 乙醇作为溶剂？为什么？

②石油产品中酸性物质主要有哪些？为何不直接用其中组分含量表示？

项目二　电位滴定法测定油品的酸值（参照 GB/T 7304—2014）

1. 方法标准相关知识

（1）适用范围

GB/T 7304 规定了用电位滴定法测定石油产品、润滑剂、生物柴油以及生物柴油调和燃料酸值的两种测定方法——A、B 两种方法。

方法 A 适用于能够溶解和基本溶解于甲苯和无水异丙醇混合溶剂中的石油产品和润滑剂的酸值的测定。方法 A 可测定样品中那些在水中解离常数大于 1×10^{-9} 的酸性组分，解离常数小于 1×10^{-9} 的极弱酸不产生干扰，但水解常数大于 1×10^{-9} 的盐类将会参与反应，方法 A 的精密度是在酸值（以 KOH 计）为 0.1~150mg/g 的范围内建立的。

方法 B 适用于具有较低酸性和溶解性差异较大的生物柴油和生物柴油调和燃料的酸值的测定。

（2）方法概要

将试样溶解在滴定溶剂中，以氢氧化钾异丙醇标准溶液为滴定剂进行电位滴定，所用的电极对为玻璃指示电极与参比电极或者复合电极。手动绘制或自动绘制电位 mV 值对应滴定体积的电位滴定曲线，并将明显的突跃点作为终点，如果没有明显突跃点则以相应的新配水性酸和碱缓冲溶液的电位值作为滴定终点。

（3）方法应用

新油或用过油中的酸性组分包括有机酸、无机酸、酯类、酚类化合物、内酯、树脂以及重金属盐类、铵盐和其他弱碱的盐类、多元酸的酸式盐和某些抗氧剂及清净添加剂。

新的或在用的石油产品、生物柴油以及生物柴油调和燃料中可能有一些以添加剂形式或油品在使用过程中的降解产物（如氧化产物）形式存在的酸性组分。可通过用碱溶液滴定测定这些物质的相对含量，酸值是在指定条件下测得的这些物质在油品中的量，酸值可在配方研究中用于控制润滑油的质量，有时也可用于测定润滑油在使用过程中的降解情况，但以酸值作为润滑油报废指标应通过经验来确定。

由于各种不同氧化产物对酸值的贡献是不同的，同时不同有机酸的腐蚀特性也不同，所以，本标准不能用于预测油品、生物柴油及生物柴油调和燃料在使用过程中的腐蚀性能。没有发现生物柴油及生物柴油调和燃料以及润滑油的酸值与其对金属的腐蚀趋势之间有必然的联系。

（4）相关标准

GB/T 7304—2014《石油产品酸值的测定　电位滴定法》

GB/T 18609—2011《原油酸值的测定　电位滴定法》

2. 训练目标

①正确解读油品酸值测定标准，明确油品酸度和酸值的异同点。

②掌握油品酸值的测定原理与试验方法。

③掌握非水体系的电位滴定操作技术。

3. 仪器与试剂（方法A）

（1）仪器

①电位计或自动电位滴定装置（具有电位滴定或一阶微商滴定等模式）。

②指示电极：适合于非水滴定的标准pH电极。

③参比电极：甘汞电极或银／氯化银参比电极，充满1~3mol/L的氯化锂乙醇溶液。

④复合pH电极。

⑤机械搅拌器或电磁搅拌器。

⑥滴定管：10mL或其他规格，最小刻度0.05mL或更小，精确度为±0.02mL。

⑦烧杯、滴定台等。

（2）试剂

除配制缓冲溶液的基准试剂外，其余均使用分析纯试剂。

①氯化锂电解液：1~3mol/L的氯化锂乙醇溶液。

②无水异丙醇：水含量小于0.1%。可使用Linde型4A分子筛，可使溶剂自上而下通过分子筛柱，分子筛和溶剂比例为1∶10。

③pH值为4的缓冲溶液：称取于115.0℃±5.0℃干燥2~3h的邻苯二甲酸氢钾基准试剂10.12g，溶于无二氧化碳的蒸馏水，于25℃下稀释至1000mL。

④pH值为7的缓冲溶液：称取于115.0℃±5.0℃干燥2~3h的磷酸二氢钾基准试剂6.81g，加0.1mol/L氢氧化钠溶液291mL，用无二氧化碳的蒸馏水于25℃下稀释至1000mL。

⑤ pH 值为 11 的缓冲溶液：称取碳酸氢钠基准试剂 2.10g，加 0.1mol/L 氢氧化钠溶液 227mL，用无二氧化碳的蒸馏水于 25℃下稀释至 1000mL。

⑥盐酸异丙醇标准溶液（0.1mol/L）：取 9mL 盐酸与 1L 无水异丙醇混合，标定时用 125mL 不含二氧化碳的水稀释约 8mL（精确量取）0.1mol/L 氢氧化钾异丙醇标准溶液，并以此稀释溶液为滴定剂，用电位滴定法标定上述的盐酸异丙醇溶液。

⑦氢氧化钾异丙醇标准溶液（0.1mol/L）：称取 6g 氢氧化钾加入到 1L 无水异丙醇中，微沸 10min，将溶液静置 2 天，然后用砂芯漏斗过滤上层清液，将过滤的溶液存放在耐化学腐蚀的试剂瓶中，为了避免空气中二氧化碳干扰，可在试剂瓶上加装填充碱石棉或碱石灰干燥剂的干燥管。标定时将邻苯二甲酸氢钾溶于无二氧化碳的水中，以此为滴定剂，用电位滴定法标定。

⑧滴定溶剂：将 5mL±0.2mL 水加入到 495mL±5mL 的无水异丙醇中并混合均匀，然后再加入 500mL±5mL 的甲苯，此滴定溶剂应大量配制，每天在使用之前都应对其空白值进行测定。

⑨三氯甲烷：分析纯。

4. 准备工作

（1）电极系统

①电极的准备：如果使用银/氯化银作为参比电极，其中的电解液不是 1~3 mol/L 的氯化锂乙醇溶液，则在使用前用该溶液充分冲洗并更换。复合电极用同样的方式更换为氯化锂乙醇溶液。

②电极的检测：为保持电极系统的灵敏度，可用电极分别测定 pH=4 和 pH=7 的缓冲溶液，两次测定电位计 mV 值应有 162mV（20~25℃）的差值，否则应清洗或更换电极。电极污染可能会引起不稳定、无规律和不易观察的液体接触电位等。

③玻璃电极可酌情（在连续使用时每周不少于一次）浸入不含铬的强氧化性清洗液中进行清洗。每周应换充一次参比电极的电解液，充入新的氯化锂乙醇电解液，每次均应充到加入口处。并确保电极的液体中没有气泡产生。

④在每次滴定之前应将准备好的电极在蒸馏水（pH 值为 4.5~5.5）中浸泡至少 5min，在使用之前用无水异丙醇和滴定溶剂冲洗。当不使用时，将参比电极的下半部浸泡在氯化锂乙醇电解液中。当使用玻璃电极时，储存在用 HCl 酸化过的 pH 值为 4.5~5.5 的水中。

（2）安装仪器

①手动滴定仪器：将电位计、搅拌器、滴定管、烧杯等组装成手动电位滴定装置，连接电极，用氢氧化钾异丙醇标准溶液润洗滴定管。

②自动电位滴定装置：按照仪器说明书安装和调整仪器，连接电极，用氢氧化钾异丙醇标准溶液润洗和置换滴定管系统。

（3）仪器校正

当在滴定曲线中不能获得确切的拐点，为确保终点选择的可比性，对每个电极每天都应使用酸或碱的水性缓冲溶液来获得电位计读数（mV）。

将电极分别浸入 pH 值为 4 和 pH 值为 11 的缓冲溶液中，搅拌大约 5min，维持缓冲溶液的温度在滴定温度 ±2℃ 的范围内，分别读取电位值。在滴定曲线没有拐点时可将此电位作为滴定终点。

5. 实验步骤

①根据样品酸值可能的范围确定称取量，如表 5-2 所示。

表 5-2　试样的称取量

酸值（以 KOH 计）/（mg/g）	试样量 /g	称量精度 /g
0.05~<1.0	20.0 ± 2.0	0.10
1.0~<5.0	5.0 ± 0.5	0.02
5.0~<20	1.0 ± 0.1	0.005
20~<100	0.25 ± 0.02	0.001
100~<260	0.1 ± 0.01	0.0005

②在 250mL 的烧杯中称取试样，加入 125mL 滴定溶剂。连接电极，将烧杯放在滴定台上并调整其位置使电极的下半部分浸入液面以下。开始搅拌，搅拌速度在不引起溶液飞溅和产生气泡的情况下应尽可能大。

③选择合适的滴定管，装入 0.1mol/L 的氢氧化钾异丙醇溶液，将滴定管安装在滴定装置上，确保滴定管尖端插入滴定溶液液面以下 25mm 处。记下此时滴定管的初始读数并读取此时电位计的电位值读数。

④手动滴定法：

a. 滴加少量的 0.1mol/L 氢氧化钾异丙醇溶液，等到电位稳定后，记录滴定剂的量并读取此时的电位值。

b. 在滴定开始和后来的任何范围内（如拐点），如果滴定剂每增加 0.1mL 时，电位值变化大于 30mV，则每次滴加量应减少至 0.05mL。

c. 在滴定中间区段（曲线的平稳段），如果滴定剂每增加 0.1mL，电位变化小于 30mV，则可适当地增大每次的滴加量，使产生的电位变化约等于 30mV，但不应大于 30mV。

d. 用这种方式滴定直到每滴加 0.1mL 氢氧化钾异丙醇溶液时电位变化小于 5mV 时停止。此时电极电位指示的碱性比水性碱性缓冲溶液强。

e. 移开滴定溶液，将电极和滴定管尖端插入滴定溶剂中冲洗，接着分别用无水异丙醇和水进行彻底冲洗。在进行另一个试样的电位滴定前，电极在水中浸泡至少 5min 以恢复玻璃电极液状凝胶膜，然后在下一次滴定进行前用无水异丙醇和滴定溶剂冲洗电极。

⑤自动滴定法：

a. 调节仪器到动态滴定模式，根据情况记录电位曲线或者一阶导数曲线。

b. 测定试样的初始电位值（mV），通过对该电位值与水性酸性缓冲溶液电位值进行比较从而确定试样中是否存在强酸，若存在则确认仪器将用来测定强酸值。记录将试样溶液从初始电位值滴定到 pH 值为 4 的水性缓冲溶液所示的电位值时所消耗的氢氧化钾异丙醇溶液的体积，该数值将用来计算样品的强酸值，继续进行自动滴定，根据情况记录电位曲线或者一阶导数曲线。

c. 用 0.1mol/L 的氢氧化钾异丙醇溶液进行滴定。控制滴定速度，当电位值超过 pH 值为 11 的缓冲溶液的电位值 200mV 时可结束滴定。如果滴定曲线的一阶导数曲线上出现一个明显高于电极噪声信号的最大值时，此点即为等当点。

d. 同手动滴定一样，滴定完成后用滴定溶剂冲洗电极和滴定管尖，然后分别用无水异丙醇和水进行彻底冲洗。在进行另一个试样的电位滴定前，把电极在水中浸泡至少 5min 以恢复玻璃电极液状凝胶膜；在进行下一次滴定前用无水异丙醇和滴定溶剂冲洗电极。

⑥空白滴定：

a. 对于一组样品和一批新配制的滴定溶剂，都应进行 125mL 溶剂的空白滴定。手动滴定时，滴加 0.01~0.05mL 的 0.1mol/L 氢氧化钾异丙醇溶液，直到相邻两次滴加后的电位不再变化为止，读取电位值变为常数前的电位值和滴定剂加入量。自动滴定时，用测定样品中的酸性物质相同的滴定模式进行，但是应使用更小的滴定剂加入量，如 0.01~0.05mL，当样品量较大时应注意定期进行空白值的检查。

b. 当样品中存在强酸并测定强酸值后，应进行 125mL 滴定溶剂的空白滴定，按照样品滴定方式以 0.01~0.05mL 的加入量滴加 0.1mol/L 盐酸异丙醇溶液。

6. 数据处理和报告

（1）终点体积的确定

用手动滴定法测得的数据绘制 0.1mol/L 氢氧化钾异丙醇溶液加入量和相应电位变化曲线（见图 5-1）。只有当拐点很明显且非常接近水性酸或碱缓冲溶液获得的电位值时，可将此拐点作为滴定终点。如果拐点不确定或根本没有出现时（见图 5-1 中曲线 B），则把相应的水性缓冲液的电位作为滴定终点。

注：通常，在几次连续 0.05mL 的滴加测量过程中，如果每次滴加引起的电位变化大于 15mV 或者产生的电位变化至少比之前或之后同量滴加时产生的电位变化大 30% 以上时，即认为有明显的拐点出现，一般来讲，只有在等量滴定时才可能得到清晰的拐点。

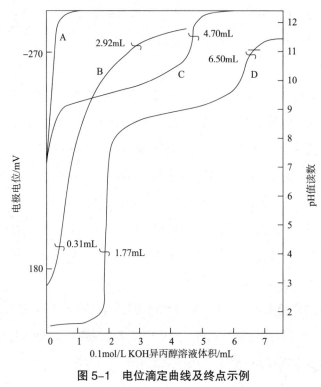

滴定终点选择示例：

曲线 A：125mL 滴定溶剂的空白。

曲线 B：10.00g 曲轴箱用过油加入 125mL 的滴定溶剂。没有明显变化，选择两个水性缓冲溶液（pH=4 和 pH=11）的计量读数作为终点。

曲线 C：10.00g 包含弱酸的油品加入 125mL 的滴定溶剂。选择曲线接近垂直的点作为终点。

曲线 D：10.00g 包含弱酸和强酸的油品加入 125mL 的滴定溶剂。选择曲线接近垂直的点作为终点（1.77mL 为强酸值的滴定终点，6.50mL 为总酸值的滴定终点）。

图 5-1 电位滴定曲线及终点示例

对所有用过油中酸的滴定，滴定时以相应的水性碱缓冲溶液（pH=11）的电位作为终点，对于强酸值，滴定时以相应的水性酸缓冲溶液（pH=4）的电位作为终点。

自动滴定法中记录的一阶微商曲线的拐点即为滴定终点。如在滴定曲线上标记终点，与手动滴定法中终点的选择方法相同。

（2）计算公式

试样的酸值和强酸值按式（5-2）、式（5-3）进行计算。

$$酸值（AN）=\frac{(A-B)\times M\times 56.1}{W} \tag{5-2}$$

$$强酸值（SAN）=\frac{(C\times M+D\times m)\times 56.1}{W} \tag{5-3}$$

式中　AN、SAN——酸值和强酸值，以 KOH 计，mg/g；

　　　　A——滴定试样至与 pH=11 的水性缓冲溶液的电位值最接近的拐点时，所用氢氧化钾异丙醇溶液的体积，或者是拐点不明显以及没有拐点时，滴定到 pH=11 水性缓冲溶液的电位值时，所用氢氧化钾异丙醇溶液的体积，mL，对于添加剂，A 是最后显示拐点时消耗的氢氧化钾异丙醇溶液的体积；

　　　　B——相对于 A 的空白值，mL；

　　　　M——氢氧化钾异丙醇溶液的浓度，mol/L；

m——盐酸异丙醇溶液的浓度，mol/L；

W——试样的质量，g；

C——滴定试样至 pH=4 的水性缓冲溶液的电位值时，所用氢氧化钾异丙醇溶液的体积，mL；

D——滴定溶剂空白至 C 中相应的滴定终点时所用盐酸异丙醇溶液的体积，mL。

7. 精密度

（1）重复性

同一操作者，在同一实验室，用同一台仪器，对同一试样连续进行两次测定，所得到的两个结果之差不应超过表 5-3 要求。

（2）再现性

不同操作者，在不同的实验室，对同一试样进行测定，所得到的两个单一、独立测定结果之差不应超过表 5-3 要求。

表 5-3　精密度

项　目	重复性（以 KOH 计）/（mg/g）	再现性（以 KOH 计）/（mg/g）
新油	0.044（X+1）	0.141（X+1）
用过油（以缓冲溶液电位值为滴定终点）	0.117X	0.44X

注：X 为两次试验结果的平均值。

8. 注意事项

①油品中酸值测定是非水滴定法，不同于普通水溶液中的酸碱滴定。滴定终点通过 pH 电极和参比电极间电位的变化来确定。要求选用的 pH 电极系统的灵敏度要能够满足非水滴定要求。

②完成一个试样的测定后，需要将电极用无水异丙醇和滴定溶剂冲洗后浸入蒸馏水中活化 5min 以上。

③手动滴定时滴定速度不宜过快，要根据滴定剂加入后引起电位值的变化来调整每次加入滴定剂的体积，并准确记录。

④酸值较小的油品在滴定时突跃不明显时，通过和 pH=11 的标准缓冲溶液的电位值对照来确定滴定终点。

⑤强酸值反映的是油品中酸性较强物质的量。酸性强所产生的腐蚀后果较严重，需要重视。因此在许多样品酸值测定时如发现强酸性物质，应单独滴定并报告。

⑥滴定溶剂的空白应每天进行测定。

9. 思考题

①比较非水酸碱滴定和普通水溶液中的酸碱滴定有何不同。

②电位法确定滴定终点的方法有哪些？

③不含二氧化碳的水怎么制备？

④想一想，滴定溶剂空白为什么每天都要测定？

 项目三　汽油水溶性酸碱的测定［参照GB/T 259—1988（2004）］

1. 方法标准相关知识

（1）适用范围

GB/T 259 适用于测定液体石油产品、添加剂、润滑脂、石蜡、地蜡及含蜡组分的水溶性酸或水溶性碱，属于定性分析试验法。

水溶性酸是指可溶于水中的酸性物质，主要是硫酸及其衍生物，包括磺酸和硫酸酯及低分子有机酸等。水溶性碱是指可溶于水的碱性物质，主要是氢氧化钠和碳酸钠等。

水溶性酸几乎对所有的金属都有很强的腐蚀性，特别是当有水存在时，腐蚀性更强；水溶性碱对金属铝有较强的腐蚀性。因此，燃料油和未加添加剂的润滑油中都不允许水溶性酸或碱的存在。

（2）方法概要

用蒸馏水或乙醇水溶液抽提试样中的水溶性酸、碱，然后分别用甲基橙或酚酞指示剂检查抽出溶液颜色的变化情况，或用酸度计测定抽提物的 pH 值，以判断油品中有无水溶性酸碱的存在。

（3）术语和概念

水溶性酸或碱：存在于油品中的可溶于水的酸性或碱性物质。

（4）水溶性酸碱测定标准

GB/T 259—1988（2004）《石油产品水溶性酸及碱测定法》

2. 训练目标

①掌握油品水溶性酸、碱的测定原理与试验方法。

②了解抽提技术在油、水分离过程中的应用。

3. 仪器与试剂

（1）仪器

分液漏斗：250mL 或 500mL；试管：直径 15~20mm、高度 140~150mm，用无色玻璃制成；漏斗：普通玻璃漏斗；量筒：25mL、50mL、100mL；锥形瓶：100mL 和 250mL；瓷蒸发皿；电热板或水浴；酸度计：玻璃 – 甘汞电极，精度为 pH ≤ 0.01。

（2）试剂

甲基橙：配成 0.02% 甲基橙水溶液；酚酞：配成 1% 酚酞乙醇溶液；95% 乙醇：AR；工业滤纸；溶剂油。

4. 准备工作

（1）取样

将试样置入玻璃瓶中，不超过其容积的 3/4，摇动 5min。黏稠的或石蜡试样应预先加热至 50~60℃再摇动。当试样为润滑脂时，用刮刀将试样的表层（3~5mm）刮掉，然后在不靠近容器壁的至少三处，取约等量的试样置入瓷蒸发皿，并小心地用玻璃棒搅匀。

（2）95% 乙醇溶液的准备

95% 乙醇溶液必须用甲基橙或酚酞指示剂，或酸度计检验中性后，方可使用。

5. 实验步骤

（1）试验液体石油产品

将 50mL 试样和 50mL 的加热至 50~60℃蒸馏水放入分液漏斗，对 50℃时运动黏度大于 75mm²/s 的石油产品，应预先在室温下与 50mL 汽油混合，然后加 50mL 加热至 50~60℃的蒸馏水。

将分液漏斗中的试验溶液，轻轻地摇动 5min，不允许乳化。澄清后放出下部的水层，用滤纸滤入锥形烧瓶中。

（2）试验润滑脂、石蜡、地蜡和含蜡组分石油产品

取 50g 预先熔化好的试样（称准至 0.01g），将其置于瓷蒸发皿或锥形瓶中，然后注入 50mL 蒸馏水，并煮沸至完全熔化。冷却至室温后，小心地将下部水层倒入有滤纸的漏斗中，滤入锥形瓶。对已凝固的产品（如石蜡和地蜡等），则事先用玻璃棒刺破蜡层。

（3）试验有添加剂产品

向分液漏斗中注入 10mL 试样和 40mL 溶剂油，再加入 50mL 加热至 50~60℃的蒸馏水。将分液漏斗摇动 5min，澄清后分出下部水层，经有滤纸的漏斗，滤入锥形瓶中。

（4）产生乳化现象的处理

当石油产品用水混合，即用水抽提水溶性酸、碱产生乳化时，则用 50~60℃的 95% 乙醇水

溶液（1:1）代替蒸馏水处理，后续操作步骤按上述（1）或（3）进行。

（5）用指示剂或酸度计测定水溶性酸、碱

向两个试管中分别放入 1~2mL 抽提物：在第一支试管中，加入 2 滴甲基橙溶液，并将它与装有相同体积蒸馏水和 2 滴甲基橙溶液的另一支试管相比较。如果抽提物呈玫瑰色，则表示所测石油产品中有水溶性酸存在；在第二支试管中加入 3 滴酚酞溶液，如果溶液呈玫瑰色或红色时，则表示有水溶性碱存在。

向烧杯中注入 30~50mL 抽提物，电极插入深度为 10~12mm，按酸度计使用要求测定 pH 值，根据表 5-4 确定抽提物水溶液或者乙醇水溶液中有无水溶性酸、碱。

表 5-4　抽出溶液 pH 值与油品中有无水溶性酸、碱的关系

pH 值	油品水相特性	pH 值	油品水相特性
< 4.5 4.5~5.0 5.0~9.0	酸性 弱酸性 无水溶性酸、碱	9.0~10.0 > 10.0	弱碱性 碱性

6. 数据处理和报告

取重复测定的两个 pH 值的算术平均值，作为试验结果。

7. 精密度

①本标准精密度规定仅适用于酸度计法。

②同一操作者所提出的两个结果，pH 值之差不应超过 0.05。

8. 注意事项

（1）样品均匀性

水溶性酸、碱有时会沉降在盛样容器的底部（尤其是轻质油品），因此在取样前应将试样充分摇匀；测定石蜡、地蜡等本身含蜡成分的固态石油产品中的水溶性酸、碱时，必须事先将试样加热熔化后再取样，以防止构造凝固中的网结构对酸、碱性物质分布产生影响。

（2）抽提溶剂

测定所用的抽提溶剂（蒸馏水、乙醇水溶液）以及汽油等稀释溶剂必须事先中和为中性。所用仪器必须确保清洁，无水溶性酸、碱等物质存在。所加入的甲基橙、酚酞不能超过规定的滴数。

（3）黏稠样品

如果试样 50℃时的运动黏度大于 $75mm^2/s$，水溶性酸、碱将难以抽提出来，使测定结果偏低，直接测定困难。可用稀释溶剂对试样进行稀释并加热到一定温度后再进行测定。

（4）试样乳化

试样如果发生乳化现象则影响测定。通常是因为试样呈碱性，油品中残留的皂化物水解的缘故。当试样与蒸馏水混合易于形成难以分离的乳浊液时，须用 50~60℃呈中性的 95% 乙醇水溶液（1：1）作抽提溶剂来分离试样中的酸、碱。

9. 思考题

①为什么水溶性酸碱这个指标只是针对汽油等轻质油品，而不测定重质油品？

②在水溶性酸碱试验方法中加入溶剂的作用是什么？

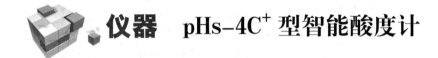

仪器　pHs-4C⁺ 型智能酸度计

1. 仪器结构

该仪器是一种微处理器控制的智能化 pH 计，性能稳定、可靠，操作简单。分辨率高（0.001pH/0.1mV），可精密测量溶液的酸度（pH 值）和电极电位（mV），若选配离子电极，可精密测量离子浓度。仪器的显示和按键如图 5-2 所示。仪器按键作用如下：

"⏻" 键：开关键，启动或关闭仪器；

"YES/ 确定" 键：确认键和启动 / 终止测量键；

"MODE/ 模式" 键：测量模式切换键；

"CAL/ 标定" 键：标定键；

"∧" 或 "∨" 键：数字增减键；

"AUTO/ 自动" 键：自动判断测量终点键；

"RES/ 分辨率" 键：分辨率切换键。

2. 使用方法

（1）准备工作

根据待测溶液，选择与溶液相匹配的电极，如测定酸度或酸值时选用复合 pH 电极。把电极装在电极架上。取下仪器电极插口上的短路插头，把电极插头插上（注意电极插头在使用前应保持清洁干燥，切忌被污染）。

将电源适配器插入 220V 交流电源上，直流输出插头插入仪器后面板上的"DC9V"电源插孔。按电源开关键，接通电源，预热 5min 左右。

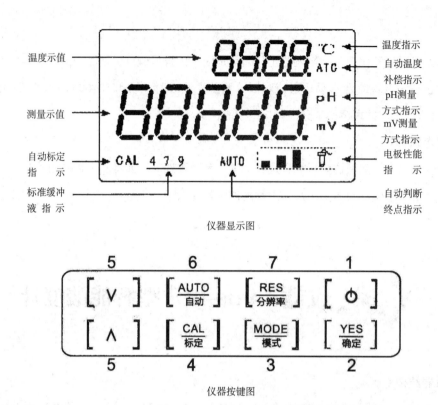

仪器显示图

仪器按键图

图5-2 pHs-4C+型酸度计显示和控制示意图

根据测量要求，按动"RES/分辨率"键选择所需要的显示分辨率。

pH分辨率有三挡可调：0.1pH、0.01pH、0.001pH；

mV分辨率有两挡可调：1mV、0.1mV。

（2）仪器的标定

在pH测量之前，首先需要对仪器进行标定。为取得精确的测量结果，标定时所用标准缓冲溶液应保证准确可靠。

仪器的标定可分为常规法（一点标定）和精密法（二点或三点标定）。事先配制pH值分别为4.00、6.86、9.18的三种标准缓冲溶液，根据测定需要选择其中一种方法进行标定。

①常规法：一点标定。

选择与被测试液pH值接近的标准缓冲溶液，润洗后装入小烧杯，将电极和温度传感器探头用去离子水冲洗并用滤纸吸干，放入选定的标准缓冲液中，摇动烧杯或搅拌溶液，使电极前端球泡与标准缓冲液均匀接触。

按"CAL/标定"键，显示屏上"CAL"闪烁，仪器自动识别标准缓冲液的pH值；到达测量终点时，屏幕显示出相应标准缓冲液的标准pH值，对应的标准缓冲液"4""7""9"之一指示灯亮，待"CAL"灯熄灭。一点标定结束。

此时电极性能指示器所显示的电极性能为其理想状态，并不反映电极的实际性能。电极实际性能需通过二点或三点标定的方式才可反映。

②精密法：二点标定（常用）。

首先选择 pH=6.86 的标准缓冲液，依照上述一点标定的方法操作，此时标准缓冲液指示灯"7"亮。再选用另一种标准缓冲液（如待测试液为酸性，则选择 pH=4.00 的标准缓冲液；如果待测试液为碱性，则选择 pH=9.18 的标准缓冲溶液），同样依照上述一点标定的方法操作，此时相对应的标准缓冲液指示灯亮，电极性能指示灯显示出电极的实际相应性能。到此二点标定结束。

③精密法：三点标定。

在二点标定的基础上，选用第三种标准缓冲液，再次依照上述一点标定的方法操作，此时标准缓冲液指示灯"4""7""9"全亮。到此三点标定结束。

注意：经过标定的仪器，一般情况下，24h 内仪器不需再标定。但遇到下列情况之一，则仪器应重新标定：电极干燥过久；更换了新电极（此时最好关机后再开机，对仪器重新进行标定）；测量过 pH < 2 或 pH > 12 的样品溶液之后；测量含有氟化物而 pH < 7 的溶液之后和较浓的有机溶液之后。

（3）样品 pH 值测量

经过标定的仪器，即可测量被测溶液的 pH 值。对于精密测量法，被测溶液的温度最好保持与标定溶液的温度一致。测量方式可选择"自动终点判断"或"实时测量"。按"AUTO/ 自动键"，"AUTO"指示灯亮，表示测量仪器按照自动终点判断测量，"AUTO"指示灯灭，表示仪器始终处于实时测量状态。

①自动终点判断测量

用去离子水或被测液冲洗电极和温度传感器，并用滤纸吸干，将电极和温度传感器放入被测溶液，按"YES/ 确定"键，"AUTO"指示灯闪烁，表示测量正在进行，摇动烧杯或搅拌溶液，当"AUTO"指示灯停止闪烁时，即可读取被测溶液的 pH 值。

重复测量时，按"YES/ 确定"键，直到"AUTO"指示灯停止闪烁，再读仪器的显示值。

②实时测量

用去离子水或被测液冲洗电极，并用滤纸吸干，将电极放入被测溶液，摇动烧杯或搅拌溶液，待数字稳定后，即可读取被测溶液的 pH 值。

（4）mV 值的测量

按"MODE/ 模式"键，使仪器处于 mV 测量状态（显示屏"pH"灯熄灭，"mV"灯亮）。接上所需的离子选择电极，用蒸馏水冲洗电极，用滤纸吸干，把电极浸入被测溶液内。温度低于 15℃时，稳定 30s（温度高于 15℃时，稳定 15s 以上）。

按动"YES/确定"键,"AUTO"指示灯闪烁,表示测量正在进行,摇动烧杯或搅拌溶液。当"AUTO"指示灯停止闪烁时,即可读取该离子选择电极的电位值(±mV)。

重复测量时,按动"YES/确定"键,直到"AUTO"指示灯停止闪烁,再读取仪器显示值。在做滴定分析时,需动态连续观察测量过程和示值变化情况,不希望示值被锁定,可以按动"AUTO"键,使"AUTO"指示灯熄灭,则仪器退出"自动判断测量终点"状态,终点示值将不被锁定,仪器始终处于测试状态。

测量完毕,将电极冲洗干净,放入电极保护液中。关闭电源。

3. 注意事项

①在样品测量时,电极的引入导线须保持静止,不要用手触摸,否则将会引起测量不稳定。如果有电磁搅拌装置,最好停止搅拌后读数。

②要保证标准缓冲液的准确可靠,碱性溶液应装在聚乙烯瓶中密封盖紧。标准缓冲液应存放在冰箱(低温 5~10℃)中保存,一般可保存 2~3 个月。如发现有浑浊、发霉或沉淀等现象时,不能继续使用。

③标定时尽可能用接近样品 pH 值的标准缓冲液进行标定,且样品的温度尽可能与标定液的温度一致。

④复合电极不应长期浸泡在蒸馏水中,不用时应将电极插入装有电极保护液的瓶内,以使电极球泡保持活性状态。电极保护液的配制方法:取 pH 值为 4.00 的缓冲剂(250mL)一袋,溶于 250mL 去离子水中,再加入 56g 分析纯 KCl,搅拌至完全溶解即可。

⑤取下电极保护套后,应避免电极头部被碰撞,以免电极的玻璃球泡破裂,使电极失效。使用加液型电极时,应注意电极内参比液是否减少,若少于 1/2 容积,可用滴管从上端小孔加入。测量时应将封孔套向下移,以便露出小孔。

⑥在将电极从一种溶液移入另一溶液之前,应用蒸馏水清洗电极,用滤纸将水吸干。不要刻意擦拭电极的玻璃球泡,否则可能导致电极响应迟缓。最好的方法是使用被测液冲洗电极。

实训 六 油品中硫含量的测定

项目一 轻质油品硫含量的测定（燃灯法）
[参照 GB/T 380—77（2004）]

1.方法标准相关知识

（1）适用范围

GB/T 380 适用于测定雷德蒸气压力不高于 600mmHg 的轻质石油产品（如汽油、煤油、柴油等）的硫含量。

（2）方法概要

石油产品在测定器的灯中燃烧，其中的硫化物生成 SO_2，用过量的碳酸钠水溶液吸收生成的 SO_2，反应后将剩余的碳酸钠用盐酸标准溶液进行滴定，根据盐酸标准溶液消耗的量计算试样中的硫含量。

（3）测定意义

硫含量是指存在于油品中的硫及其衍生物的含量，常以 $S\%$（质）表示，是保证用油的机械不受腐蚀和操作人员不致损害健康以及防止环境污染的重要指标。

燃料中活性硫能够腐蚀油品的储运设备和机械的供油系统；非活性硫燃烧后形成 SO_2 和 SO_3，遇水形成亚硫酸和硫酸而腐蚀机械，而 SO_2 和 SO_3 排入大气会造成污染。灯用煤油中如果含硫较多，在点灯时会产生刺激性气体，危害人体健康。一些石油产品不仅应控制硫含量，而且还要控制硫醇的含量。在某些润滑油中，加入含硫的添加剂（例如极压抗磨剂），能改善其使用性能，不会造成危害。

（4）硫含量分析方法分类

①按照将样品中硫转化为可测定形式的方式分类。

氧化法：是将试样中的硫通过氧化转变为 SO_2 后测定。常见的方法有燃灯法、管式炉法、氧弹法、高温法等。

还原法：是将试样中的硫化物经过一定的过程转换为 H_2S 的形式测定。现行方法有镍还原法，主要用于测定轻质石油馏分中微量硫含量。

X 射线法：通过测定在 X 射线作用下，试样中的硫产生的特征荧光辐射谱线强度，进行定量。现行的方法有 X 射线光谱法和能量色散 X 射线荧光光谱法。

②按照测定方法分类。

化学分析法：试样转换后的 SO_2、H_2S 的测定方法主要以容量分析或重量分析的方法进行。主要方法有燃灯法、管式炉法、氧弹法、高温法、镍还原法等。

仪器分析法：通过采用仪器分析的手段测定硫含量。X 射线法如上所述。电量法和微库仑法是将转换后的 SO_2、H_2S 通入滴定池中，用电位滴定或库仑滴定的方法测定硫含量。常用的方法有电量法和微库仑法等。

（5）硫含量测定部分相关标准

GB/T 380—1977（2004）《石油产品硫含量测定法 （燃灯法）》

GB/T 387—1990《深色石油产品硫含量测定法 （管式炉法）》

GB/T 388—1964（1990）《石油产品硫含量测定法 （氧弹法）》

GB/T 505—1965（2004）《发动机燃料硫醇性硫含量测定法 （氨－硫酸铜法）》

GB/T 1792—2015《汽油、煤油、喷气燃料和馏分燃料中硫醇硫的测定 电位滴定法》

GB/T 8025—1987（2004）《石油蜡和石油脂微量硫测定法 （微库仑法）》

GB/T 11140—2008《石油产品硫含量的测定 波长色散 X 射线荧光光谱法》

GB/T 17040—2019《石油和石油产品中硫含量的测定 能量色散 X 射线荧光光谱法》

GB/T 17606—2009《原油中硫含量的测定 能量色散 X 射线荧光光谱法》

GB/T 26983—2011《原油硫化氢、甲基硫醇和乙基硫醇的测定》

SH/T 0742—2004《汽油中硫含量测定法 （能量色散 X 射线荧光光谱法）》

SH/T 0125—1992（2006）《液化石油气硫化氢试验法 （乙酸铅法）》

SH/T 0136—1992（2005）《石油蜡硫化物试验法》

SH/T 0172—2001《石油产品硫含量测定法 （高温法）》

SH/T 0174—2015《石油产品和烃类溶剂中硫醇和其他硫化物的检验 博士试验法》

SH/T 0222—1992（2004）《液化石油气总硫含量测定法 （电量法）》

SH/T 0231—1992《液化石油气中硫化氢含量测定法 （层析法）》

SH/T 0253—2021《轻质石油产品中总硫含量的测定 （电量法）》

SH/T 0303—1992（2004）《添加剂中硫含量测定法 （电量法）》

2. 训练目标

①正确解读燃灯法测定油品硫含量的标准，理解硫含量测定的意义。

②掌握燃灯法测定油品硫含量的原理和方法。

③熟悉燃灯法仪器的结构，熟悉燃灯法测定硫含量的影响因素。

3. 仪器与试剂

（1）仪器

硫含量燃灯法测定器：符合 GB/T 380 的技术要求，如图 6-1 所示，其中吸滤瓶：500mL 或 1000mL；滴定管：25mL；吸量管：2mL、5mL 和 10mL；洗瓶；水流泵或真空泵；玻璃珠：直径 5~6mm，或直径 5~6mm、长 8~10mm 的短玻璃棒；棉纱灯芯。

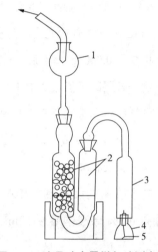

图 6-1　油品硫含量燃灯法测定器

1—液滴收集器；2—吸收器；3—烟道；
4—带有灯芯的燃烧灯；5—灯芯

（2）试剂

碳酸钠：分析纯，配成 0.3% 碳酸钠水溶液。

盐酸：分析纯，配成 0.05mol/L 盐酸标准溶液。

指示剂：预先配制 0.2% 溴甲酚绿乙醇溶液和 0.2% 甲基红乙醇溶液。使用时，用 5 份体积的溴甲酚绿乙醇溶液和 1 份体积的甲基红乙醇溶液混合而成（酸性显红色，碱性显绿色）。

95% 乙醇（分析纯）。

标准正庚烷。

汽油：沸点范围 80~120℃，硫含量不超过 0.005%。

石油醚：化学纯，60~90℃。

4. 准备工作

（1）测定器的准备

仪器安装之前，将吸收器、液滴收集器及烟道仔细用蒸馏水洗净。灯及灯芯用石油醚洗涤并干燥。

（2）无烟试样的处理

取一定量（硫含量在 0.05% 以下的低沸点试样，如航空汽油注入量为 4~5mL；硫含量在 0.05% 以上的较高沸点试样，如汽油、煤油等注入量为 1.5~3mL）的试样注入清洁、干燥的灯中（可不必预先称量），将灯用穿着灯芯的灯芯管塞上。灯芯的下端沿着灯内底部的周围放置。当石油产品把灯芯浸润后，即将灯芯管外的灯芯剪断，使与灯芯管的上边缘齐平。然后将灯点燃，调整火焰，使其高度为 5~6mm。随后把灯火熄灭，用灯罩将灯盖上，在分析天平上称量（称准至 0.0004g）。用标准正庚烷或 95% 乙醇或汽油（不必称量）作空白试验。

（3）冒浓烟试样的处理

单独在灯中燃烧而产生浓烟的石油产品（如柴油、高温裂化产品或催化裂化产品等），则取 1~2mL 试样注入预先连同灯芯及灯罩一起称量过的洁净、干燥的灯中，称量装入试样的质量（称准至 0.0004g）。然后，往灯内注入标准正庚烷或 95% 乙醇或汽油，使成 1：1 或 2：1 的比例，必要时可使成 3：1（体积比）的比例，使所组成的混合溶液在灯中燃烧的火焰不带烟。试样和注入标准正庚烷或 95% 乙醇或汽油所组成的混合溶液的总体积为 4~5mL。用标准正庚烷或 95% 乙醇或汽油（不必称量）作空白试验。

（4）装吸收溶液

向吸收器的大容器里装入用蒸馏水小心洗涤过的玻璃珠约达 2/3 高度。用吸量管准确地注入 0.3% 碳酸钠溶液 10mL，再用量筒注入蒸馏水 10mL。连接硫含量测定器的各有关部件。

5. 实验步骤

（1）通入空气并调整测定条件

测定器连接妥当后，打开抽气泵开关，使空气自全部吸收器均匀而和缓地通过。取下灯罩，点燃燃灯，放在烟道下面，使灯芯管的边缘不高过烟道下边 8mm 处。点灯时须用不含硫的火苗，每个灯的火焰须调整为 6~8mm（可用针挑拨里面的灯芯）。在所有的吸收器中，空气的流速要保持均匀，使火焰不带黑烟。

（2）稀释后试样的处理

如果是用标准正庚烷或 95% 乙醇或汽油稀释过的试样，当混合溶液完全燃尽以后，再向灯中注入 1~2mL 标准正庚烷或 95% 乙醇或汽油。试样或稀释过的试样燃烧完毕以后，将灯熄灭、盖上灯罩，再经过 3~5min 后，关闭水流泵。

（3）试样的燃烧量

对未稀释的试样，当燃烧完毕以后，将灯放在分析天平上称量（称准至 0.0004g），计算盛有试样的灯在试验前的质量与该灯在燃烧后的质量间的差值，作为试样的燃烧量。对稀释过的试样，当燃烧再次完毕以后，计算盛有试样灯的质量与未装试样的清洁、干燥灯的质量间的差值，作为试样的燃烧量。

（4）吸收液的收集

拆开测定器并用洗瓶中的蒸馏水喷射洗涤液滴收集器、烟道和吸收器的上部。将洗涤的蒸馏水收集于吸收二氧化硫的 0.3% 碳酸钠溶液吸收器中。

（5）滴定操作

在吸收器的玻璃管处接上橡皮管，并用吸耳球或泵对吸收溶液进行打气或抽气搅拌，以 0.05mol/L 盐酸标准溶液进行滴定。先将空白试样（标准正庚烷或 95% 乙醇或汽油燃烧后生成物质的吸收溶液）滴定至呈现红色为止，作为空白试验。然后，滴定含有试样燃烧生成物的各吸收溶液，当待测溶液呈现与已滴定的空白试验所呈现的同样的红色时，即达到滴定终点。

6. 数据处理和报告

（1）计算

试样中的硫含量 X［%（质）］按式（6-1）计算：

$$X = \frac{(V - V_1)K \times 0.0008}{m} \times 100 \qquad （6-1）$$

式中　　V——滴定空白试液所消耗盐酸标准溶液的体积，mL；

　　　　V_1——滴定吸收试样燃烧生成物的溶液所消耗盐酸标准溶液的体积，mL；

　　　　K——换算为 0.05mol/L 盐酸溶液的修正系数，即盐酸的实际浓度与 0.05mol/L 的比值；

　　　　m——试样的燃烧量，m；

　　　　0.0008——与 1mL 0.05mol/L 盐酸溶液所相当的硫的质量，g/mL。

（2）报告

取平行测定两个结果的算术平均值，作为试样的硫含量。

7. 精密度

平行测定两个结果间的差数，不应超过表 6-1 数值。

表6-1　硫含量的精密度

硫含量 /%	允许差数 /%
<0.1	0.006
≥ 0.1	最小测定值的 6%

8. 注意事项

（1）试样燃烧完全程度

试样在燃灯中能否完全燃烧，对测定结果影响很大，如试样在燃烧过程中冒黑烟或未经燃烧而挥发损失掉，则使测定结果偏低。因此实验方法规定了燃烧时火焰的高度、空气流过的速度、燃烧时火焰不能带烟、用标准正庚烷（或乙醇、汽油等）来稀释较黏稠的油品等，目的都是为了保证试样完全燃尽。

（2）试验材料和环境条件

如果使用材料或环境空气中有含硫成分，势必要影响测定结果，标准中规定不许用火柴等含硫引火器具点火；倘若滴定与空白试验同体积的质量分数为 0.3% 的碳酸钠水溶液，所消耗的盐酸溶液的体积比空白试验所消耗的盐酸溶液体积多出 0.05mL，则视为试验环境的空气氛围已染有含硫组分，需要彻底通风后另行测定。

（3）吸收液用量

每次加入吸收器内的碳酸钠溶液的体积是否准确一致、操作过程中有无损失，对测定结果也有影响。若吸收器内的碳酸钠溶液因注入时不准确或操作过程中有损失，都会导致空白试验测定结果产生偏差。

（4）终点判断

标准中规定在滴定的同时要搅拌吸收溶液，还要与空白试验达到终点所显现的颜色作比较，都是为了正确判断滴定终点。

9. 思考题

①写出燃灯法测定硫含量试验过程的化学方程式。

②吸收液碳酸钠溶液可以用量筒来量取吗？为什么？

③测定过程中如何保证滴定体积准确？可采取哪些措施？

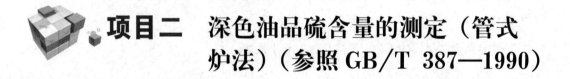

项目二　深色油品硫含量的测定（管式炉法）（参照 GB/T 387—1990）

1. 方法标准相关知识

（1）方法适用范围

GB/T 387 适用于硫含量（质量分数）大于 0.1% 的深色石油产品，如润滑油、重质石油产品、原油、石油焦、石蜡及含硫添加剂等。不适用于金属、磷、氯添加剂以及含有这些添加剂的润滑油。

（2）方法概要

试样在空气流中燃烧，用过氧化氢和硫酸溶液将生成的亚硫酸酐（SO_2）吸收，生成的硫酸用氢氧化钠标准滴定溶液进行滴定。

（3）相关知识

油品中的硫化物组成复杂，分布广泛，必须用适当的方法测定。汽油、煤油、柴油等油品通过燃烧或稀释后燃烧的方式，硫化物转化比较完全，因此，都可用燃灯法进行测定。而原油和渣油、润滑油、石油焦、蜡、沥青以及含硫添加剂等石油产品，其中的硫化物相对分子质量大，组成复杂，则需要采取管式炉法、库仑法、X 射线荧光光谱法等测定。

2. 训练目标

①正确理解管式炉法测定硫含量的标准，理解重质油品中硫含量测定意义。

②掌握管式炉法测定油品硫含量的原理和方法。

③熟悉管式炉法测定硫含量试验器的结构，熟悉管式炉法测定硫含量的影响因素。

3. 仪器与试剂

（1）仪器

深色石油产品硫含量试验器（管式炉法）：符合 GB/T 387 技术要求，系统组成如图 6-2 所示。其中包括管式电阻炉（水平型，其长度为不小于 130mm、炉膛直径约为 22mm，附温度控制器和热电偶装置，能保证加热到 900~950℃）；瓷舟：新瓷舟在使用前需在 900~950℃加热 30min，取出后在室温中冷却、备用；石英管：带石英弯管；流量计：测空气流速用，测量范围 0~800mL/min；洗气瓶：容量不少于 250mL，净化空气用；空气源：空气压缩机、压缩空气管线；量筒：250mL；微量滴定管：10mL，分度为 0.05mL；滴定管：25mL，分度

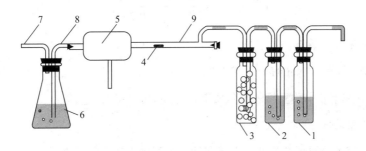

图 6-2 管式炉法定硫仪器组成

1~3—洗气瓶；4—瓷舟；5—管式电阻炉；6—接收器；
7—连接泵的出口管；8—石英弯管；9—磨口石英管

为 0.1mL；吸管：5mL，分度为 0.05mL；10mL，分度为 0.1mL；细砂：或耐火黏土、石英砂，经 900~950℃煅烧脱硫，研细，经孔径为 0.25mm 的金属过滤器筛选，选取微粒尺寸大于 0.25mm 部分；白油或医用凡士林：硫含量小于 5μg/g；医用脱脂棉。

（2）试剂

硫酸：分析纯，配成 c（$1/2H_2SO_4$）=0.02mol/L 溶液。

氢氧化钠：化学纯，配成 40%NaOH 溶液。

30%H_2O_2：分析纯。

高锰酸钾：化学纯，配成 c（$1/5KMnO_4$）=0.1mol/L 溶液。

苯二甲酸氢钾（基准试剂）。

95% 乙醇（分析纯）。

混合指示剂：分别配制 0.2% 甲基红乙醇溶液和 0.1% 次甲基蓝 – 乙醇溶液，然后将甲基红指示剂和次甲基蓝指示剂溶液按体积比 1：1 混合。

酚酞指示剂：配成 1% 酚酞 – 乙醇溶液。

蒸馏水：符合 GB 6682 中三级水规格。

4. 准备工作

（1）c（NaOH）=0.02mol/L 标准滴定溶液的配制、标定及计算

NaOH 标准溶液的配制：称取 3gNaOH（称准至 0.01g），将其溶解在 3L 蒸馏水中，摇动，充分混合，并在暗处存放一昼夜，然后倾出上层清晰层，标定后供分析用。

NaOH 标准滴定溶液的标定：称取经 110~115℃干燥至恒定质量的邻苯二甲酸氢钾 0.08g（称准至 0.0002g）。将其溶于 35mL 新煮沸、冷却的蒸馏水中，加入 3~4 滴酚酞 – 乙醇溶液，尽快用待标定的 NaOH 标准滴定溶液进行滴定，直至溶液呈淡粉红色，稳定 30s。

NaOH 标准滴定溶液的物质的量浓度，按式（6-2）计算。

$$c(\text{NaOH}) = \frac{1000m_1}{204.2V_1} = \frac{m_1}{0.2042V_1} \qquad (6\text{-}2)$$

式中　m_1——邻苯二甲酸氢钾的质量，g；

　　　V_1——滴定消耗的 NaOH 标准溶液体积，mL；

　　　204.2——邻苯二甲酸氢钾的摩尔质量。

（2）测定仪器的准备

在试验前，将接收器、洗气瓶、石英弯管等用蒸馏水洗净，干燥。

（3）空气净化装置装配

沿空气流入顺序，将高锰酸钾溶液、40%NaOH 溶液分别注入洗气瓶中，达到其容量的一

半，将医用脱脂棉装入第三个洗气瓶中。然后用橡胶管依次将它们连接起来。

（4）装入吸收溶液并连通气路系统

用量筒量取 150mL 蒸馏水，用两支吸管分别量取 5mL30%H_2O_2 和 7mL0.02mol/L 硫酸溶液，并注入接收器中。然后用橡胶塞将接收器塞住，该橡胶塞上带有石英弯管和一支连接水流泵的出口管。将石英弯管和石英管连接。石英管水平安装在管式炉中，石英管的另一端用塞子塞住，并将侧支管与净化系统连接起来。

（5）检查试验装置的气密性

将接收器的支管连接到水流泵上，整个系统通入空气，然后将净化系统支管的活塞关闭。此时在接收器和空气净化系统中都不应该有空气泡出现。如果遇到漏气，可以将所有连接处涂上肥皂水，并排除漏气现象。

（6）预热

装置气密性检查合格后，打开管式炉电源开关，调节温度控制器，将石英管慢慢加热到 900~950℃。将热电偶插入管式炉内，使其接合点位于炉中央，两端连接在温度控制器上，以便测量和调节炉温（一般仪器已装配好）。

5. 实验步骤

（1）取样

按试样预计硫含量（质量分数小于 2%，称取 0.1~0.2g；在 2%~5% 之间，称取 0.05~0.1g）在瓷舟中称入一定量试样（称准至 0.0002g），使其均匀分布在瓷舟底部。

注：①当试样含硫量大于 5% 时，可用白油（或医用凡士林）预先稀释至不大于 5%；②高含硫样品（含硫量大于 5%）准许在微量天平上称取少于 0.03g 试样（称准至 0.00003g）；③分析石油焦时，需先在研钵中研碎。

（2）试样的燃烧

瓷舟中的试样须用预先筛选或煅烧过的细砂（或耐火黏土、石英砂）覆盖（石油焦试样可不撒细砂）。将装有试样的瓷舟放入石英管（放在管式炉进口的前部）。然后用塞子迅速塞住石英管，连接水流泵或空气供给系统，并将空气通入整个系统。空气流速用流量计来测量，其流速约为 500mL/min。

试样的燃烧在 900~950℃下进行，燃烧时间为 30~40min；而对芳烃含量 ≥ 50% 的石油产品，燃烧时间为 50~60min。管式炉要逐渐移到瓷舟的位置上去（或由仪器预先设定的程序移动），试样不准点火。在燃烧完毕以后，将装有瓷舟的石英管放在管炉中部最红的部分再焙烧 15min。

（3）滴定操作

试验结束时，将管式炉（或石英管）逐渐移回原来位置，关闭水流泵，取下接收器。

用 25mL 蒸馏水洗涤石英弯管，将洗涤液转入接收器中。向接收器的溶液中加入 8 滴混合指示剂溶液，用 NaOH 标准滴定溶液滴定，直至红紫色变成亮绿色为止。如果试样中含硫量大于 2%，则滴定时使用容量为 25mL 的滴定管。

（4）空白试验

按同样条件，在试验前进行。

6. 数据处理和报告

（1）计算

①试样的硫含量 X_1［%（质）］按式（6-3）计算。

$$X_1 = \frac{0.016c(V_2 - V_0) \times 100}{m_1}$$

（6-3）

②稀释试样的硫含量 X_2［%（质）］按式（6-4）计算。

$$X_2 = \frac{0.016c(V_3 - V_0) \times 100 m_2}{m_3 m_4}$$

（6-4）

式中　c——氢氧化钠标准溶液的试剂浓度，mol/L；

　　　V_0——空白试验时消耗氢氧化钠标准溶液的体积，mL；

　　　V_2——未稀释试样燃烧后生成物消耗氢氧化钠标准溶液的体积，mL；

　　　V_3——稀释试样燃烧后生成物消耗氢氧化钠标准溶液的体积，mL；

　　　m_1——未稀释试样的质量，g；

　　　m_2——稀释样品时所取的白油（或医用凡士林）和被测试样的总质量，g；

　　　m_3——稀释时所取高含硫试样的质量，g；

　　　m_4——试验时所取混合物的质量，g；

　　　0.016——与 1.00mL 氢氧化钠标准溶液（c=1.000mol/L）相当的以克表示的硫的质量。

（2）报告

①取重复测定两个结果的算术平均值，作为试样硫含量测定结果。

②试验结果修约至 0.01%。

7. 精密度

按如下规定判断试验结果的可靠性（95% 置信水平）。

（1）重复性

同一操作者重复测定两次结果之差，应不大于表 6-2 中规定的数据。

（2）再现性

由两个实验室提出的两个结果之差，应不大于表 6-2 中规定的数据。

表6-2 试样硫含量测定的重复性和再现性要求

硫含量 X/%	重复性 /%	再现性 /%	硫含量 X/%	重复性 /%	再现性 /%
≤ 1.0	0.05	0.20	> 2.0~3.0	0.10	0.30
> 1.0~2.0	0.05	0.25	> 3.0~5.0	0.10	0.45

8. 注意事项

（1）试样燃烧条件

为保证试样的燃烧完全，要按方法规定的试样燃烧的温度、时间和焙烧时间操作。且试样不准着火，防止汽化后未燃烧样品被空气流带走。

（2）燃烧生成物吸收

试验前需检查安装的设备的密封性，按规定控制好空气的流速。进入系统的空气要按规定净化。

9. 思考题

（1）试比较燃灯法和管式炉法的异同点。

（2）简述洗气的步骤及各吸收瓶的作用。

项目三 轻质烃及发动机燃料和其他油品中总硫含量的测定（紫外荧光法）（参照 GB/T 34100—2017）

1. 方法标准相关知识

（1）适用范围

GB/T 34100 适用于测定沸点范围在 25~400℃之间，在室温下运动黏度在 0.2~20mm²/s 之间的液体烃中总硫含量，包括石脑油、馏分油、发动机油、乙醇、脂肪酸甲酯（FAME）及发动机燃料，如：汽油、含氧汽油（乙醇调和油、E-85、M-85）、柴油、生物柴油、生物柴油调和燃料和喷气燃料，总硫含量测定范围在 1.0~8000mg/kg 之间。

（2）方法概要

可使用注射器将试样直接注射到高温燃烧管中，也可以将试样注射到样品舟中，再将舟推入高温燃烧管中。在高温、富氧条件下，试样中的硫氧化生成二氧化硫（SO_2）。试样燃烧后生成的气体先通过除水装置脱除气体中的水，然后经紫外（UV）灯照射，二氧化硫（SO_2）吸收紫外光的能量，转化为激发态的二氧化硫（SO_2^*）。二氧化硫（SO_2^*）从激发态返回到基态时所发射出的荧光，被光电倍增管检测，由所得信号值计算出试样的硫含量。

（3）紫外荧光法测硫含量相关标准

GB/T 34100—2017《轻质烃及发动机燃料和其他油品中总硫含量的测定 紫外荧光法》

SH/T 0689—2000《轻质烃及发动机燃料和其他油品的总硫含量测定法（紫外荧光法）》

2. 训练目标

①正确理解紫外荧光法测定硫含量的标准，理解该法测定油品中硫含量的意义。

②掌握紫外荧光法测定油品硫含量的原理和方法。

③熟悉紫外荧光法测定硫含量试验器的结构，熟悉该法测定硫含量的条件控制和影响因素。

3. 仪器与试剂

（1）仪器

燃烧炉，控温在 1075℃ ±25℃；燃烧管，石英材质，包括用注射器直接进样方式和舟进样方式两种结构，如图 6-3 所示；流量控制器；干燥管；紫外（UV）荧光检测器，定性、定量的检测器；微量注射器，可选用 10μL、25μL、50μL、100μL 的注射器，注射器针头长 50mm±5mm。进样系统，包括注射器直接进样系统和舟进样系统，如图 6-4 所示。制冷模块，因进样舟要完全冷却后可进行下一次样品的测定，故需制冷模块。用于舟进样方式，要求冷却温度达到 4℃，可用电子制冷器或冷却套管；石英毛；天平，测量精度为 ±0.01mg。

（2）试剂

载气：氩气或氦气，高纯，纯度 ≥ 99.998%，水含量 ≤ 5mg/kg。氧气、高纯，纯度 ≥ 99.75%，水含量 ≤ 5mg/kg，可用分子筛干燥。溶剂：苯、二甲苯、异辛烷或与待测样品组分相似的其他溶剂；二苯并噻吩，分析纯；正丁基硫醚，分析纯；苯并噻吩，分析纯；硫标准溶液。

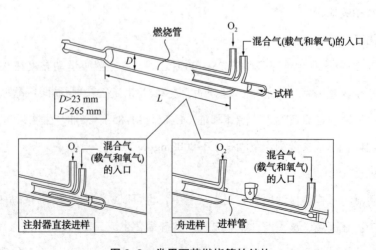

图 6-3　常用石英燃烧管的结构

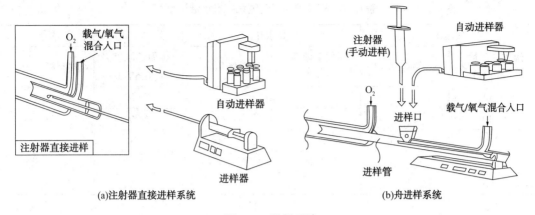

图6-4　进样系统

(a)注射器直接进样系统　　　　　(b)舟进样系统

4. 准备工作

（1）硫标准溶液（母液）的配制

硫质量浓度为1000mg/L：准确称取约0.5748g二苯并噻吩（或0.4562g正丁基硫醚或0.4184g苯并噻吩）至100mL容量瓶中，再用所选溶剂稀释至刻度。母液可进一步稀释至测定所需的各个浓度。

（2）调节仪器参数

按照进样方式，按厂家提供的操作参数调节仪器，表6-3是一个典型的操作条件。

表6-3　典型操作条件

操作条件	参数
（注射器直接进样方式）注射器进样速度 /（μL/s）	1
（舟进样方式）舟进样速度 /（mm/min）	140~160
炉温 /℃	1075 ± 25
氧气流量 /（mL/min）	450~500
入口氧气流量 /（mL/min）	10~30
入口载气流量 /（mL/min）	130~160

（3）校准仪器

选择标准曲线范围和标准溶液浓度。根据待测样品的浓度，选择表6-4中推荐的校准曲线范围和标准溶液浓度。建立校准曲线用的标准溶液应包含了待测试液的浓度。

表 6-4 硫校准曲线范围和标准溶液浓度

曲线 Ⅰ		曲线 Ⅱ		曲线 Ⅲ	
硫质量浓度 / （mg/L）	进样体积 / μL	硫质量浓度 / （mg/L）	进样体积 / μL	硫质量浓度 / （mg/L）	进样体积 / μL
0.50		5.0		100	
1.0		25.0		500	
2.5	10~20	50.0	2~10	1000	5
5.0		100			
10.0					

5. 实验步骤

（1）注射标准溶液

① 清洗注射器。分析前，用试样反复冲洗微量注射器。如果液体柱内存有气泡，则需冲洗注射器，确保液体柱内无气泡后，再抽取试样。

② 移取标准溶液。参考表 6-4 选择进样体积，按以下两种方法之一读取进样量，再将定量的试样注射到燃烧管或进样舟内。

a. 体积法。将试样充满注射器至所需刻度，回拉注射器的柱塞，吸入一段空气，使最低液面落至 10% 刻度，记录注射器中溶液体积。进样后，再回拉注射器，使最低液面落至 10% 刻度，记录注射器中液体的体积，两次体积读数之差即为试样的进样体积，也可以用全自动进样器进样。

b. 重量法。按上述体积法用注射器抽取试样至所需体积，称量注射器充装试样前、后的质量，其差值即为注射试样的质量。注射器的质量需要用精密度为 ±0.01mg 的天平称量。

③ 注射标准溶液。用注射器取样后，应快速将试样定量注入仪器中。试样的进样方式有以下两种。

a. 注射器直接进样方式。采用图 6-4（a）进样系统，小心地将注射器针头全部插入燃烧管入口，并将注射器放在进样器上。注射器针头内残留的试样在高温下气化、燃烧从而导致基线发生变化，此基线变化产生的峰即为针头峰。待基线稳定后，立即开始进样分析，当仪器再次恢复到稳定的基线后，拔出注射器。

b. 舟进样方式。采用图 6-4（b）进样系统，慢慢地将注射器内的试样定量地注入放有石英毛的进样舟内，最后一滴试样也要转移到进样舟上。拔出注射器，立即开始进样分析。分析前仪器的基线一直保持平稳，当进样舟接近燃烧炉时，试样气化，基线发生变化。在试样气化、燃烧后，基线又重新稳定，然后将进样舟从炉子内拉回至进样前的位置。进样舟在冷却模块上至少停留 60s，以使其完全冷却，然后再进行下一个试样测试。

（2）建立校准曲线

按照步骤（1）操作方法，测定空白溶液和每个校准用标准溶液，每种溶液分别重复测定三次。每次测定标准溶液的积分响应值都要减去空白溶液的平均积分响应值，最后得到用标准溶液校准的平均积分响应值。以 y 轴为标准溶液的平均积分响应值，x 轴为注入的标准溶液中硫的绝对量（单位为 μg），绘制校准曲线图。曲线应是线性的，仪器使用时每天都要用校准溶液检查系统性能至少一次。

注：①注射浓度为 100mg/L 的标准溶液 10μL，相当于建立一个 1000ng 或 1.0μg 的标准点。

②在不影响精密度和准确度的情况下，可使用其他技术建立标准曲线。

如果仪器具有自动校准功能，按照步骤（1）中的操作方法，分别对每个空白溶液和校准用的标准溶液重复测定三次，取三次结果的平均响应值校准仪器。如果采用不同于表6-4给出的方法建立曲线，则要选择与待测样品浓度最接近的几个浓度建立曲线；进行样品测定时，所用的进样体积也要与建立曲线所用进样体积一致。建立校准曲线是为了计算待测样品的硫含量。

（3）称取试样

按 GB/T 4756 或 GB/T 27867 方法取样。分析前将样品在容器中充分摇匀，对某些含有易挥发性组分的样品，测定前打开装样容器，取出样品后尽快分析，以避免样品暴露或与样品容器接触造成硫的损失和污染。

试样的硫含量应在校正所用标准溶液浓度范围之内，如有必要，可用质量法或体积法进行稀释，以满足范围要求。

（4）测定试样

按照（1）、（2）所述方法，测定试样溶液的响应值。

（5）检查燃烧效果

①检查燃烧管和气体所经流路中的其他部件，以确保试样完全氧化燃烧。

②直接进样系统：如果观察到有积炭生成，应减少试样进样量或降低进样速度，也可以同时采取这两种措施。

③进样舟进样系统：如果发现进样舟上有积炭，应增加进样舟在炉内的停留时间。如果在燃烧管的出口端发现有积炭，应降低进样舟的进样速度或减少试样进样量，也可以同时采取这两种措施。

④清除和再校准：按照仪器说明，清除部件上的积炭。在清除、调节之后，重新安装仪器，并进行漏气检查。再次分析试样前，需重新校准仪器。

（6）计算试样平均响应值

每个试样重复测定三次，并计算出平均响应值。

（7）测定试样密度

按照 GB/T 1884、GB/T 1885、GB/T 29617 或 SH/T 0604 方法测定试样在被检测时室温下的密度。

6. 结果计算

①使用校准曲线进行校正的仪器，试样硫含量 X（mg/kg）按式（6-5）或式（6-6）计算。

$$X = \frac{(I - Y) \times 1000}{S \times M \times K_g} \tag{6-5}$$

$$X = \frac{(I - Y) \times 1000}{S \times V \times K_v} \tag{6-6}$$

式中 I——试样平均积分响应值；

K_g——质量稀释系数，即试样质量与试样加溶剂总质量的比值，g/g；

K_v——体积稀释系数，即试样质量与试样加溶剂总体积的比值，g/mL；

M——注射试样的质量，重量法或通过进样体积和密度计算得出，$V \times D$，mg；

D——试样的密度，g/mL；

S——标准曲线斜率，响应值，μgS；

V——进样体积，体积法或通过质量和密度计算得到，M/D，μL；

Y——空白溶液的平均积分响应值；

1000——转换因子，由 μg/mg 转化为 μg/g 时的系数。

②具有自动校正功能的仪器，试样中硫含量 X（mg/kg）计算公式见式（6-7）和式（6-8）。

$$X = \frac{G \times 1000}{M \times K_g} \tag{6-7}$$

$$X = \frac{G \times 1000}{V \times D} \tag{6-8}$$

式中 K_g——质量稀释系数，即试样质量与试样加溶剂总质量的比值，g/g；

M——注射试样的质量，直接称量或通过进样体积和密度计算得出，$V \times D$，mg；

V——进样体积，体积法或通过质量和密度计算得到，M/D，μL；

D——试样的密度，g/mL；

G——试样中硫的质量，μg；

1000——转换因子，由 μg/mg 转化为 μg/g 时的系数。

7. 精密度

按下述规定判断试验结果的可靠性（95% 置信水平）。

（1）重复性

同一操作者，在同一实验室，使用同一台仪器，对同一试样进行测定所得两个结果之差，不应超过式（6-9）和式（6-10）所得数值。

$$小于400mg/kg，r=0.1788X^{0.75} \qquad （6-9）$$

$$大于400mg/kg，r=0.02902X \qquad （6-10）$$

式中　X——两次试验测定结果的平均值。

（2）再现性

不同操作者，在不同实验室，使用不同仪器，对同一试样进行测定，所得两个单一和独立的结果之差，不应超过式（6-11）和式（6-12）所得数值。

$$小于400mg/kg，r=0.5797X^{0.75} \qquad （6-11）$$

$$大于400mg/kg，r=0.1267X \qquad （6-12）$$

式中　X——两次试验测定结果的平均值。

（3）试验报告

测定结果大于或等于10mg/kg时，报告结果保留至1mg/kg；测定结果小于10mg/kg时，报告结果保留至0.1mg/kg。

8. 注意事项

（1）针头在燃烧炉中停留时间

注射器直接进样时，针头在炉子中的停留时间应与注射样品的时间保持一致。对于直接注射方式，建议等到试样分析完成，仪器基线回到初始位置时，再将针头拔出，否则针头应一直插在炉子中。

（2）进样量

通常对于硫含量较低的试样需要使用较大的进样量。选定进样量后，还需要经常检查样品燃烧情况，观察是否有样品不完全燃烧的现象（有积炭生成），不完全燃烧的产物可能会存在于试样燃烧后所流经的各个地方。通过减缓样品注射速度，增加裂解氧气和入口氧气的流量，或综合考虑几种因素以确保试样燃烧完全。

（3）基线稳定性

测试前，特别是分析硫含量较低的样品前，要保证仪器的基线是稳定的、无噪声的。

9. 思考题

（1）简述使用紫外荧光法测定油品中硫含量的原理。

（2）采用舟进样方式时，进样舟为什么要完全冷却，才能进行下一个试样测试？

项目四　芳烃和轻质油品硫醇硫定性试验（博士试验法）（参照 NB/SH/T 0174—2015）

1. 方法标准相关知识

（1）适用范围

NB/SH/T 0174 规定了用博士试验定性检测硫醇、硫化氢和元素硫的试验方法，适用于烃类溶剂和石油馏分（包括中间产物和产品）。该标准的初步试验还能检测到过氧化物和酚类物质的存在，但过氧化物和酚类物质大于痕量的情况不适用。

（2）方法概要

振荡加有亚铅酸钠溶液的试样，并观察混合溶液，从外观来推断是否存在硫醇、硫化氢、元素硫或过氧化物。再通过添加硫黄粉，振荡并观察最终混合溶液外观的变化来进一步确认是否存在硫醇。

（3）方法应用

本标准是一种以硫醇浓度的检测临界值来确定通过或不通过的试验方法，其中检测临界值因不同待测试样而异。通常作为硫醇定量测定法的一种替代方法。

2. 训练目标

①掌握利用博士试验判断轻质油品中是否含硫醇的原理和方法。

②熟悉博士试验的干扰因素。

3. 仪器与试剂

①仪器

混合量筒：玻璃、具塞，50mL，用于试验过程中混合溶液。

量筒：玻璃，5mL、10mL。

分液漏斗：玻璃、具塞，50mL。

②试剂

a. 硫黄粉：升华、干燥的硫黄粉。贮存在密闭的容器中。

b. 三水合乙酸铅：分析纯，分子式（CH_3COO）$_2$Pb·$3H_2O$。

c. 氢氧化钠：分析纯，白色颗粒或片状。

d. 氯化镉：分析纯，无色结晶或白色粉末。分子式 $CdCl_2$。

e. 盐酸：分析纯。

f. 碘化钾：分析纯。

g. 乙酸：无水、分析纯。

h. 淀粉：分析纯。

4. 准备工作

①亚铅酸钠溶液（博士试剂）：将 25g 三水合乙酸铅溶解在 200mL 蒸馏水中，过滤，并将滤液加入到溶有 60g 氢氧化钠的 100mL 的蒸馏水溶液中，再在沸水浴中加热此混合液 30min±5min，冷却后用蒸馏水稀释至 1L。将此溶液贮存在密闭的容器中。使用前，如不清澈，应立即过滤。

②氯化镉溶液：将 100g 氯化镉溶解于水中，加入 10mL 盐酸；然后稀释到 1000mL。

③碘化钾溶液：100g/L 碘化钾溶液，应每天使用前制备。

④乙酸溶液：100g/L 或 100mL/L 乙酸，应每天使用前制备。

⑤淀粉溶液：新配制，5g/L 淀粉，应每天使用前制备。

5. 实验步骤

（1）初步试验

①酚类物质：如果怀疑被测试样中含有用作氧化抑制剂的酚类物质，可能会干扰试验结果的水相颜色，可用混合量筒取 10mL 试样加入 5mL 质量分数为 10% 的氢氧化钠溶液，剧烈振荡混合烧杯 15s，然后观察其显色情况，如未出现有意义的显色，则按下续（2）步骤继续试验，若出现有意义的显色，则停止试验。

注：任何深于浅黄色的显示都是有意义的显色，如果产生黄色，依据显色情况表 6-5 中第 4 种可能会有修改。

②硫化物和过氧化物：将 10mL 试样和 5mL 亚铅酸钠溶液置于混合量筒，剧烈震荡混合量筒 15s。然后观察混合溶液，按表 6-5 的规定进行判断。

表 6-5　初步试验的判断

具体情况	观察到的现象	推论	按下步骤继续试验
第 1 种	立即生成黑色沉淀	存在硫化氢	进行（3）操作步骤
第 2 种	缓慢生成褐色沉淀	可能存在过氧化物	进行（2）操作步骤
第 3 种	震荡期间溶液变成乳白色，然后颜色变深	存在硫醇和 / 或元素硫	进行（4）操作步骤
第 4 种	无变化或产生黄色	可能存在硫醇	进行（4）操作步骤

（2）过氧化物

重新取 10mL 试样置于混合量筒中，加入 2mL 碘化钾溶液、几滴乙酸溶液和几滴淀粉溶液，剧烈振荡混合量筒 15s，待混合溶液澄清后观察水层颜色。如果水层出现蓝色，证明存在足以使试验结果无效的过氧化物。

（3）硫化氢

如果执行完（1）②（硫化物和过氧化物）步骤后形成黑色沉淀，用分液漏斗重新取 20mL 试样，加入 1mL 氯化镉溶液，并剧烈振荡 15s。待分层稳定后，慢慢倒出 10mL 非水层置于混合量筒中重复（1）②的操作步骤。如果经第一次洗涤后无黑色沉淀，将洗涤后的试样加入亚铅酸钠溶液继续进行（4）步；如果还有黑色沉淀，则取出分液漏斗中的水层，再加入 0.5mL 氯化镉溶液，进行重复洗涤和试验。

（4）硫醇

向按照（1）②或（3）步得到的试样和亚铅酸钠的混合溶液中加入少量硫黄，加入的量不要太多，刚好能覆盖试样和亚铅酸钠混合溶液的界面即可。剧烈振荡混合量筒 15s，静置 60s±5s。观察混合溶液有无褐色或黑色沉淀，如果形成沉淀，则认为存在高于本标准硫醇检测临界值的硫醇。

6、结果表示

①如果按（1）①步骤确定存在干扰物质试验不能继续进行，则报告为"试验无效——存在干扰物质"。

②如果按（2）步骤确定存在过氧化物，则报告为"试验无效——存在过氧化物"。

③如果按（1）②步骤进行试验后，试样和亚铅酸钠溶液混合振荡后立即出现黑色沉淀的，则报告为"阳性（不通过）——存在硫化氢"。如果脱除硫化氢后，按照（4）步的规定加入硫黄后产生黑色或褐色沉淀，则报告为"阳性（不通过）——存在硫化氢和硫醇"。

④如果按（1）②的规定，试样和亚铅酸钠混合溶液振荡后变成乳白色，然后颜色逐渐变深，则报告为"阳性（不通过）——存在硫醇和/或元素硫"。

⑤如果按（1）②的规定，试样和亚铅酸钠混合溶液振荡后变成乳白色，且按（4）步的规定加入硫黄后混合溶液内形成褐色或黑色沉淀，则报告为"阳性（不通过）——存在硫醇"。

⑥如果按（1）②的规定，试样和亚铅酸钠混合溶液振荡后无沉淀、颜色不发生变化或只是变成浅黄色，且按照（4）步的规定加入硫黄后混合溶液不产生沉淀，则报告为"阴性（通过）"；如混合溶液产生沉淀则报告为"阳性（不通过）——存在硫醇"。

7. 注意事项

①配制好的博士试剂必须是清澈透明的，否则必须要过滤处理。

②硫黄粉最好是新鲜纯净、干燥和粉状的。每次试验加入量不宜过多，保证在试样和亚铅酸钠溶液界面上浮有硫黄粉薄层即可。

③如果判断有硫化氢存在，则要重新取样，首先用氯化镉溶液除去硫化氢后再进行试验，必要时反复处理检查，确保硫化氢完全除去。

④二硫化碳含量较高的试样，其硫浓度超过 0.4%（质）时，静置时会使水层的颜色变黑，导致试验不可靠。要经常注意，避免由于硫化氢立即生成黑色的现象混淆对硫醇变色的判断。

8. 思考题

①博士试验结果能够说明油品哪些问题？

②博士试验结果如何表达？

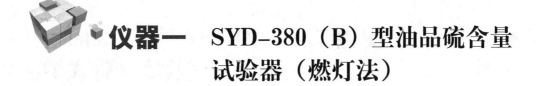

仪器一 SYD-380（B）型油品硫含量试验器（燃灯法）

1. 仪器结构

如图 6-5 所示，该仪器由电磁泵、搅拌泵、控制部件和玻璃仪器等部件组成。可根据需要进行五组为一套的硫含量测定。

2. 使用方法

①仔细阅读 GB/T 380《石油产品硫含量测定法（燃灯法）》，了解并熟悉标准所阐述的准备工作、试验步骤和试验要求。

②按 GB/T 380 标准所规定的要求，准备好试验用的各种试验器具、材料等。检查本仪器的工作状态，应符合规定的工作环境和工作条件。

③将所有玻璃仪器按如图 6-5 所示的结构安装在立板的弹性夹持卡簧和固定座中，根据试验方法要求燃灯离烟导口有8mm 的距离，逐个调节吸引器位置。

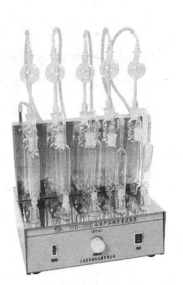

图 6-5 燃灯法仪器结构

④将调配好的试剂及玻璃球装入吸引器中，打开电源，转动泵量调节旋钮，这时逐个调节液滴收集回上部的螺旋调节器，使每个吸引器中吸引力大致相等为止（应反复调试）。

⑤按试验方法进行燃灯试验，试验后滴定前，一方面将滴定管装入蝶形夹持器中，另一方面将搅拌泵打开，搅拌管插入需要滴定的吸引器中进行搅拌。

⑥试验结束后关闭所有开关，切断电源。

3. 注意事项

①仪器应放置在平整的工作台上，无激烈对流空气、无影响测试结果的气体介质，有良好的光照。

②本仪器玻璃器皿较多，特别是 U 型吸收器，使用时应拿长的一端上口，将吸收器装入固定座后用力插入卡簧，不要捏短的一端用力，否则连接处小管易碎。

③使用时泵量尽可能开小，以免产生较大振动。

④多管进行试验时可以编号，可避免差错。

⑤当不需多管同时试验时，应将不用部分乳胶管扎紧。

仪器二　SYD-387 型深色油品硫含量试验器（管式炉法）

1. 仪器结构

管式炉试验仪器主要由管式炉、炉温控制仪、空气流流量指示装置、计时装置等部分组成，如图 6-6 所示。它具有炉温设定、检测时间设定和到时报警功能；设有炉体移动装置，其移动速度可控制；还设有燃烧用供气装置和外接气源接口，使用更为方便。仪器控制面板结构如图 6-7 所示。主要技术指标如下：

加热炉型式与数量：水平型并列双管管式电阻炉。

电阻炉炉膛直径：ϕ22mm。

电阻炉加热功率：1400W×2。

电阻炉最高使用温度：950℃。

电阻炉移动距离：不小于 135mm。

供气流量：不小于 150L/h。

时间设定最大值：99min 60s（100min）。

2. 使用方法

①仔细阅读 GB/T 387《深色石油产品硫含量测定法（管式炉法）》，了解并熟悉标准所阐述的准备工作、试验步骤和试验要求。按上述标准所规定的要求，准备好试验用的各种试验器具、材料等。

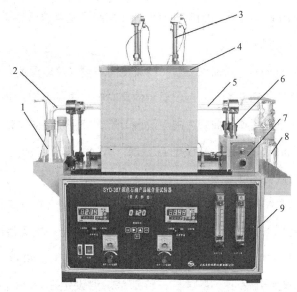

图 6-6　SYD-387 型深色石油产品硫含量试验器（管式炉）

1—接收瓶；2—石英弯管；3—传感器；4—管式炉体；5—石英管；
6—石英管架；7—炉体移动控制板；8—洗气瓶；9—控制面板

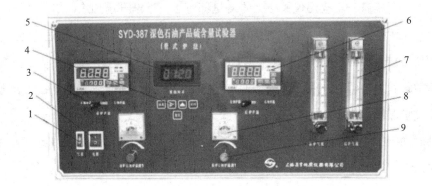

图 6-7　控制面板图

1—气泵开关；2—加热炉电源开关；3—按钮开关；4—试样燃烧时间操作按键；
5—加热时间显示器；6—控温仪；7—流量计；8—电流表；9—电流调节旋钮

②仪器应安放在平整、稳固的试验台上，工作环境中不应有较大的空气流动。检查本仪器的工作状态，应符合说明书所规定的工作环境和工作条件。按图 6-6 所示把试验用的传感器（仪器出厂时已装有传感器，如传感器损坏，才需更换安装）、石英管、洗气瓶、三角瓶、石英弯管等安装好。检查本仪器的外壳，必须处于良好的接地状态。接入仪器的电源线应有良好的接地端。

③本仪器左侧设有电源总开关，外电源通过仪器电源线与仪器后面的电源引入插座接通后，打开电源总开关仪器即通电。面板上的电源开关为前后炉的电源开关，气泵开关为供气气源开关。并列两管式炉分前炉和后炉，近仪器正面为前炉，反之为后炉。前炉和后炉均设左、

右两侧加热段，右侧加热段炉温用控制电流大小进行控制，左侧炉温由控温仪控制。二芯传感器测右侧炉温，反之为左侧。

④打开面板上的电源开关，温控仪上显示的温度为左侧加热段温度，用控温仪设定左侧加热段的试验温度值。按下按钮开关，温控仪显示的是右侧加热段温度，此时可观察加热炉右侧段的温度。右侧加热段温度用调节面板上的电流调节旋钮控制加热炉电流大小的方法进行，电流的大小在面板上的电流表中显示（建议电流从 1A、1.5A……逐步加大），并随时注意温度值应稍低于左侧所设定的试验温度范围。

注意：按下按钮开关观察右侧炉温时，不能停留太久，否则炉温会不断升高，易损坏仪器。

⑤为保证和提高电阻炉加热丝的使用寿命，电阻炉的炉温一定要循序渐进，从低温到高温逐渐升高，建议依次按如下顺序进行设定加热：300℃、600℃、800℃、900℃、950℃，且应在炉温稳定后才能设定升高下一温度值，特别是炉温设定在 800℃的温度时一定要稳定 20~30min 后再设定到 900℃或 950℃。

本仪器出厂时已参照上述温度段加热顺序设置，一般情况可不必另行设定温度加热段，打开电源开关后只需按一下控温仪面板上的◄键即可进行逐渐升温加热，如需另行设定，其方法可参照随说明书附带的《XMT–P 智能可编程控制仪》的操作流程和说明进行操作。

⑥本仪器加热炉设置两加热段是根据 GB/T 387—7.2 条中的"在燃烧完毕后，将装有瓷舟的石英管放在管式电阻炉中最红的部分再焙烧 15min"的规定而设的，因此右侧炉温一般要调节得比左侧炉温低些。

⑦计时功能的使用：计时功能是供计算试样在炉内燃烧（停留）时间使用，本仪器计时采用倒计时法。其使用方法如下：

按一下仪器控制面板上试样燃烧时间操作键的设定键，再按移位键►移至需要设定的数位后，按加键▲修改本数位的参数，以此方法修改其他数位的参数，各数位参数设定好后再按设定键，加热时间显示器上所显示的为设定的加热时间，时间设定即完毕，按计时键即可进行倒计时。当倒计时时间至 0 时发出报警，设定的计时结束，按一下复位键回到原位，此时可重复前次设定的时间倒计时或另行设定时间参数。

⑧本仪器内部设有供试验用的气源装置，用气时打开气源（供气）开关即有气供给。如内部供气装置损坏可用外接气源接口（接口置于仪器后面，打开后门盖将外接气源界面上的阀开关手柄转至开启状态），接上外来气源仍可正常工作。

⑨本仪器的炉体移动采用电动控制，仪器炉体的右侧有控制炉体移动的操作开关。炉体的移动速度由速度控制旋钮控制。移动方向由方向控制钮控制，方向控制钮处于左侧或右侧时炉体向左或向右移动，处于中间位置时，炉体停止移动。当炉体到达（或处于）左侧或右侧的极

限位置时，应及时将方向控制钮拨至中间位置。

⑩仪器使用炉体加热前，炉体应处于左侧，在此位置把石英管、净化装置、接收器等安装好后将炉体设定好温度值开始加热。当炉温加热到所需的试验温度并稳定后，将炉体向右移至所需位置燃烧至设定的时间（30~40min，时间可预设置，到时自动报警）后，再向右移至炉中最红（热）的位置再焙烧15min（时间可预设置，到时自动报警）。试验结束后将炉体移至左侧停放。

试验结束后，应及时关闭总电源开关并切断外电源。注意：关闭和切断电源后，加热炉的外壳还有很高的温度，用户应十分谨慎，防止烫伤！

3. 注意事项

①炉体通电加热前和试验结束后，左、右两侧加热段的温度均应调至处于300℃以下，以免突然通电升温损坏仪器。

②控温仪出厂前已设定好专用的PID工作程序，请不要随意调整。

③仪器应安放在干燥、清洁、无腐蚀性气体的环境中。

④石英管、接收瓶等玻璃器件应轻取轻放，以免损坏。

⑤试验结束后在较长时间不用时，应清理试验时遗留的物品并将仪器擦拭干净。

仪器试验时温度较高，使用时务必注意安全，谨防烫伤。

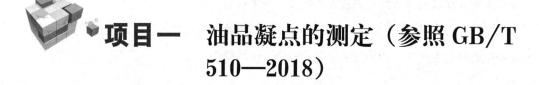

实训 七 油品凝点、冷滤点、浊点和结晶点的测定

项目一 油品凝点的测定（参照 GB/T 510—2018）

1. 方法标准相关知识

（1）方法适用范围

GB/T 510 适用于液体燃料（如柴油、生物柴油调和燃料）及润滑油等石油产品凝点的测定，使用自动微量凝点测定仪时仅适用于不含添加剂柴油馏分样品的测定。

原油的凝点测定按照 SY/T 0541 执行，其测定仪器和 GB/T 510 基本一致，测定过程中条件控制略有不同，两者最明显的不同是，在试样温度下降接近预期凝点时，需要倾斜试管观察液面移动的情况。如果液面出现移动，原油试样可以放入冷浴继续降温后再观察；而润滑油等油品则需要对试样重新加热至 50℃后再降温观察，这样测定所需时间会更长。

（2）方法概要

将装在规定试管中的试样冷却到预期温度时，倾斜试管 45 度静置 1min，观察液面是否移动，以液面不移动时的最高温度作为试样的凝点。

（3）术语和概念

凝点：试样在规定的条件下冷却到液面停止移动时的最高温度，以℃表示。

倾点：在规定的条件下被冷却的试样能流动的最低温度，以℃表示。相同油品的倾点比凝点高 3~5℃。

黏温凝固：含蜡少或不含蜡的油品，在温度降低时，黏度迅速增大，当黏度增大到一定程度时，就会变成无定形的黏稠玻璃状物质而失去流动性，这种现象称为黏温凝固。凝固温度的高低，取决于油品的化学组成。

结构凝固：对含蜡较多的油品，温度降低时，蜡会逐渐结晶出来，当析出的蜡增多至形成网状骨架时，就会将液态的油包在骨架中，限制了油的流动，使其失去流动性，这种现象称为结构凝固。油品中高熔点的烃类越多，越容易凝固。

（4）油品低温相关指标测定部分标准

GB/T 6986—2014《石油产品浊点测定法》

GB/T 3535—2006《石油产品倾点测定法》

GB/T 510—2018《石油产品凝点测定法》

GB/T 26985—2018《原油倾点的测定》

NB/SH/T 0248—2019《柴油和民用取暖油冷滤点测定法》

SH/T 0771—2005《石油产品倾点测定法（自动压力脉冲法）》

SY/T 0541—2009《原油凝点测定法》

2. 训练目标

①掌握凝点的测定方法和操作技能（手动凝点法）。

②能够正确控制冷浴温度，学会使用低温温度计。

③熟悉油品低温性能测定仪器的结构，掌握仪器操作方法。

3. 仪器和试剂

（1）仪器

石油产品凝点试验器（符合 GB/T 510 技术要求）。

圆底试管：高度 160mm±10mm，内径 20mm±1mm，在距管底 30mm 的外壁处有一环形标线；圆底玻璃套管：高度 130mm±10mm，内径 40mm±2mm；温度计：符合 GB/T 514 的规定，供测定凝点低于 −35℃石油产品使用，最小分度 1℃；水浴。

（2）试剂及材料

无水乙醇（化学纯），无水硫酸钠（化学纯），无水氯化钙（化学纯），定性滤纸，脱脂棉等。

4. 准备工作

（1）仪器预热，设置冷槽温度

打开仪器电源开关，设置试验冷槽的温度比试样预期凝点低 7~8℃。检查机械制冷装置冷槽中无水乙醇的量，并添加无水乙醇到指定的位置。

（2）试样脱水

无水试样可摇动均匀后立即取样试验，若试样含水量大于产品标准允许范围，必须先行脱水。

对含水多的试样应先静置，取其澄清部分进行脱水。对易流动的试样，脱水时加入新煅烧的粉状硫酸钠或小粒氯化钠，振荡混合试样 10~15min，静置，用干燥的滤纸滤取澄清部分。对黏度大的试样，先预热试样不高于 50℃，再通过食盐层过滤。食盐层的制备是在漏斗中放入金属网或少许棉花，然后再铺上新煅烧的粗食盐结晶。试样含水多时，需要经过 2~3 个漏斗的食盐层过滤。

（3）在干燥清洁的试管中注入试样

使液面至环形刻线处，用软木塞将温度计固定在试管中央，水银球距管底 8~10mm。

（4）预热试样

将装有试样和温度计的试管垂直浸在 50℃±1℃ 的水浴中，直至试样温度达到 50℃±1℃ 为止。

5. 实验步骤

（1）冷却试样

从 50℃±1℃ 水浴中取出试管，擦干外壁，将试管安装在套管中央，垂直固定在支架上，在室温条件下静置，使试样冷却到 35℃±5℃ 为止。然后将试管和套管组件放入已恒温的实验冷槽的铜制套管中。外套管浸入冷却剂的深度不应少于 70mm。

（2）测定试样凝点范围

当试样冷却到预期凝点时，将凝点试管倾斜至与水平成 45 度保持 1min，此时仪器的试样部分仍然要浸入冷却剂中。

然后小心取出仪器，迅速地用工业酒精擦拭套管外壁，垂直放置仪器，透过套管观察试样液面是否有过移动（测定凝点低于 0℃ 试样时，实验前应在套管底部注入 1~2mL 无水乙醇）。

当液面有移动时，从套管中取出试管，重新预热到 50℃±1℃，然后用比前次低 4℃ 或更低的温度重新测定，直至某试验温度能使试样液面停止移动为止。

当液面没有移动时，从套管中取出试管，重新预热到 50℃±1℃，然后用比前次高 4℃ 的温度重新测定，直至某试验温度能使试样液面出现移动为止。

（3）确定试样凝点

找出凝点的温度范围（液面位置从移动到不移动或从不移动到移动的温度范围）之后，采用比移动的温度低 2℃ 或比不移动的温度高 2℃ 的温度，重新进行试验。如此反复试验，直至确定某试验温度能使液面位置静止不动而提高2℃又能使液面移动时，取液面不动的温度作为试样的减点。

（4）检查凝点是否符合规格值

如果需要检查某试样的凝点是否符合规格值，需在比规格值高1℃下进行试验，此时若试样液面能够移动，则认为试样的凝点符合规格值。

6. 数据处理

取重复测定两次结果的算术平均值，作为试样的凝点。手动测定结果精确到1℃，自动测定结果应精确到0.1℃。

7. 精密度

用以下数值来判断测定结果的可靠性（置信水平为95%）。

（1）重复性

同一操作者重复测定两次，结果之差手动测定不应超过2℃，自动测定不应超过1.0℃。

（2）再现性

由不同实验室提出的两个结果之差手动测定不应超过4℃，自动测定不应超过2.4℃。

8. 注意事项

①试验所用的圆底试管和套管应符合有关技术要求。冷阱可采用机械制冷式或半导体制冷式的成型设备。

②冷却速度是影响凝点测定结果的主要因素。因此要控制冷阱的温度比试样的预期凝点低7~8℃。如果冷阱温度过低，会造成试样冷却速度过快，对有些油品会造成凝点的测定结果偏低。因为当试油被迅速冷却时，油品黏度增大，而蜡晶增长较慢，在晶体尚未形成坚固的"石蜡结晶网络"之前，温度已经下降了很多；如冷却速度过慢，有些油品的石蜡晶体迅速形成，阻止油品的流动，造成测定结果偏高。可见冷却速度对不同油品凝点测定结果的影响不同。

③预热试样的目的是将试样中的石蜡晶体完全溶解，破坏原有的石蜡网络结构，使其重新结晶，以保证测定结果的准确性。每观察一次液面后，试样必须重新预热、冷却。

④温度计在试管中的位置要固定，不能活动，以防止影响试样的石蜡结晶网络的形成，造成测定结果的偏低。温度计要插在试管的中央，水银球距离底部8~10mm，使温度计读数准确。

9. 思考题

①测定凝点时如何控制试样的冷却速度？如果冷却速度过快会对结果有什么影响？

②测定凝点时插入的温度计离试管底部的距离为多少？如果插歪或离底部太近，对测定结果会有何影响？

项目二　柴油冷滤点的测定（参照 NB/SH/T 0248—2019）

1. 方法标准相关知识

（1）方法适用范围

NB/SH/T 0248 规定了使用手动仪器和自动仪器测定柴油和民用取暖油冷滤点的方法。

本标准适用于脂肪酸甲酯（FAME）、馏分燃料及合成柴油燃料，包括含有脂肪酸甲酯、流动改进剂或其他添加剂，供柴油发动机和民用取暖装置使用的燃料。

（2）方法概要

试样在规定条件下冷却，通过 2kPa 可控的真空装置，使试样经滤网过滤器吸入吸量管。试样每低于前次温度 1℃，重复此步骤，直到试样中蜡状结晶析出量足够使流动停止或流速降低，记录试样充满吸量管的时间超过 60s 或不能完全返回到试杯时的温度作为试样的冷滤点。

（3）术语和概念

冷滤点：试样在规定条件下冷却，当试样不能流过过滤器或 20mL 试样流过过滤器的时间大于 60s 或试样不能完成流回试杯时的最高温度，以℃表示。

在我国，柴油用凝点来划分其牌号，它决定油品的低温使用性能，决定储运的条件。但是在冬季低温环境下，柴油中出现的蜡晶往往会堵塞柴油机的过滤网，使油品不能正常供应。

实验证明，柴油的冷滤点与柴油最低使用温度有着良好的对应关系，冷滤点比浊点、凝点更具有实用性。因为柴油温度降至浊点时，由于蜡结晶颗粒很小，并不一定引起滤清器堵塞，而在温度降至凝点之前，由于蜡晶颗粒增大，滤清器已经被堵塞了，此时浊点和凝点的指导作用有限。

目前，我国车用柴油标准（GB/T 19147—2016）已经将冷滤点和凝点一起作为低温流动性能指标。

（4）油品冷滤点测定相关标准

NB/SH/T 0248—2019《柴油和民用取暖油冷滤点测定法》

2. 训练目标

①正确理解柴油冷滤点测定标准，理解柴油冷滤点测定意义。

②掌握柴油冷滤点的测定条件和方法，熟悉冷滤点测定影响因素。

3. 仪器和试剂

（1）仪器及材料

石油产品冷滤点试验器：符合 NB/SH/T 0248 技术要求。

试杯：透明玻璃制，平底筒形，内径 31.5mm±0.5mm，壁厚 1.25mm±0.25mm，杯高 120mm±5mm，杯上 45mL 处有一刻线，规格见图 7-1。

套管：黄铜制，平底筒形，防水，可用作空气浴，内径 45mm±0.25mm，外径 48mm±0.25mm，管高 115mm±3mm。

温度计：冷滤点等于或高于 -30℃时，用 -38~50℃的温度计；冷滤点小于 -30℃时，用 -88~20℃温度计。

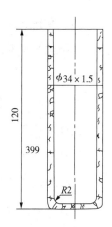

图 7-1　试杯
（单位：mm）

过滤器：各部件均为黄铜制，内有黄铜镶嵌 330 目的不锈钢丝网，用带有外螺纹和支脚的圈环自下端旋入，紧固。

吸量管：玻璃制，20mL 处有一刻线，规格见图 7-2。

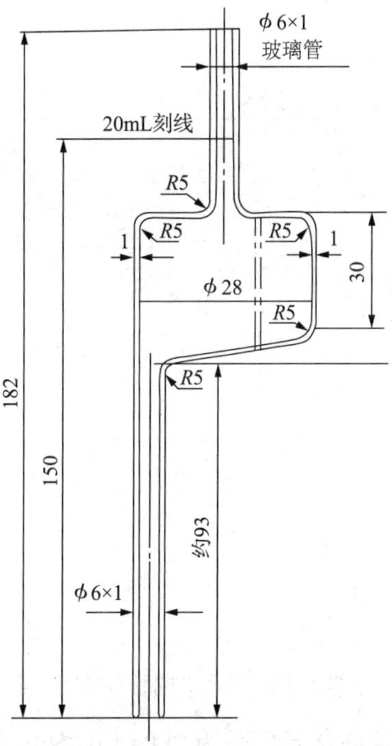

三通阀：玻璃制，分别与吸量管上部、抽空系统和大气相通。

橡胶塞：用以堵塞试杯的上口，塞子上有三个孔，各用来装温度计、吸量管和通大气支管。稳压水槽上的塞子也有三个孔，分别用来连接水流泵、试验系统和大气。

抽真空系统：由 U 形管压差计、稳压水槽和水流泵组成。

冷浴：机械制冷或半导体制冷装置。

其他：聚四氟乙烯隔环和垫圈，秒表，电吹风机，无绒滤纸等。

（2）试剂

正庚烷（AR），丙酮（AR），校正标准物等。

4. 准备工作

（1）试样除杂

试样中如有杂质，必须将试样加热到 15℃以上，用不起毛的滤纸过滤。

图 7-2　冷滤点吸量管
（单位：mm）

（2）试样脱水

试样中如含有水，应加入煅烧并冷却的食盐、硫酸钠或无水氯化钙处理，脱水后才能进行测定。

（3）准备冷浴

按照试样预期冷滤点设定试验冷槽的温度。也可按预期冷滤点，准备不同温度和数目的冷浴：

试样冷滤点高于 –3℃时，冷浴温度为 –17℃ ±1℃；

试样冷滤点为 –19~–4℃时，冷浴温度为 –34℃ ±1℃；

试样冷滤点为 –35~–20℃时，两个冷浴温度分别为 –34℃ ±1℃和 –51℃ ±1℃；

试样冷滤点低于 –35℃时，三个冷浴温度分别为 –34℃ ±1℃、–51℃ ±1℃和 –67℃ ±1℃。

在整个操作过程中，冷浴要搅拌均匀。

5. 实验步骤

（1）安装装置

仪器按照如图 7–3 所示，将装有温度计、吸量管（已预先与过滤器接好）的橡胶塞塞入盛有 45mL 试样的试杯中，使温度计垂直，温度计底部距离试杯底部应保持 1.5mm±0.2mm，过滤器要垂直放于试杯底部，然后置其于热水浴中，使油温达到 30℃ ±5℃。打开套管口的塞子，将准备好的试杯垂直放置于预先冷却到预定温度冷槽的套管内。

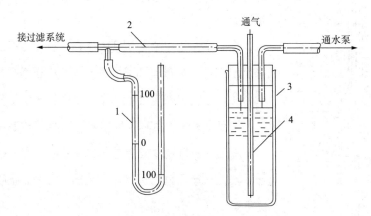

图 7–3　减压系统组装图

1—U 形管压力差计；2—橡皮管；3—稳压水槽；4—导气管

（2）连接抽真空系统

将抽真空系统与吸量管上的三通阀连接好。在进行测定前，不要使吸量管与抽真空系统接通。接通真空源，调节空气流速为 15L/h，U 形管压差计应稳定在指示压差为 2kPa ± 0.05kPa（200mmH$_2$O ± 1mmH$_2$O）。

（3）测定冷滤点

当试样冷却到比预期温度稍高时（一般比冷滤点高 5~6℃），开始第一次测定。转动三通阀，使抽真空系统与吸量管接通，同时用秒表计时。由于真空作用，试样开始通过过滤器，当试样上升到吸量管 20mL 刻线处，关闭三通阀，同时秒表停止计时，转动三通阀，使吸量管与大气相通，试样自然流回试杯。若第一次过滤达到吸量管刻度标记的时间超过 60s，放弃本次试验，在一个稍高温度，重复前面的试验。

（4）确定冷滤点

每降低 1℃，重复测定操作，直至 60s 内吸量管不能吸入 20mL 试样为止。最后一次过滤开始时的温度即为试样冷滤点。

（5）试验仪器洗涤与整理

试验结束时，将试杯从套管中取出，加热熔化，倒出试样，洗涤试验设备。往试杯内倒入 30~40mL 清洗溶剂，用洗耳球由三通阀反复抽吸溶剂油 4~5 次。试验时试验设备内有试样流过的地方都要用清洗溶剂洗到。倒出洗涤过的清洗溶剂，再用干净的清洗溶剂重复洗涤 1 次。最后将试杯、过滤器和吸量管分别用吹风机吹干。

试杯从套管中取出后，套管口要塞上塞子，防止空气中湿气在套管中冷凝成水。夏季操作时空气湿度很大，要严防设备外壁凝聚的水珠沿管壁充流进试样中。

6. 数据处理

取两次重复试验结果的算术平均值，报告为本试验结果。

7. 精密度

用下述规定判断试验结果的可靠性。

（1）重复性

由同一操作者，使用同仪器，在相同条件下，对同一试样进行测定，所得两个连续试验结果之差，不应超过式（7–1）的要求。

$$r=1.2-0.027X_1 \tag{7–1}$$

式中　X_1——用于比较的两个结果的平均值。

（2）再现性

由不同操作者在不同实验室，对同一试样进行测定，所得的两个单一、独立试验结果之差不能超过式（7–2）的要求。

$$R=3.0-0.060X_2 \tag{7–2}$$

式中　X_2——用于比较的两个单一、独立试验结果的平均值。

8. 注意事项

①试验仪器要符合标准技术要求。过滤系统、减压系统要按标准规定组装，测定时要保持 U 形管压差，使之稳定在 2kPa±0.05kPa（200mmH_2O±1mmH_2O）。

②按试样冷滤点的范围，按规定控制好冷槽温度。

③试样中如有杂质会堵塞过滤器，要将试样加热到15℃以上，用不起毛的滤纸过滤，除去杂质。

④转动和关闭三通阀时要平稳，不能使过滤系统振荡，同时启动和停止秒表，保证计时准确。

⑤过滤网的孔径大小直接影响试样过滤的结果，因此，不锈钢滤网经过20次测定后要重新更换，以保证滤网的目数为330（标准滤网的网孔尺寸为45μm）。

9. 思考题

①对加了流动性改进剂的柴油除了测定凝点外，为什么还要测冷滤点？

②如果滤网长期使用而不更换，对测定结果会有何影响？

项目三　轻质油品浊点和结晶点的测定（参照 NB/SH/T 0179—2013）

1. 方法标准相关知识

（1）方法适用范围

NB/SH/T 0179《轻质石油产品浊点和结晶点测定法》规定了轻质石油产品浊点和结晶点的测定方法。标准适用于航空汽油、喷气燃料和柴油等轻质石油产品。

该标准试验步骤包括脱水和未脱水部分，柴油类产品一般采用脱水试验步骤。

（2）方法概要

试样在规定的试验条件下冷却，并定期地进行检查，将试样开始呈现浑浊时的温度作为浊点；将试样中开始出现可见的结晶时的温度作为结晶点。

（3）术语和概念

浊点：规定条件下，清澈的石油产品由于蜡晶体出现而呈雾状或浑浊时的最高温度称为浊点，以℃表示。

结晶点：规定条件下油品冷却时，最初出现蜡结晶时的温度称为结晶点，以℃表示。

冰点：油品记录结晶点后逐步升温，直到烃类结晶完全消失时一瞬间的最低温度称为冰点，以℃表示。同一油品的冰点比结晶点高1~3℃。

浊点、结晶点和冰点是评定航空汽油、喷气燃料和柴油等轻质油品时使用的重要质量指标，我国习惯采用结晶点，欧美一些国家则采用冰点。轻质油品中含有在低温下能结晶的固态烃和溶解水，它们会降低油品耐寒性、破坏油品的均匀性，严重时堵塞供油管路。

在我国新修订的航空汽油和 3 号喷气燃料等产品标准中都用冰点取代结晶点作为低温性能控制指标。浊点主要用来评价灯用煤油的低温性能。结晶点在其他油品低温性能评价中也有应用。

（4）部分相关标准

NB/SH/T 0179—2013《轻质石油产品浊点和结晶点测定法》

GB/T 7533—1993（2004）《有机化工产品结晶点的测定方法》

GB/T 6986—2014《石油产品浊点测定法》

2. 训练目标

①掌握轻质石油产品浊点和结晶点的测定方法。

②理解浊点和结晶点的测定意义，熟悉测定浊点和结晶点的影响因素。

3. 仪器和试剂

（1）仪器

①符合 GB/T 2430 技术要求的冰点试验器。

②或由下列仪器构成（见图 7-4）：双壁玻璃试管；防潮管（防止湿气凝结，也可选用压帽）；搅拌器（直径为 1.6mm 的黄铜棒，下端弯成平滑的三圈螺旋状）或机械搅拌装置；真空保温瓶（不镀银的真空保温瓶，应能够盛放足够量的冷却剂，以使双壁玻璃试管浸入到规定的深度）；温度计（全浸式，温度范围 –80~20℃），符合 GB/T 514 中 GB–31 号或 GB–32 号温度计的规格要求；压帽（在低温试验时，用以防止湿气凝结；压帽紧密地插入软木塞内，用脱脂棉填充黄铜管和搅拌器之间的空间）。

注：全浸式温度计的准确度，按照温度计检定方法进行检定，检定点温度为 0℃、–40℃、–60℃和 –75℃。

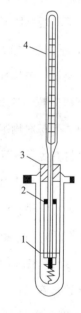

图 7-4　浊点和结晶点测定仪

1—环形标线；2—搅拌器；
3—软木塞；4—温度计

（2）试剂与材料

冷却剂：丙酮（若在蒸发干后不留下残渣，可用 CP）；无水乙醇（CP）；无水异丙醇（CP）；干冰；硫酸钠或氯化钙（CP）。

4. 实验步骤

（1）未脱水试样油点和结晶点的测定

①试样应当保存在严密封闭的瓶子中，在进行测定前，摇荡瓶中的试样，使其混合均匀。

②测定时，准备两支清洁、干燥的双壁试管。

第一支试管是装贮用冷却剂试验的试样。如果试管的支管未经焊闭，需在试管的夹层中注入 0.5~1mL 的无水乙醇。将准备好的试样注入试管内，装到标线处。

第二支试管也用试样装到标线处，作为标准物。

每支试管要用带有温度计和搅拌器的橡胶塞塞上，温度计要位于试管的中心，温度计底部与内管底部距离 15mm。

③在装有低温温度计的容器中，注入工业乙醇，再徐徐加入干冰（若用半导体制冷器时，可调节电流），使温度下降到比试样的预期浊点低 15℃ ±2℃。将装有试样的第一支试管通过盖上的孔口，插入冷却剂容器中。容器中所贮冷却剂的液面，必须比试管中的试样液面高 30~40mm。

④浊点的测定。在进行冷却时，搅拌器要用 60~200r/min（搅拌器下降到管底再提起到液面作为搅拌 1 次）的速度来搅拌试样。使用手摇搅拌器时，连续搅拌的时间至少为 20s，搅拌中断的时间不应超过 15s。

在到达预期的浊点前 5℃时，从冷却剂中取出试管，迅速放在一杯工业乙醇中浸一浸；然后在透光良好的条件下，将这支试管插在试管架上，要与并排的标准物进行比较，观察试样的状态。每次观察所需的时间（从冷却剂中取出试管的一瞬间起，到把试管放回冷却剂中的一瞬间止），不得超过 12s。

如果试样与标准物比较，没有发生异样（或有轻微的色泽变化，但在进一步降低温度时，色泽不再变深，这时应认为尚未达到浊点），则再将试管放入冷却剂中，以后每经 1℃观察 1 次，仍要同标准物进行比较，直至试样开始呈现浑浊为止。

试样开始呈现浑浊时，温度计所示的温度就是浊点。

⑤如果只检查试样的浊点是否符合标准的要求，就按②条和③条的规定，在浊点前 1℃和规定的浊点上进行观察。

⑥结晶点的测定。在测定浊点后，将冷却剂温度下降到比所测试样的结晶点低 15℃ ±2℃，在冷却时也要继续搅拌试样。在到达预期的结晶点前 5℃时，从冷却剂中取出试管，迅速放在一杯工业乙醇中浸一浸，然后观察试样的状态。

如果试样中未呈现晶体，再将试管放入冷却剂中，以后每经 1℃观察 1 次，每次观察所需的时间不应超过 12s。

当燃料中开始呈现为肉眼所能看见的晶体时，温度计所示的温度就是结晶点。

注：在进行第二次测定时，要在同一天从同一只瓶子中取用未经测定的试样。

（2）脱水试样浊点和结晶点的测定

①在试验前，将试样用干燥的滤纸过滤。如果试样中含有水，必须预先脱水。脱水的方法是在试样中加入新煅烧过的粉状硫酸钠，或加入新煅烧过的粒状氯化钙，摇荡 10~15min；试

样澄清后，再经干燥的滤纸过滤。然后按步骤（1）的规定安装试管。

②将装有试样与温度计的试管放入 80~100℃的水浴中，使试样温度达到 50℃ ±1℃。

③在装有低温温度计的冷却剂容器中注入工业乙醇，再加入干冰，使冷却剂的温度下降到比试样的预期浊点低 10℃ ±2℃。容器中冷却剂的液面，必须比试管中的试样液面高 30~40mm。

将装试样的试管从水浴中取出，垂直地固定在支架上，在室温中静置，直至试样冷却至 30~40℃，再将试管插在装有冷却剂的容器中。

④在到达预期的浊点前 3℃时，从冷却剂中取出试管，迅速放在一杯工业乙醇中浸一浸，然后按步骤（1）④条所述观察试样的浑浊状态，记录浊点。结晶点测定同前步骤（1）⑥条。

5. 数据处理

取重复测定两个结果的算术平均值，作为试样的浊点或结晶点。

6. 精密度

①重复性：同一操作者，在同一实验室，使用同一仪器，按照相同的方法，对同一试样进行连续测定得到的两个（浊点或结晶点）试验结果之差不应大于 1℃。

②再现性：不同操作者，在不同实验室，使用不同仪器，按照相同的方法，对同一试样进行测定得到的两个单一、独立（浊点或结晶点）试验结果之差不应大于 3℃。

7. 注意事项

（1）冷槽温度

测定浊点和结晶点前，应将冷槽温度控制在比预期浊点或预期结晶点低 15℃ ±2℃，过高或过低都会影响结晶生成的速度。

（2）浊点和结晶点的判断

浊点的判断应仔细将试样和标准物进行比较，如果有轻微的色泽变化，但继续降温时色泽不再加深，则尚未达到浊点。含少量水的试样在温度降至 –10℃会出现云状物，如果继续降温云状物不增加，则不必考虑该云状物，应该继续降温直至出现肉眼可见的结晶时记录结晶点。结晶出现的温度应低于结晶消失的温度，且这两个温度差不应超过 6℃。

（3）观察时间

每次取出试管观察到放回的时间不得超过 12s，观察速度要快，以免室温对试样的影响。

8. 思考题

①观察试样结晶时速度太慢对测定会有什么影响？

②为什么在测定时要将试管在工业酒精中浸一下？

仪器 SYD-510F 型多功能低温试验器

1. 仪器结构

该仪器由上层工作台、控制面板、仪器箱体三部分组成（图 7-5）。工作台上有四组（4×2）冷槽分别控制不同的温度，冷槽 I（0℃，±0.5℃）；冷槽 II（0℃，-17℃，±0.5℃）；冷槽 III（-17℃，-34℃，±0.5℃）；冷槽 IV（室温~-70℃，±0.5℃）。

图 7-5　SYD-510F1 型多功能低温试验器

1—控制面板；2—上层工作台（含冷槽 I ~ III）；3—冷槽 IV；4—U 型压差计

控制面板如图 7-6 所示。

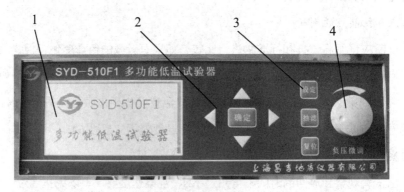

图 7-6　控制面板

1—显示器；2—移位键；3—功能键（设定、抽滤、复位）；4—负压微调旋钮

上层工作台如图 7-7 所示。

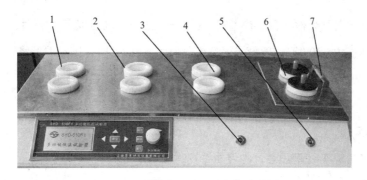

图 7-7　工作台

1、2、4—冷槽Ⅰ、冷槽Ⅱ、冷槽Ⅲ；3—抽滤接口（接仪器所附的抽滤器）；5—抽滤接口（通空气）；6—冷槽Ⅳ（可做倾点）；7—手柄（做凝点试验时作 45° 的翻转）

2. 使用方法

①按所测项目标准所规定的要求，准备好试验用的各种试验器具、材料等。

②打开总电源开关，接通工作电源，按"确定"键后，进入"控制参数设定"界面，如图 7-8 所示。

③按"左"或"右"键进行光标移动，按"上"或"下"键进行参数修改。"ON"表示此冷槽工作状态；"OFF"表示关闭此槽工作状态。如显示温度和实际温度有偏差时修改温度修正值。

控制参数设定			🔲🔲☒
冷槽	状态	设定温度	温度修正
1			
2			
3			
4			

图 7-8　控制参数设定

在参数都设定完成后，按"确定"键，才会保存所设定的参数，仪器开始进入控温工作状态。

④在"控温工作状态"按"设定"键也可进入"控制参数设定"界面进行参数重新设定，设定完成后按"确定"键进入控温工作状态。

⑤在控温工作状态时，按"确定"键可进入 PID 参数修改界面，按"左"或"右"键进行光标移动，按"上"或"下"键进行参数修改（特别注意：正常情况下请不要轻易修改这里面的参数）。

⑥需做冷滤点试验时，在控温工作状态下，按"上"键打开抽气泵，调节面板上的负压微调旋钮进行气压的调节；按"下"键关闭抽气泵。调节好气压大小后按"抽滤"键进行抽滤工作。抽滤 60s 后仪器自动报警。若需关闭报警则按"下"键即可。

⑦若利用冷槽Ⅳ做凝点试验时，握住转动手柄即可将冷槽Ⅳ顺时针转动 45°，仪器自动开始计时，60s 后报警，按"下"键关闭报警。如需复位，只需握住转动手柄逆时针转动 45° 即可实现复位（注：在转动 45° 或复位过程中，必须握住转动手柄以便使冷槽Ⅳ缓慢转动 45° 或复位到原状态）。

⑧若用玻璃管温度计检测各冷槽的实际温度与温控仪的显示值不一致时，则需作修正。例如：仪表仪显示值为 –30.0℃，玻璃温度计检测值为 –29.7℃时，则在温度修正栏中输入"0.3"（若玻璃温度计检测值为 –30.3℃时，则温度修正栏中输入"–0.3"）即可，修正完毕后，按"确定"键退出。

3. 注意事项

①试验时经常观察 U 型压差计的液面并及时加水修正。

②做冷滤点试验时，必须严格按照图 7-9 所示要求正确连接，并在整个试验中使回液瓶处于竖直位置以免试样被吸入抽滤口，损坏内部器件。

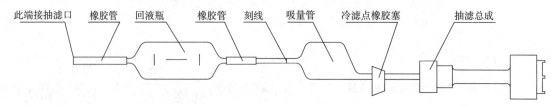

图 7-9　冷滤点试验器连接示意图

③U 型管中加注水的方法：拧下 U 型管外面有机玻璃板上的两个安装螺丝，将有机玻璃板卸下。然后轻轻地将 U 型管上端两端口从连接的橡胶管上取下，加入洁净的清水直到 U 型管两边的水位都在 1.0 的位置。最后，按上述相反的顺序将 U 型管橡胶管套上、有机玻璃板装好。卸下和装上 U 型管时须十分小心，不能过度用力，防止将 U 型管损坏。

实训 八 油品中水含量的测定

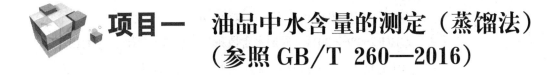

项目一 油品中水含量的测定（蒸馏法）（参照 GB/T 260—2016）

1. 方法标准相关知识

（1）方法适用范围

GB/T 260《石油产品水含量的测定 蒸馏法》适用于石油产品、焦油及其衍生产品，水含量的测定范围不大于25%。

（2）方法概要

将被测试样和与水不相溶的溶剂共同加热回流，溶剂可将试样中的水携带出来，不断冷凝下来的溶剂与水在接收器中分离开，水沉积在带刻度的接收器中，溶剂流回蒸馏器中。

（3）术语和概念

①油品中水分的来源

a. 在加工、运输、储存和使用过程中，由于各种原因混入水分。

b. 油品有一定的吸水性，能够在接触水和大气时溶解和吸收一部分水，特别是芳烃含量较高的油品更容易吸收水分。

②油品中水的存在形式

在燃料油和润滑油中的存在形式：游离状、悬浮状、乳化悬浮状、溶解状。

在润滑脂中的存在形式：结合状、游离状。

③油品中水的危害

各种油品中的水分都会增加对金属的腐蚀，大大促进硫的燃烧产物、酸碱性物质对于汽缸、活塞等引起的酸腐蚀作用，还会加速油品的老化变质；燃料油中水分会影响使用性能，如柴油中水分会降低油品的热值，在冬季还会形成冰粒，堵塞油路；润滑油中水分会降低润滑能力，增加磨损；电器用油中水分会大大降低油品的电气性能。水分也会促使某些油品乳化，发泡，影响使用性能。

水分的测定方法很多，目前国内常用的定量分析方法是蒸馏法、电量法（轻质石油产品、添加剂和含添加剂的润滑油）、卡尔·费休法（微量水分测定）。定性方法有观察透明度和爆声试验等方法。

（4）水分测定部分相关标准

GB/T 260—2016《石油产品水含量测定 蒸馏法》

GB/T 512—65（2004）《润滑脂水分测定法》

GB/T 8929—2006《原油水含量的测定 蒸馏法》

GB/T 26986—2011《原油水含量测定 卡尔·费休电位滴定法》

SH/T 0257—92（2004）《润滑油水分定性试验法》

SH/T 0099.15—2005《乳化沥青水含量测定法 （蒸馏法）》

2. 训练目标

①掌握蒸馏法测定油品中水分含量的操作技能、方法、步骤、注意事项。

②掌握水分含量的计算和表示方法。

3. 仪器和试剂

（1）仪器

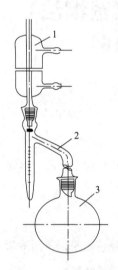

图 8-1 水分测定装置
1—冷凝管；2—水分接收器；3—圆底烧瓶

水分测定器如图 8-1 所示，包括圆底烧瓶（容量为 500mL、1000mL、2000mL）、水分接收器（规格见表 8-1）、直管式冷凝管（推荐使用 400mm）、天平（感量 0.1g）。

表 8-1 接收器的规格要求

项目	要求								
接收器的体积 /mL	2	5	10					25	
刻度范围 /mL	0~2	0~5	0~0.3	>0.3~1	>1~10	0~1	>1~10	0~10	0~1	>1~25
最小分度值 /mL	0.05	0.05	0.03	0.1	0.2	0.1	0.2	0.1	0.1	0.2

项目	要求									
最大刻度误差 /mL	0.025	0.05	0.03	0.05	0.1	0.05	0.1	0.1	0.05	0.1
接收器底部形状	圆形	圆形	精密锥形			标准锥形		圆形	锥形	
接收器刻度部分长度 /mm	85~105	120~140	85~105			120~140		120~140	140~160	

（2）试剂与材料

溶剂（根据试样不同使用不同的抽提溶剂，见表 8-2，溶剂在使用前必须进行脱水和过滤）；无釉瓷片（素瓷片）、沸石或一端封闭的玻璃毛细管（使用前必须经过干燥）；试油（汽油机润滑油或柴油机润滑油均可）。

表 8-2　被测试样与其匹配的抽提溶剂

抽提溶剂种类	被测试样
芳烃溶剂[①] 石油馏分溶剂[②] 石蜡基溶剂[③]	焦油、焦油制品 燃料油、润滑油、石油磺酸盐、乳化油品 润滑脂

注：

①芳烃溶剂可以使用：

a.工业级及以上的二甲苯（混合二甲苯）；

b.混合溶剂：20% 工业甲苯 +80% 工业二甲苯；

c.石油馏分油：密度（20℃）不低于 852kg/m^3，馏程（GB/T 6536）要求 125℃馏出量不超过 5%，160℃馏出量不小于 20%。

②石油馏分溶剂：

馏程（GB/T 6536）要求 5% 馏出温度在 90~100℃之间，且 90% 的馏出温度在 210℃以下，可选用 90~120℃的石油醚或类似的混合溶剂。

③石蜡基溶剂：

a.石油醚，沸点在 100~120℃之间；

b.2，2，4- 三甲基戊烷（异辛烷），纯度 95% 以上。

所选用抽提溶剂应按蒸馏法测定水分，其测定结果应为"无"。

4. 准备工作

（1）烘干仪器

洗净并烘干圆底烧瓶和水分接收器。用棉线绳将一块脱脂棉绑扎住，从冷凝管中间拉过，将直形冷凝管内的水分擦干净。

（2）试样准备

液体试样要在原装容器中混合均匀，必要时加热混匀，如需加热要避免轻组分挥发。对于易碎的固体试样，要完全磨碎并混合均匀。

5. 实验步骤

（1）量取试样

用量筒量取适量（准确至 ±1%）液体试样加入洗净并烘干的圆底烧瓶中，并用 1 份 50mL 或两份 25mL 的抽提溶剂分几次冲洗量筒，并倒入圆底烧瓶中。固体或黏稠的样品可将试样直接称入蒸馏瓶中，并加入 100mL 抽提溶剂。

注：如果试样有产品指标"痕迹"的要求时，建议使用 10mL 精密锥形接收器，试样量为 100g 或 100mL。

（2）安装装置

向蒸馏烧瓶中投放 3~4 片无釉瓷片（素瓷片）或玻璃珠，或使用电磁搅拌。将洗净、干燥的接收器安装在圆底烧瓶上，确保连接处密封良好，在接收器上连接直形冷凝管，并在冷凝管顶部塞入松散的棉花，防止大气中的湿气进入。用胶管连接好冷凝管并通入循环冷却水。

（3）加热回流

用电炉或酒精灯加热圆底烧瓶，调整试样沸腾速度，使冷凝管中冷凝液的馏出速率为 2~9 滴 /s。

（4）剧烈沸腾

继续蒸馏至蒸馏瓶中不再有水，接收器中的水体积在 5min 内保持不变，如果冷凝管上有水珠，小心提高蒸馏速率，或将冷凝水的循环关掉几分钟。

（5）冷却读数

待接收器冷却至室温后，用玻璃棒或聚四氟乙烯棒，将冷凝管或接收器内壁的水分拨移至水层中，读出水体积，精确至刻度值。

6. 数据处理

（1）计算

根据试样的量取方式，计算水在试样中的体积分数 φ（%）或质量分数 w（%）。

$$\varphi = \frac{V_1}{V_0} \times 100\% \qquad (8-1)$$

$$\varphi = \frac{V_1}{m/\rho_{油}} \times 100\% \qquad (8-2)$$

$$w = \frac{V_1 \times \rho_{水}}{m} \qquad (8-3)$$

式中　V_1——接收器中收集水的体积，mL；

　　　V_0——试样的体积，mL；

　　　m——试样的质量，g；

　　　$\rho_{油}$——试样的密度（20℃），g/cm³；

　　　$\rho_{水}$——水的密度，取值为1.00g/cm³。

（2）报告

①取两次测定结果的算术平均值，作为试样水分的含量，以体积分数或质量分数表示。

②对于100mL或100g试样，若使用2mL或5mL的接收器，结果准确到0.05%；若使用10mL或25mL的接收器，结果精确到0.1%。

③使用10mL接收器时，水含量小于（或等于）0.3％时，结果精确到0.03%，水含量大于0.3%时，结果精确到0.1%，水含量小于0.03%时，报告为"痕迹"，在仪器拆卸后，接收器中没有水存在，则报告为"无"。

7. 精密度

①重复性：同一操作者，使用同一仪器，对同一个试样进行测定，所得结果之差不应大于表8-3的要求。

使用10mL精密接收器时，接收水量在0.3mL（含）以下，所测两个结果之差，不应超过接收器的1个刻度。

②再现性：不同的操作者，在不同的实验室，对同一个试样进行测定，所得两个单一、独立的结果之差，不应大于表8-3的要求。

表8-3　精密度

接收的水量/mL	重复性	再现性
0~1.0	0.1	0.2
1.1~25	0.1mL或接收水量平均值的2%，取两者之中的较大者	0.2mL或接收水量平均值的10%，取两者之中的较大者

8. 注意事项

①所用溶剂必须严格脱水，以免因溶剂带水而影响测定结果的准确性。所用仪器必须清洁干燥（需在105~110℃的温度下干燥）。

②测定时，蒸馏瓶中应加入玻璃珠或素瓷片，不能过多，以形成稳定的沸腾中心，使溶剂能更好地将水分携带出来。同时在冷凝管的上端要用干净棉花松散地塞住，防止空气中的水分被冷凝，使测定结果偏高。

③应严格控制蒸馏速度，使从冷凝管的斜口每秒钟滴下2~9滴蒸馏液为宜，加热过快易引起暴沸。

④当试样水分超过 10% 时，可酌情减少试样的称出量，要求蒸出的水分不超过 10 mL。但试样称出量也不能过少，否则会降低试样的代表性，影响测定结果的准确性。

9. 思考题

①测定水分时加入溶剂油的作用是什么？

②测定水分时为什么要注意控制对蒸馏烧瓶的加热速度？

③测出的水分含量如何换算成体积分数含量？

④查看标准，简述查验油品水分试验器精度的方法及回收试样的方法。

项目二 油品中微量水分的测定（卡尔·费休法）（参照 GB/T 11133—2015）

1. 方法标准相关知识

（1）方法适用范围

GB/T 11133《石油产品、润滑油和添加剂中水含量的测定 卡尔·费休库仑滴定法》规定了使用自动电位滴定仪直接测定石油产品和烃类化合物中水含量的方法。直接滴定法测定水含量范围为 10~25000mg/kg。该标准也包含了间接测定样品水含量的方法，即通过加热试样，分离出试样中的水分，并由干燥的惰性气体载入卡尔·费休滴定仪中分析。在该标准的附录 A 则规定了采用卡尔·费休容量法测定石油产品水含量的方法，卡尔·费休容量法测定水含量的范围为 50~1000mg/kg。

（2）方法概要

将一定量的试样加入卡尔·费休库仑仪的滴定池中，滴定池阳极生成的碘与试样中的水按 1 ：1 的比例发生卡尔·费休反应，当滴定池中所有的水反应消耗完后，滴定仪通过检测过量的碘产生的电信号，确定反应终点并终止滴定。依据法拉第定律，滴定出的水的量与过程中电解生成碘的总积分电流呈一定比例关系，据此可以确定水的含量。

在含吡啶、甲醇等有机溶剂中，试样中的水分与卡氏试剂中的碘发生卡尔·费休反应生成硫酸吡啶，硫酸吡啶再进一步与甲醇反应生成甲基硫酸吡啶，反应式如下：

$$I_2 + H_2O + SO_2 + 3C_5H_5N \longrightarrow 2C_5H_5N \cdot HI + C_5H_5N \cdot SO_3$$

$$C_5H_5N \cdot SO_3 + CH_3OH \longrightarrow C_5H_5N \cdot HSO_4CH_3$$

反应的终点利用双铂电极作为指示电极，用按照"死停点"原理设计的终点显示器指示滴定终点，根据消耗的卡氏试剂体积，计算试样的水含量。

（3）术语和概念

卡尔·费休法确定终点的方法：

卡尔·费休滴定终点一般是通过电化学确定。测定时将两支相同的铂电极插入被测溶液中，在两电极间外加一低电压（10~200mV），然后进行滴定，测量加入滴定剂后两电极间电流强度的变化，以电流强度出现突变来确定滴定终点。

如本试验滴定开始时，试剂中碘和试样中的水发生反应后被消耗，溶液中不存在 $I^2/I-$ 可逆电对，在两电极间仅有很小或无电流通过。但当到达终点时，滴入溶液体系中的碘略有过剩，形成的 $I^2/I-$ 可逆电对在两个电极上循环发生电解反应，回路中即有较大电流通过，电流计指针突然偏转，不再恢复，提示滴定终点到达。

（4）卡尔·费休法测定水分部分相关标准

GB/T 11133—2015《石油产品、润滑油和添加剂中水含量的测定 卡尔·费休库仑滴定法》

GB/T 11146—2009《原油水含量测定 卡尔·费休库仑滴定法》

SH/T 0246—92（2004）《轻质石油产品中水含量测定法 （电量法）》

SH/T 0255—92（2004）《添加剂和含添加剂润滑油水分测定法 （电量法）》

2. 训练目标

①能够正确理解卡尔·费休容量法测定微量水分的标准；

②掌握用卡尔·费休法测定油品中水分含量的原理和方法。

3. 仪器和试剂

（1）仪器

石油产品微量水分试验器（卡尔·费休法）：符合 GB/T 11133 的技术要求，包括：终点显示器、电动磁力搅拌器、10mL 自动微量滴定管，每格分度为 0.05mL；褐色玻璃贮液瓶；五颈滴定瓶（容量约 250mL）；双铂指示电极；干燥塔；注射器：2~5mL，带有 5 号不锈钢针头等。

（2）试剂

碘、甲醇、吡啶、三氯甲烷、无水乙醇、二水合酒石酸钠均为分析纯；硫酸为化学纯；二氧化硫：钢瓶装或自制；变色硅胶；3A 或 4A 球型分子筛。

4. 准备工作

（1）试剂的干燥

甲醇、吡啶、三氯甲烷、无水乙醇等试剂在使用前均需按以下方法进行干燥脱水。

将 3A 或 4A 球型分子筛盛于 400mL 瓷坩埚中，置于 480℃ ±20℃ 的高温炉中干燥 4h。分子筛在炉内冷却到 200~300℃，通过一个合适的漏斗，快速将分子筛加到欲干燥试剂内，加入分子筛的厚度约 3cm 为宜，然后将试剂瓶盖盖严，上下翻动数次，静置 24h 后即可使用。

（2）卡氏试剂原液的配制

在清洁、干燥的具磨口塞的 1000mL 三口瓶中，加入 85g±1g 碘，用 270mL±2mL 吡啶溶解，再加入 670mL±2mL 无水乙醇，在低于 4℃ 的冷浴中冷却混合物。然后通过导管向冷浴中的混合物中通入经硫酸干燥的二氧化硫气体，直到混合物体积增加 50mL±1mL 为止。将此混合物摇匀并妥善放置 12h 后即可使用。

（3）卡氏试剂滴定液的配制

用吡啶或无水甲醇稀释卡氏试剂原液，使其对水的滴定度为 2~3mgKOH/mL，此稀释液作为卡氏试剂滴定液来测定试样，并进行标定。

（4）试样溶剂的配制

用三氯甲烷和无水甲醇按 3 : 1 的体积混匀，作为滴定试样时的溶剂。

5. 实验步骤

（1）安装调试仪器

按图 8-2 装配仪器。用清洁、干燥的注射器抽取 80mL±10mL 试样溶剂，注入预先洗净、烘干的滴定瓶中，使液面高于双铂电极的铂丝 5~10mm，开动搅拌器，调整搅拌速度均匀平稳。打开终点显示器开关，不插入电极插头，调节电位器旋钮，选定微安表指针偏转 10~30μA 某一刻度为终点指示位置（滴定过程中不允许转动电位器）。插入电极插头，此时微安表指针应回到零附近，向滴定瓶内加入一定量（约 5~10mg）蒸馏水，搅拌 30s 后，滴入卡氏试剂滴定液，直到使微安表指针偏转至选定终点位置，并保持 30s 内指针稳定不变，此时即可认为达到滴定终点，仪器调试完毕。

（2）卡氏试剂滴定溶液的标定

卡氏试剂滴定溶液，必须每天试验前按下述方法进行标定。

用 50μL 微量进样器吸取一定量的蒸馏水，注入已达终点的滴定瓶内，搅拌 30s 后，滴入卡氏试剂滴定液，使滴定瓶内溶液达到滴定终点，记录卡氏试剂滴定液所消耗的体积，读至 0.01mL。卡氏试剂滴定度（mgH$_2$O/mL）按式（8-4）计算：

$$T = \frac{m_1}{V_1}$$

（8-4）

式中　m_1——注入滴定瓶中水的质量，mg；

　　　V_1——滴定时消耗卡氏试剂滴定液的体积，mL。

（3）测定试样

用干燥的注射器或移液管准确吸取 50.0mL 试样，或用减量法称 30~50g（准确至 0.1mg）试样，将试样注入已达滴定终点的滴定瓶中，搅拌 30s，然后用经标定过的卡氏试剂滴定液滴定至终点，记录消耗卡氏试剂滴定液的体积，读准至 0.01mL。每测定完一个试样，或滴定瓶内溶液总体积达到 200mL 时应及时更换滴定瓶内的液体（严格按照有害物质处置）。

6. 数据处理

（1）计算

试样水含量 X（μL/L 或 mg/kg），按式（8-5）和式（8-6）计算：

$$X = \frac{TV_3}{\rho V_4} \times 10^3 \qquad (8-5)$$

$$X = \frac{TV_3}{m_3} \times 10^3 \qquad (8-6)$$

式中　T——卡氏试剂滴定液的滴定度，mgH_2O/mL；

　　　V_3——试验时消耗卡氏试剂滴定液的体积，mL；

　　　ρ——试样在试验温度下的密度，g/mL；

　　　V_4——试样进样体积，mL；

　　　m_3——试样进样质量，g。

（2）报告

取重复测定两个结果的算术平均值作为试样的水含量。

7. 精密度

按下述规定判断试验结果的可靠性（95% 置信水平）。

（1）重复性

同一操作者重复测定的两个结果之差不应大于下列数值：

水含量 /（mg/L）	重复性 /（mg/L）
50~1000	11

（2）再现性

未规定。

8. 注意事项

①所用仪器必须洁净干燥，电极使用前必须用丙酮、甲醇或其他试剂进行清洗，绝对不能用水清洗。

②配制卡氏试剂时，必须使用经干燥的试剂，最好在通风柜进行。

③卡氏试剂在储存时会吸收空气中的水分，造成滴定度下降，因此每次使用前必须进行标定。

④卡氏试剂和滴定溶液均有腐蚀性和毒性，使用时应避免直接接触皮肤及吸入体内。

⑤滴定装置在安装过程中，玻璃器壁和塞子间的缝隙应适当封严，必要时开口处应接上盛有干燥剂的干燥管，以防止大气中的湿气逸入系统中，造成测定数据不正确。

9. 思考题

①卡氏试剂使用时要注意哪些问题？

②查阅标准，比较在石油产品微量水测定中，卡尔·费休容量法和卡尔·费休库仑法的区别？

仪器 SYD-2122 型石油产品微量水分测定器

1. 仪器结构

仪器如图 8-2 所示。测定器由电器控制箱和玻璃仪器两部分组成。电源分为交、直流两组。交流电源部分是将交流 220V 经变压器降压后形成为 100V、13V、6V 三组交流电源。其中，100V、13V 交流电用于电磁搅拌电机；6V 交流电经整流滤波后变成直流，经稳压后作为测量电路的工作电源，同时，该 6V 交流电也用作指示灯的电源。电磁搅拌器采用 ND—D 交流伺服电动机，启动平稳，外接电位器实现无级调速。测量电路由直流工作电源、检流计、双铂电极、校正测定转换开关、测定调整电位器等组成。

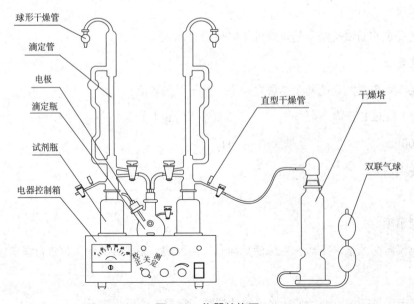

图 8-2　仪器结构图

2. 操作方法

①打开电源开关后，调节搅拌调速旋钮，搅拌子应该旋转，电源指示灯亦应该亮。

②将"校正、测定转换开关"置于校正位置，调节"测定调整旋钮"让检流计偏转某一刻度。

③将双铂电极接到电器控制箱背面的"测定"插座上；"校正、测定转换开关"转换到测定位置；把两根铂电极用金属短路，此时检流计表针应偏转到刚才校正的位置，表明仪器的电路工作正常。

④关闭电源开关，用清洁、干燥的注射器抽取 80mL±10mL 试样溶剂注入预先洗净、烘干的滴定瓶中，使液面高于双铂电极的铂丝 5~10mm。

⑤开启电源开关，调整搅拌速度使之均匀平稳，将"校正、测定转换开关"置于校正位置，调节"测定调整旋钮"，选定微安表指针偏向 10~30μA 间的某一刻度为终点指示位置（注意：滴定过程中不允许再转动该"测定调整旋钮"），然后将"校正、测定转换开关"旋到测定位置，此时微安表指针应回到零点附近。

⑥向滴定瓶内加入一定量蒸馏水，搅拌 30s 后滴入卡氏溶剂滴定液，直到使微安表指针偏转至选定的终点位置，并保持 30s 内指针稳定不变，此时可认为达到终点，仪器调试准备完毕。

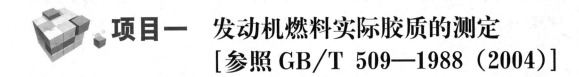

实训 九 油品实际胶质和诱导期的测定

项目一 发动机燃料实际胶质的测定 [参照 GB/T 509—1988（2004）]

1. 方法标准相关知识

（1）方法适用范围

GB/T 509 是测定在试验条件下，燃料蒸发时形成胶质的方法，适用于汽油、煤油和柴油等油品实际胶质的测定。

（2）方法概要

将 25mL 试样在规定的仪器、温度和空气流的条件下蒸发，再把所得的残渣称量，并以 100mL 试样中所含实际胶质毫克数（mg/100mL）表示。

（3）术语和概念

胶质：在规定条件下，石油和石油产品中所有组分蒸发后所剩下的深色残留物。

燃料中的烃类（主要是不饱和烃）在储存、使用过程中经氧化、聚合、缩合所生成的黏稠的、不挥发的胶状物质。

胶质含量多，在发动机进气系统会生成较多的沉积物，易堵塞油路、黏结气门、增加积炭、功率下降，严重时会卡住气门，造成发动机停止工作。

实际胶质：在规定试验条件下，测得的发动机燃料的蒸发残留物，以 mg/100mL 油表示。

实际胶质是油库入库或储存时重点检查的项目。相同油品，试验条件不同，可以得到不同的胶质含量。因此，具体油品的实际胶质和一定的试验条件紧密联系。

（4）实际胶质测定部分相关标准

GB/T 509—1988（2004）《发动机燃料实际胶质测定法》

GB/T 8019—2008《燃料胶质含量的测定　喷射蒸发法》

2. 训练目标

①理解轻质燃料实际胶质的国家标准，理解实际胶质的测定意义。

②掌握实际胶质测定条件和方法，熟悉测定轻质燃料实际胶质的影响因素。

3. 仪器和试剂

（1）仪器

发动机燃料实际胶质试验器：符合 GB/T 509 的技术要求。其中①油浴：结构如图 9-1 所示，椭圆形钢制容器，浴盖上有两个安放胶质烧杯的凹槽和两个插温度计用的小孔。浴内装有铜制的旋管，旋管的一端在盖面旁边通出与空气导管连接，另一端从浴盖中央通出与磨口三通管连接，如图 9-1 所示。油浴带有电加热装置，能将油浴加热到 150℃、180℃、250℃，并能在测定时保持温度恒定。②无嘴高型玻璃烧杯（胶质烧杯）：容量 100mL，外径 47~48mm，高度 85mm±2mm。③量筒（或吸量管）：25mL。④流速计：能测量流速 60mL/min 的具有刻度的空气流速计。经过 300 次测定至少校正一次。⑤空气过滤器：内装棉花和玻璃珠。⑥温度计和接触温度计：0~360℃，可选用符合 GB/T 514 的开口闪点 1 号温度计。⑦分析天平：分度 0.1mg。⑧空气压缩机：要求能够供给测定时所需的空气流速。⑨镀铬坩埚钳。⑩矿物油：开口杯法闪点不低于 310℃。

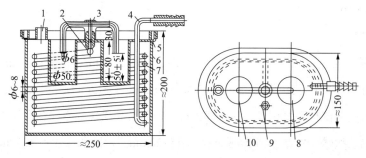

图 9-1　油浴结构示意图

1，9—浴盖上孔；2，4，7—旋管；3—磨口三通管；5—浴盖；6—椭圆形钢制容器；8，10—凹槽

（2）试剂

①苯（或丙酮），化学纯。②乙醇 - 苯混合液，用 95% 乙醇（化学纯）与苯（化学纯）

（1：4）配成。③硫酸钠，化学纯。

4. 准备工作

（1）过滤试样

用滤纸过滤试样。如试样含有明显水迹时，应在试样中加入新煅烧的硫酸钠，摇动10~15min后进行过滤。

（2）加热油浴

用软木塞将温度计插在浴盖上的孔中，温度计水银球距盖面40~50mm。将接触温度计插在浴盖上的另一个孔中。测定汽油胶质时，将油浴预先加热至150℃±3℃；测定煤油时加热到180℃±3℃；测定柴油时加热到250℃±5℃。在整个测定过程中均保持油浴温度不变。

（3）恒重空胶质杯

将胶质烧杯仔细用苯、丙酮（或乙醇－苯混合液）洗涤干净，放入已加热到规定温度、清洁的油浴凹槽中烘干15min，取出放在干燥器中冷却30~40min，然后在分析天平上进行称量，称准至0.0002g。在相同条件下，将胶质烧杯重复干燥、冷却、称量直至恒重，即前后连续两次称量间的差数不超过0.0004g。

（4）连接仪器

在油浴上、旋管导入空气的一端通过空气流速计、空气过滤器与空气压缩机连接起来，并检查开关是否灵活，管线接头是否漏气。

5. 实验步骤

（1）取样

用量筒或移液管量取25mL试样两份，分别注入已恒重的两个胶质烧杯中，将胶质烧杯放在已加热至规定温度的油浴四槽内，然后在油浴中央的旋管一端接上三通管，使导管下端距试样液面30mm±5mm。

（2）通入空气

向胶质烧杯中通入空气，空气流速最初为20L/min±2L/min。在最初8min内（汽油）或20min内（煤油、柴油），空气流速应逐渐增加到55L/min±5L/min，同时注意勿使试样溅出。保持上述空气流速使试样蒸发完毕（油气停止冒出，而且胶质烧杯底和壁呈现干燥的残留物或出现不再减少的油状残留物时），继续通入空气15~20min（汽油和煤油）或30min（柴油）。

（3）称量

将胶质烧杯移入干燥器中冷却30~40min，称准到0.0002g。将胶质烧杯以同样的空气流速再吹15~20min（汽油和煤油），冷却30~40min再称量。测定柴油时，则停止通入空气，在250℃下烘干30min。重复此项操作至每个胶质烧杯恒重为止。每次测定结束后，应立即用苯－

乙醇混合液洗涤胶质烧杯，清除残留物。

6. 数据处理

（1）计算

100mL 试样中所含实际胶质 X（mg）按式（9-1）计算：

$$X = \frac{m_2 - m_1}{25} \times 100 = 4(m_2 - m_1) \tag{9-1}$$

式中　m_1——空胶质烧杯的质量，mg；

　　　m_2——胶质和胶质烧杯的质量，mg；

　　　25——试样的体积，mL。

（2）报告

取重复测定两个结果的算术平均值作为试样的实际胶质含量，用整数表示。实际胶质含量小于 2mg/100mL 时，认为无。

7. 精密度

①汽油和煤油的实际胶质测定中，同一操作者重复测定两个结果的差数，不应超过表 9-1 所规定的数值。

②柴油的实际胶质测定中，同一操作者重复测定两个结果的差数，不应超过表 9-1 所规定的数值。

表 9-1　精密度

汽油和煤油		柴油	
实际胶质 / （mg/100mL）	重复性 / （mg/100mL）	实际胶质 / （mg/100mL）	重复性 / （mg/100mL）
<15	2	≤ 15	2
15~<40	3	> 15	较小结果的 15%
40~<100	较小结果的 8%		
≥ 100	较小结果的 15%		

8. 注意事项

实际胶质测定是一个条件性很强的试验，试验时必须严肃认真、一丝不苟。但由于一些试样（如航空汽油、喷气燃料及新出厂的车用汽油）胶质很少，操作中稍微不慎，误差就会超过允许值，甚至出现负的结果。因此操作中应特别注意以下问题：

①胶质烧杯的油浴槽要仔细洗净，且所有与胶质烧杯接触的仪器（如干燥器、坩埚钳等）都必须清洁。测定前应先用过滤空气（或蒸汽）清洁供气管道，以防空气（或蒸汽）、管道中的灰尘被带入胶质杯中。

②蒸发浴温度在测定过程中应按规定保持恒温。实践证明，测定条件下胶质生成速度随温度升高而增大，故浴温超过规定温度时，结果偏大。浴温过低时，试样无法蒸干，难于恒重，结果也偏大。

③正确控制空气（或蒸汽）流速。空气（或蒸汽）流速大，由于蒸发时间短，且易使试样溅出，使结果偏小；如自始至终空气（或蒸汽）流速都小，则结果偏大。

④测定实际胶质应用玻璃瓶作采样器和试样瓶，而不要采用金属容器，特别是铜质容器。因为金属特别是铜对石油产品胶质生成有催化作用，使测定结果偏大。

⑤迅速、准确进行称量。由于胶质烧杯表面积大，易吸水，特别是胶质更容易吸水，因此称量力求迅速准确，尽量减少在空气中露置时间。整个测定过程中，必须使用同一干燥器（或冷却容器），胶质烧杯的冷却和称量时间应保持一致。为了迅速准确进行称量，通常采用配衡杯法进行称量，由于试样烧杯与配衡杯冷却和称量过程中同时吸收水分，质量互相抵消，从而提高称量的准确性。

⑥测定时所用空气（或蒸汽）流应洁净，无油污状残余物（如润滑油类），否则在测定温度下这类污染物难以蒸发，使测定结果偏大。因此，对空气（或蒸汽）应仔细过滤，防止水分等杂质进入测定器内。

9. 思考题

①实际胶质测定时油浴温度过高对结果有何影响？为什么？

②实际胶质含量是否指测定 100mL 试油中含有胶质的数量？

③测定汽油、煤油、柴油的实际胶质，试验温度是如何规定的？

项目二　汽油氧化安定性的测定（诱导期法）（参照 GB/T 8018—2015）

1. 方法标准相关知识

（1）方法适用范围

GB/T 8018 适用于车用汽油、车用乙醇汽油调和组分油和车用乙醇汽油等在加速氧化条件下的氧化安定性。

（2）方法概要

试样在氧弹中氧化，此氧弹先在 15~25℃ 下充氧至 690~705kPa，然后加热至 98~102℃。

按规定的时间间隔读取压力，或连续记录压力，直至到达转折点。试样到达转折点所需要的时间即为试验温度下的实测诱导期。由此实测诱导期就可以计算 100℃时的诱导期。

转折点：压力 – 时间曲线上的一点，是在这点之前的 15min 以内压力降达到 14kPa，而且在这点之后的 15min 压力降不小于 14kPa，这一点就是转折点。

诱导期：从氧弹放入 100℃浴中至转折点之间所经过的时间，以 min 表示。

（3）术语和概念

汽油的诱导期的测定是在充满压缩氧气并且加热至 100℃的条件下，汽油会加速氧化。在测定条件下，汽油汽化，测定器内压力不断增加，当压力增加到一定值后，会在一段时间内保持稳定，直到因油品发生（生胶）反应消耗氧气，导致测定器内压力连续下降。记录从氧弹测定器放入沸腾的水浴到压力出现明显下降时所经历的时间作为诱导期。

诱导期是评定汽油氧化安定性的指标，是评价汽油在长期储存中氧化及生胶倾向的一个项目。汽油的诱导期越短，则安定性越差，允许储存的时间也越短。

不同的加工工艺生产的汽油，由于其组成不同，诱导期也不同。汽油中含有的不饱和烃越多，诱导期就越短。

（4）氧化安定性测定部分相关标准

GB/T 256—1964（2004）《汽油诱导期测定法》

GB/T 8018—2015《汽油氧化安定性的测定 诱导期法》

GB/T 9169—2010《喷气燃料热氧化安定性的测定 JFTOT 法》

GB/T 12580—1990（2004）《加抑制剂矿物绝缘油氧化安定性测定法》

NB/SH/T 0873—2013《生物柴油及其调合燃料氧化安定性的测定 加速氧化法》

NB/SH/T 0193—2022《润滑油氧化安定性的测定 旋转氧弹法》

SH/T 0175—2004《馏分燃料油氧化安定性测定法 （加速法）》

SH/T 0325—1992（2004）《润滑脂氧化安定性测定法》

2. 训练目标

①正确解读汽油氧化安定性（诱导期法）的国家标准，理解诱导期的测定意义。

②掌握诱导期测定原理和条件，熟悉汽油氧化安定性的表示方法和测定影响因素。

3. 仪器和试剂

（1）仪器

汽油氧化安定性测定器：符合 GB/T 8018 的技术要求。其中氧弹如图 9-2 所示、玻璃样品瓶和盖子如图 9-3 所示，附件、压力表和氧化浴见 GB/T 8018 的附录 A；温度计规格见 GB/T 8018 附录 B；量筒：50mL。

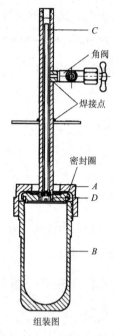

组装图

图 9-2　试验用氧弹组装图

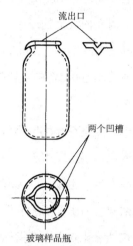

图 9-3　样品瓶和盖

注：样品瓶口部 V 形凹槽，其中
一个必须有足够的凹度作为倾倒口

（2）试剂

甲苯、丙酮均为化学纯。

胶质溶剂：用上述等体积甲苯和丙酮混合。

氧气：纯氧，或纯度≥99.6%。

4. 准备工作

①用胶质溶剂洗净样品瓶中的胶质，再用水充分冲洗，并把样品瓶和盖子浸泡在热的清洗液中。用不锈钢镊子从清洗液中取出样品瓶和盖子，而且以后只能用镊子持取。先用自来水，再用蒸馏水充分洗涤，最后在 100~150℃的烘箱中至少干燥 1h。

注：去垢清洗液可任意选择。衡量去垢清洗液是否满意的标准是和铬酸洗液清洗后的质量相比较（用新配的铬酸洗液浸泡同样使用过的样品瓶和盖子 6h，用蒸馏水清洗并干燥）。可以用目测外观的方法和在试验条件下玻璃器皿的加热重量损失来对两者进行比较。

②倒净氧弹里的汽油，先用一块干净的、被胶质溶剂润湿的布，再用一块清洁的干布把氧弹和盖子的内部擦净，用胶质溶剂洗去填杆和弹柄之间环状空间里的胶质或汽油。有时需从弹柄中取出填杆，并仔细地清洗弹柄和填杆；还要清洗所有连接到氧弹的管线。在每次试验开始前，氧弹和所有连接管线都应进行充分干燥。

5. 实验步骤

①使氧弹和待试验的汽油温度达到 15~25℃，把玻璃样品瓶放入弹内，并加入

50mL±1mL 试样。盖上样品瓶盖，关紧氧弹，并通入氧气直至表压达到 690~705kPa 时止。让氧弹里的气体慢慢放出以冲走弹内原有的空气（注意：要慢慢而匀速地放掉氧弹内的压力，每次释放时间不应少于 2min）。再通入氧气直至表压达 690~705kPa，并观察泄漏情况，对于开始时由于氧气在试样中的溶解作用而可能观察到的迅速的压力降（一般不大于 40kPa）可不予考虑，如果在以后的 10min 内压力降不超过 7kPa，就假定为无泄漏，可进行试验而不必重新升压。

②把装有试样的氧弹放入剧烈沸腾的水浴中或带有机械搅拌的其他液体浴中，应小心避免摇动，并记录浸入水浴的时间作为试验的开始时间。维持水浴的温度在 98~102℃之间。在试验过程中，按时观察温度，读至 0.1℃，并计算其平均温度，取至 0.1℃，作为试验温度。连续记录氧弹内的压力，如果用一个指示压力表，则每隔 15min 或更短的时间记一次压力读数。如果在试验开始的 30min 内，泄漏增加（由 15min 内稳定压力降大大超过 14kPa 来判断），则试验作废。继续试验，直至到达转折点，即先出现 15min 内压力降达到 14kPa，而在这一点之后 15min 内压力降不小于 14kPa 的一点。如果试样产品规格有要求，当试验超过了规定的时间，转折点仍未出现，可以根据需要停止试验。

③记录从氧弹放入水浴直至到达转折点的分钟数作为试验温度下的实测诱导期。

④将氧弹从水浴中取出，在空气中或温度不高于 35℃的水中将其在 30min 内冷却接近室温，然后通过连接氧弹的管线放掉氧弹内的压力，释放速度不超过 345kPa/min。清洗氧弹和样品瓶，为下次试验做好准备。

6. 数据处理

试样 100℃时的诱导期计算方法如下：

当试验温度高于 100℃，则试样 100℃时的诱导期 t（min）按式（9-2）计算：

$$t=t_1\left[1+0.101\left(t_a-100\right)\right] \tag{9-2}$$

当试验温度低于 100℃，则试样 100℃时的诱导期 t（min）按式（9-3）计算：

$$t=\frac{t_1}{1+0.101\left(100-t_b\right)} \tag{9-3}$$

式中 t——试样 100℃时的诱导期，min；

t_1——试验温度下的实测诱导期，min；

t_a——当试验温度高于 100℃时，用 t_a 表示试验温度；

t_b——当试验温度低于 100℃时，用 t_b 表示试验温度；

0.101——常数。

将计算结果保留至整数，报告为试样在100℃的诱导期。

7. 精密度

按下述规定判断试验结果的可靠性（95%置信水平）。

重复性：同一操作者，用同一台仪器，连续试验所得两个结果与其算术平均值之差，不应超过其算术平均值的5%。

冉现性：不同操作者，在不同试验室进行试验，所得两个结果与其算术平均值之差，不应超过其算术平均值的10%。

8. 注意事项

①试验所用的测定器符合标准的要求。氧弹内部及样品瓶和盖子等都要用能溶解胶质的溶剂仔细清洗，并干燥。以免受以前试验时生成的胶质和其他杂质的影响。

②氧弹要按照标准要求用氧气冲洗置换一次，第二次灌入的氧气要达到试验规定的压力。氧弹安装好以后，要保证密封，微小的渗漏对测定结果有较大的影响。

③水浴温度必须维持在98~102℃。如果环境气压过低，则允许往水中加入高沸点的液体，如乙二醇、甘油等。

9. 思考题

①测定前氧弹用氧气置换的目的是什么？

②汽油的诱导期评定什么性能？试比较直馏汽油和热裂化汽油诱导期的长短。

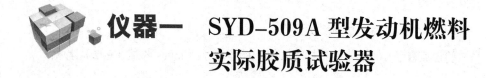

仪器一　SYD-509A型发动机燃料实际胶质试验器

1. 仪器结构

该仪器由油浴、温度控制器、空气供给装置（包括空气压缩机、空气滤清器及流量计）等组成。如图9-4所示。

油浴为夹层圆形钢制容器ϕ196mm，高255mm。油浴盖上装有两个安放烧杯的凹槽及供预热空气用的紫铜盘管，经滤清器将过滤后的空气，由控制箱引出，通入进气导管。经盘管在油浴内预热后，从浴盖中央通出。在油浴盖中央引管上方，接有T形三通，可把空气引向烧杯中央，吹入烧杯，促使试油挥发。在中央空气导管后面，有插温度计和温控仪传感器的插孔。烧杯为无嘴高型烧杯：容量100mL，外径为47~48mm。

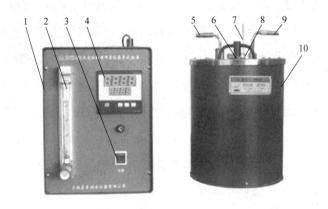

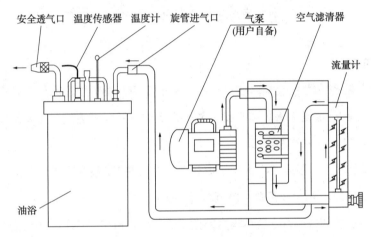

图 9-4　实际胶质测定仪及流程图

1—控制箱；2—空气流量计；3—控制箱电源开关；4—控温仪；5—安全透气口；6—温度传感器；7—玻璃管温度计；8—烧杯放置凹槽；9—旋管进气口；10—油浴

2. 使用方法

①预习 GB 509《发动机燃料实际胶质测定法》，了解并熟悉标准所阐述的准备工作、试验步骤和试验要求。按 GB 509 标准所规定的要求，准备好试验用的各种试验器具、材料等。

②向油浴注入 4300mL 矿物油，用软木塞将温度计插在浴盖上的孔口中，使水银球距离盖面 40~50mm。

③开启仪器电源，并将控温仪设定至所需温度（以水银温度计读数为准）。测定汽油的实际胶质含量时，预先将浴中矿物油加热到 150℃ ±3℃，测定煤油时加热到 180℃ ±3℃，测定柴油时加热到 250℃ ±3℃。

④用量筒取 25mL 试样两份，分别注入烧杯中，然后将烧杯放在已加热至规定温度的凹槽内。此后，在浴盖中央的旋管一端安放三通管，要求导气管下端距离试样液面 30mm ±5mm。

⑤向两个烧杯通入空气时，流量计指示的最初速度应为 20L/min ± 2L/min。试验汽油时的最初 8min 内或试验煤油、柴油时的最初 20min 内，都要求供给空气的速度逐渐增到 55L/min ± 5L/min，同时注意勿使试样溅出。上述的供气速度应保持到使试样蒸发完毕。

⑥当油气停止冒出而且烧杯底和烧杯壁呈现干燥的残留物或出现不再减小的油状残留物时，即认为蒸发完毕。蒸发完毕后，继续通入空气 15~20min（汽油及煤油）或 30min（柴油），然后将烧杯取出，放在干燥器中冷却 30~40min 后进行称量，称准至 0.0002g。称重后将烧杯重新放在油浴凹槽内，用与上述相同的空气速度和规定温度，再通入空气 15~20min（柴油）。此后，将烧杯再放在干燥器中冷却 30~40min（柴油）。随后，将烧杯再放在干燥器中冷却 30~40min 后进行称量。如此重复处理带有胶质的烧杯，直至连续称量间的差数不超过 0.0004g 为止。

3. 温控仪的操作

本仪器所装温控仪为智能型，按功能键 "SET"，此时 SV 显示窗数字闪烁，根据试验项目，按移位键（◀）、加键（▲）和减键（▼）设定油浴所需的温度值（如测定汽油，则设定值为 150℃），再按 "SET" 键退出。

当 PV 窗显示温度与温度计水银指示值有差异时可将 PV 窗显示值修正到与水银指示值一致。按 "SET" 键 5s，进入 B 菜单，PV 窗显示 RL1，再按 "SET" 键，当 PV 窗显示出 "SC" 时即可通过移位、加和减键输入显示与水银指示的差值，再按 "SET" 键 5s 退出，修正结束。

4. 注意事项

①本仪器为高温仪器，使用时应特别注意安全，防止烫伤。

②使用本仪器时，油浴中注入的矿物油应严格控制在 4300mL，防止加热后溢出。

③每次操作后，应立即用乙醇 – 苯混合液洗涤烧杯，以清除杯内的残留物。

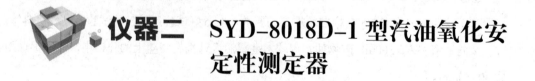

仪器二　SYD-8018D-1 型汽油氧化安定性测定器

1. 仪器结构

SYD-8018D-1 汽油氧化安定性测定器（诱导期法）是测定汽油在加速氧化条件下的氧化安定性的专用设备。如图 9-5 所示，仪器由内置工控机、温度压力控制检测系统、金属浴控制系统、气体充放氧回路、测试氧弹（图 9-6）等部分构成。

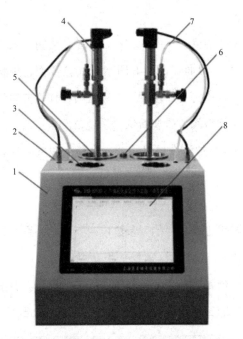

图 9-5 SYD-8018D-1 汽油氧化安定性测定器

1—电气控制箱；2—加热炉体；3—氧弹定位孔；
4—氧弹组件；5—试验恒温浴；6—温度计插孔；
7—导线和管路：黑色的为氧弹组件压力传感器连
接导线，透明的为从电气控制箱引出的氧弹组件
充气管路；8—显示屏

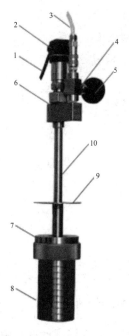

图 9-6 氧弹组件

1—压力传感器连接导线；2—压力传感器；3—气
管快速接插头和软管；4—针阀；5—四通连接器；
6—泄压阀；7—氧弹盖；8—氧弹筒；9—氧弹弹
筒上挡板；10—氧弹支架

2. 仪器操作说明

①开机界面介绍：

接通电源开关，系统开机并自动打开试验软件，系统进入主界面，如图 9-7 所示。

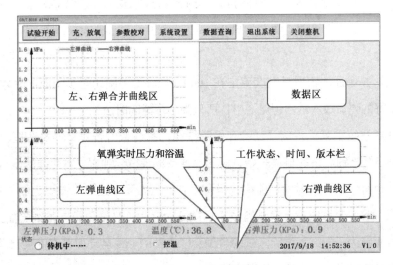

图 9-7 系统主界面

图 9-8　冲、放氧操作界面

②充、放氧：

点击图 9-7 系统主菜单栏的"充、放氧"按钮，系统弹出充放氧对话框，界面如图 9-8 所示。在该界面，按标准要求的充氧过程及压力，点击相应按钮进行操作。充氧结束后，一定要先关闭针阀，再切断供氧系统，反复点击"充氧""放氧"按钮以释放系统内管路残压，最后拔掉两只弹上的充放氧管。

③参数校对：

点击图 9-7 系统主菜单栏的"参数校对"按钮，系统弹出参数校对框，如图 9-9 所示。

此时可以对系统温度及 2 个弹的压力值进行校正。调整图 9-9 文本框下面的左右箭头即可进行相关参数的校正。

a. 温度校准。在温度计插孔中插入可用作校准的标准温度计。点击图 9-7 中底部"工作状态、时间、版本栏"的"控温"键，在该键左侧的小方框中出现"√"的符号，同时在触摸屏左下方的黑框上的加热指示灯亮，点击加热选择框按钮，系统开始加热，并控制温度稳定在（100±0.1）℃。待系统稳定 90min 后，

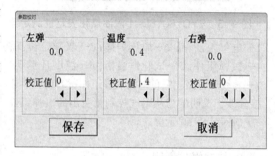

图 9-9　参数校对操作界面

读取玻璃温度计的温度数。调整温度校正值，使屏幕显示的温度等于玻璃温度计读数即可。

b. 压力校准。将 2 个氧弹上的针阀打开，两弹的压力显示应该为 0kPa。如果不是 0kPa，可调整相应氧弹的压力校正值，使之为 0kPa。

④启动试验：

首先要确认并保证，金属浴温度稳定在 100℃ ±0.1℃范围内至少 10min 后才可以启动测试。先将准备好的弹体放入试验恒温浴中，两只弹尽可能同时放入。

点击图 9-7 系统主菜单栏的"试验开始"按钮，系统弹出新建文件对话框，输入相应名称，点击"确定"按钮，试验自动开始，仪器会自动记录每分钟左、右两弹的压力值，屏幕上有数值显示，也有"压力—时间"曲线。当两个弹的压力降都达到标准规定的"转折点"时，系统自动结束试验。若系统设定有试验结束后的延时时间（当需要更完整试验曲线时用），系统会在延时时间到达后再结束试验。试验数据会以文件的形式自动保存在安装目录下的 DATA 文件夹内，可以随时查看、分析、打印或导出。

⑤退出系统 / 关闭整机：

点击图 9-7 系统主菜单栏的"退出系统"按钮，系统会关闭试验软件。点击"关闭整机"按钮，系统会先退出试验软件然后关机。屏幕无显示后，用户应手动关闭主机电源开关。

3. 测试前的准备

①预习 GB/T 8018《汽油氧化安定性的测定 诱导期法》，了解并熟悉标准所阐述的准备工作、试验步骤和试验要求。按上述标准所规定的要求，准备好试验用的各种试验器具、材料等。

②检查本仪器的工作状态，应符合说明书所规定的工作环境和工作条件，放置于通风处，使用检查本仪器的外壳，必须处于良好的接地状态。

4. 开始测试

①开机。

②氧弹试漏。

检查弹盖上的 O 形密封圈，要保证其平滑无裂痕且洁净，盖上弹盖并拧紧（放在如图 9-5 所示的氧弹定位孔里用手拧紧）。给两个氧弹充氧至压力在 700~800kPa，观察界面上显示的 2 个压力值。通常起始时，2 个压力都会有些许的下降，但在 15~20min 之内会趋于稳定，压力几乎不变。此时可以认为系统不漏。如果 20min 后两弹仍有一致的压力小幅升降，则被认为是温度影响，也可认为系统不漏，否则请检查针阀或弹盖是否有漏气。

③试样准备。

按 GB/T 8018 标准规定的要求，先将 50mL±1mL 试样倒入玻璃样品瓶中，然后将瓶子轻轻滑入弹里，再盖上试瓶盖，最后盖上弹盖并拧紧。

④充氧。

按标准要求先用氧气对氧弹吹扫一次，再充氧至标准规定的压力 690~705kPa，其中可用"微充"和"微放"按钮进行压力微调；也可直接使用"自动充氧、放氧"功能。当氧弹内压力满足要求时，要尽快同时关闭两个氧弹上的针阀。充氧结束后，要先关闭气源，然后打开充、放氧界面，点击"放氧"—"停止"—"充氧"—"停止"，如此反复多次，直到没有排气声才可以拔下管路。

⑤启动试验。

点击"试验开始"按钮，即可启动试验。

⑥试验结束。

试验会自动结束，之后界面上会有相应操作提示，按提示操作即可，也可手动结束试验，只需点按"停止试验"按钮即可。

5. 注意事项

①为保证操作安全，本仪器外壳应有良好的接地线。

②每次试验，充氧前应先对压力传感器进行校零操作。

③按 GB/T 8018 标准规定的要求，清洗玻璃盛样器及氧弹。

④充氧前请务必确认输入压力的大小，即减压阀输出压力的大小，应调整在 700~800kPa 左右，若超过 1.6MPa 会导致压力传感器漂移从而影响试验结果，当压力超过 1.5MPa 时系统会启动保护程序。

⑤在开关手控针阀时，不要用力过大，否则会损坏针阀。在试漏时最好反复拧紧松开几次了解针阀的手感。只要针阀不漏气即可，这样可以延长针阀的寿命。

⑥试验结束后，一定要等到弹体冷却到室温后再到室外放空弹内气体。

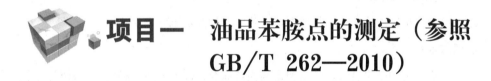

实训十　油品苯胺点、碘值的测定

项目一　油品苯胺点的测定（参照 GB/T 262—2010）

1. 方法标准相关知识

（1）方法适用范围

GB/T 262 规定了石油产品和烃类溶剂苯胺点的测定方法，以及当样品苯胺点低于苯胺 – 试样混合物中苯胺结晶温度时，上述产品的混合苯胺点的测定方法。

该国标中介绍的测定方法有三种：

方法一适用于测定初馏点高于室温且苯胺点低于苯胺 – 试样混合物的泡点，而高于其凝点的透明样品；

方法二适用于用自动仪器测定所适用的样品以及方法，无法测定的颜色极深的样品；

方法三适用于测定在苯胺点温度时会明显挥发的样品，如航空汽油。

将规定体积的苯胺与试样或苯胺与试样加正庚烷置于试管中，搅拌混合物。以控制的速度加热混合物，直到混合物中的两相完全混溶。然后按控制的速度将混合物冷却，记录混合物两相分离时的温度，作为试样的苯胺点或混合苯胺点。

（2）术语和概念

苯胺点：等体积苯胺与待测样品混合物的最低平衡溶解温度，以"℃"表示。

混合苯胺点：两体积苯胺、一体积待测样品和一体积正庚烷的混合物的最低平衡溶解温度，以"℃"表示。

泡点：在标准条件下、加热时混合物中刚开始出现气泡时的温度，以"℃"表示。

石油产品是各种烃类的混合物，各种烃在极性溶剂中有不同的溶解度。烃类在溶剂中的溶解度取决于烃类和溶剂的分子结构，根据"相似相溶"原理，结构越相似，溶解度越大。升高温度能够增加烃类在苯胺中的溶解度。

芳烃的苯胺点最低，烷烃的苯胺点最高，环烷烃和烯烃的苯胺点处于芳烃和烷烃之间。同系物中苯胺点随烃类相对分子质量的增加而增加。

苯胺点（或混合苯胺点）对表征纯烃特性和烃类混合物的特性具有辅助作用。虽然苯胺点可与烃类的其他物理性质相结合用于相关方法中进行烃类分析，但苯胺点最常用于对烃类混合物中的芳烃含量进行估测。

（3）苯胺点测定标准

GB/T 262—2010《石油产品和烃类溶剂苯胺点和混合苯胺点测定法》

2. 训练目标

①正确解读苯胺点和混合苯胺点测定的国家标准，理解苯胺点和混合苯胺点的测定意义。

②掌握油品苯胺点测定的条件和方法，熟悉苯胺点试验器的结构和测定影响因素。

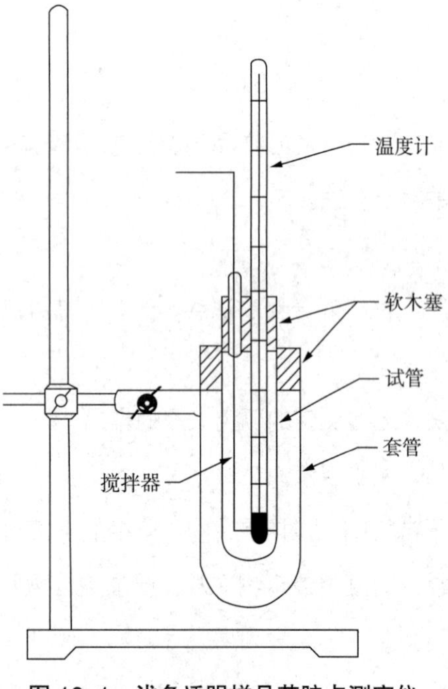

3. 仪器和试剂

（1）仪器

①浅色透明样品苯胺点测定仪如图 10-1 所示。应包括以下组件：

试管：直径 25mm±1mm，长 150mm±3mm，由耐热玻璃制成。

套管：直径 40mm±2mm，长 170mm±3mm，由耐热玻璃制成。

搅拌器：由软铁丝制成，直径约 2mm，在底部有一直径约为 19mm 的同心圆环，搅拌器底部到其顶部直角弯曲部分的长度约 200mm，搅拌器的直角弯曲部分长度约 55mm，可使用一个长约 65mm、内径为

图 10-1　浅色透明样品苯胺点测定仪

温度计
软木塞
试管
套管
搅拌器

3mm 的玻璃套管作为搅拌器的导向管。可手动或机械操作搅拌器。

加热浴和冷却浴：包括合适的空气浴，非水、不挥发的透明液体浴，或红外灯（250~370W），加热浴应装备加热控制装置。由于苯胺易吸水，受潮的苯胺会得到错误的试验结果，因此不能用水作为加热浴或冷却浴的介质。

②挥发性样品苯胺点测定仪如图 10-2 所示。包括下述组件。

试管：由耐热玻璃制成，形状和尺寸如图 10-2 所示，内装一个薄壁、底端密封的玻璃温度计管。此管配有一个紧密的、插温度计的塞子（由软木塞或其他合适材料制成）。将温度计感温泡放在管底的软木圈或圆盘片上。管内盛有足够量的浅色变压器油以覆盖温度计感温泡。温度计管用一个紧密的塞子固定在试管的顶部，并用夹子将塞子位置固定，以防试样蒸气逸出。

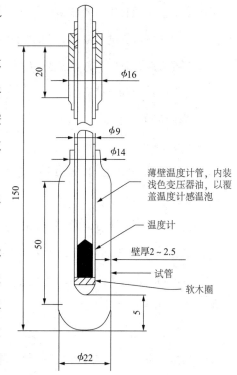

图 10-2　挥发性样品苯胺点测定仪

防护装置：坚固的金属网罩，用以围住试管，最好与固定温度计的夹子连接在一起。

（2）试剂

①苯胺：分析纯。苯胺在放置过程中容易被氧化，颜色加深，必须进行净化处理。

苯胺处理方法：将苯胺用氢氧化钾颗粒干燥，在使用的当天进行蒸馏，舍弃最初和最后的 10%（体积分数）馏分。也可以把蒸馏物收集在安瓿中，然后在真空或干燥氮气下密封安瓿，并贮存在阴冷处备用。

苯胺检查方法：用制得的苯胺测定正庚烷的苯胺点，要求两次测定的正庚烷苯胺点之差不应大于 0.1℃，其平均值应为 69.3℃±0.2℃。

注意：苯胺具有一定的毒性，可燃并通过皮肤吸收，可引起急性或慢性中毒。处理时要特别小心，所有操作者在直接处理苯胺时，应戴安全防护镜和不渗透苯胺的手套。

②干燥剂：工业无水硫酸钠或硫酸钙，经煅烧，放入干燥器中冷却。

③正庚烷：纯度不低于 99.75%。

④氢氧化钾：化学纯，用于干燥苯胺。

4. 准备工作

①将试样与体积分数为 10% 的干燥剂一起剧烈振荡 3~5min 以干燥试样，将黏稠或含蜡试

样温热到不会引起轻组分损失或干燥剂失水的温度，以降低试样黏度。如果试样中存在可见的悬浮水，则先将试样离心脱水，然后再用干燥剂干燥。

②用离心或过滤的方法除去悬浮的干燥剂。将含蜡晶体的试样加热至均相，并在离心或过滤操作过程中保持加热状态。

5.实验步骤

（1）方法一

适合透明的并按 GB/T 6540 测定其颜色不大于 6.5 的、其初馏点远高于预期苯胺点的石油产品和烃类溶剂样品。

①清洗和干燥仪器，移取 10mL 苯胺和 10mL 干燥过的试样放入装有搅拌器和温度计，并处于套管内的试管中。如果试样太黏，不便用移液管移取，则可称量相当于室温时 10mL±0.02mL 的试样，精确至 0.01g。

用软木塞将温度计固定在试管中，使温度计浸没深度线处于苯胺 - 试样混合液液面的位置，并确保温度计感温泡不与试管接触。将试管用软木塞固定于套管中心。

②如果苯胺 - 试样混合物在室温下不能完全混溶，用加热浴加热苯胺 - 试样混合物。以 50mm 行程，快速搅拌苯胺 - 试样混合物，但要避免搅起气泡。必要时可以用 1~3℃/min 的速度直接加热套管，直至混合物完全混溶。如果苯胺 - 试样混合物在室温下就能完全混溶，则用非水冷却浴代替热源。

③将混溶的苯胺 - 试样混合物在室温空气浴或非水冷却浴中继续搅拌，并使混合物以 0.5~1.0℃/min 速度慢慢地冷却，继续冷却到开始出现浑浊的温度以下 1~2℃，记录当混合物突然全部变浑浊时的温度作为试样的苯胺点，精确到 0.1℃。此温度（而不是少量物质分离的温度）为最低平衡溶解温度。

注意：真正到达苯胺点的特征是当温度下降时，混合物的浑浊度急剧地增加，其浑浊程度使温度计感温泡在反射光下变得模糊不清。

④重复地进行加热和冷却，并重复观测苯胺点的温度，直至能得到符合精密度规定的结果。

⑤混合苯胺点测定步骤。对于苯胺点低于苯胺 - 试样混合物中苯胺结晶温度的样品，移取 10mL 苯胺、5mL 试样和 5mL 正庚烷放入清洁、干燥的仪器中，按上述步骤测定试样的混合苯胺点。

（2）方法二

利用自动仪器可测定方法一所适用的样品以及方法一无法测定的深色样品。

自动苯胺点测定仪：应具备检测样品浑浊度变化的设备、试样 - 苯胺混合物的加热装置以及符合苯胺点测定要求的温度计或温度传感器。

按照自动仪器说明书准备仪器，并确保仪器的清洁和干燥。用规定的苯胺、试样（加正庚烷）总体积，按照方法规定的条件进行测定。三次测定结果应符合精密度要求。

自动苯胺点测定仪经验证其测定结果要符合本标准的要求。

用自动仪器记录的实测温度可能不是本标准所定义的试样苯胺点。当对实测温度表示怀疑时，按式（10-1）修正试样的苯胺点：

$$X_{CN} = (X_a - A)/B \qquad (10\text{-}1)$$

式中　X_{CN}——修正后用自动仪器所得试样苯胺点，℃；

　　　X_a——用自动仪器所实测的试样苯胺点，℃；

　　　A——温度校正值，℃；

　　　B——常数。

A 和 B 可通过用方法一和自动仪器对同一个试样进行重复测定得到。如用方法一和自动仪器，在苯胺点处于 43~50℃、60~65℃和 75~80℃ 的范围内，各取三个或更多试样测定其苯胺点。用最小二乘法，解下述联立方程式，根据式（10-2）和式（10-3）计算常数 A 和 B。

$$\sum (X_a) = NA + B \sum (X_C) \qquad (10\text{-}2)$$

$$\sum (X_a X_C) = A \sum (X_C) + B \sum (X_C^2) \qquad (10\text{-}3)$$

式中　$\sum (X_a)$——用自动仪器测得的所有试样的苯胺点总和；

　　　$\sum (X_C)$——用方法一测得的所有试样的苯胺点总和；

　　　$\sum (X_C^2)$——用方法一测得的所有试样苯胺点的平方和；

　　　$\sum (X_a X_C)$——每个试样用自动仪器测得的苯胺点和按方法一测得的苯胺点乘积的总和；

　　　N——试样数目。

（3）方法三

可测定透明的并按 GB/T 6540 测定其颜色不大于 6.5，且因初馏点太低，以至于用方法一不能得到正确苯胺点结果的样品（如航空汽油）。

①清洗并干燥仪器（图 10-2）。移取 5mL 苯胺和 5mL 干燥过的试样放入试管中，两者均冷却到测定试样时不会有蒸发损失的温度。

用塞子将试管盖紧，将温度计管安装在试管的中心位置，并使其底部距离试管底部 5mm。用夹子将塞子固定在适当位置，并安上防护装置。

②按苯胺点测定步骤操作，但试样与苯胺的混合是通过摇动试管进行的。当接近苯胺点时，如果温度变化速度大于 1℃ /min 时，将试管放在一个预先加热或冷却到合适温度的外套管中。

③重复地加热和冷却混合物，并重复观测苯胺点的温度，直至能得到符合精密度规定的结果。

6. 数据处理

①如果连续两次观测的苯胺点或混合苯胺点温度变化范围，对浅色透明试样不大于 0.1℃ 或对深色试样不大于 0.2℃，则报告这一次观测温度的平均值。经温度计读数修正后，精确至 0.1℃，作为试样的苯胺点或混合苯胺点。

②如果经过五次观测后，试样苯胺点或混合苯胺点温度变化范围达不到上述要求，则要用另一份新的苯胺和试样，在清洁、干燥的仪器中重新进行试验；如果连续观测的温度呈递增（减）变化，或观测的温度变化范围，对浅色透明试样大于 0.2℃ 或对深色试样大于 0.3℃，则报告此方法不适用。

7. 精密度

用下述规定判断试验结果的可靠性（95% 置信水平）。

（1）重复性（r）

由同一实验室的同一操作者，使用同一仪器，对同一试样测定所得的两个结果之差，苯胺点或混合苯胺点不应大于下述规定值。

浅色透明样品　　　　　　　　　　$r=0.2℃$

深色样品　　　　　　　　　　　　$r=0.3℃$

（2）再现性（R）

在不同实验室的不同操作者，使用不同仪器，对同一试样测定所得的两个单一和独立结果之差，不应大于下述规定值。

苯胺点：浅色透明样品　　　　　　$R=0.5℃$

　　　　深色样品　　　　　　　　$R=1.0℃$

混合苯胺点：

　　　　浅色透明样品　　　　　　$R=0.7℃$

　　　　深色样品　　　　　　　　$R=1.0℃$

8. 注意事项

①测定所用的苯胺（分析纯）的纯度对测定结果有很大影响，需用正庚烷（AR）进行检验。用试验苯胺测出正庚烷的苯胺点应为 69.3℃ ±0.2℃。如果试验苯胺达不到此要求，应按方法要求进行精制。

②GB/T 262—2010 规定可以采用 3 种试验装置，不论采用何种装置，所用的仪器都必须符合试验方法的规定。在有争议的情况下，只能使用方法一的装置，手动测量。

③由于苯胺易吸水，受潮的苯胺会得到错误的试验结果。试样中如果有水，应先进行脱水，如苯胺中含有 0.1%（体）的水分时，可使正庚烷苯胺点升高 0.5℃。

④测定时所量取的试油及苯胺的体积必须相等，故应采用吸量管准确地量取试样和苯胺。不易量取的试样，则要通过天平（0.01g）称量使试样体积在 10mL±0.02mL。

⑤在进行仪器安装时，要特别注意调整温度计的浸没深度线处于苯胺 – 试样混合物液面的位置。

⑥试验时加热和冷却的速度要控制好，特别是冷却速度不能超过 1℃/min。

⑦苯胺和试样冷却时，要注意仔细观察苯胺与试样溶液从透明到突然呈现全面浑浊的温度。

9. 思考题

①油品苯胺点的高低能够说明什么问题？

②为什么要精制苯胺？如何精制？

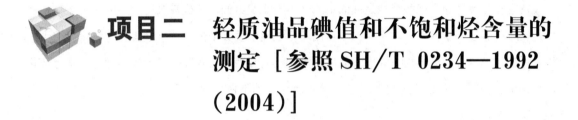

项目二　轻质油品碘值和不饱和烃含量的测定［参照 SH/T 0234—1992（2004）］

1. 方法标准相关知识

（1）方法适用范围

SH/T 0234 标准适合于用碘 – 乙醇法测定航空汽油、喷气燃料和其他轻质燃料的碘值和不饱和烃含量。

（2）方法概要

将碘的乙醇溶液与试样作用后，再用硫代硫酸钠标准滴定溶液滴定剩余的碘，以 100g 试样所能吸收碘的质量表示碘值，用 gI/100g 表示。

碘与烯烃的加成反应速度很慢，碘与水发生歧化反应（$K_c = 2.0 \times 10^{-13}$），而生成的次碘酸与烯烃的加成反应迅速进行，使歧化反应的平衡正向进行：

$$I_2 + H_2O \Longrightarrow HOI + IH$$

$$CH_2{=}CH_2 + HOI \longrightarrow CH_2I{-}CH_2OH$$

反应完成后，加入碘化钾与碘作用，可防止再发生歧化反应。

$$3HOI + 3HI \Longrightarrow 3I_2 + 3H_2O$$

$$KI + I_2 \Longrightarrow KI_3^-$$

未与试样中不饱和烃反应的过剩碘用硫代硫酸钠滴定，以100g试样所能吸收碘的克数表示碘值。

$$2S_2O_3^{2-} + I_2 = S_4O_6^{2-} + 2I^-$$

油品中不饱和烃的含量，由试样的碘值及其平均相对分子质量计算得到。

（3）术语和概念

碘值：指在规定的试验条件下，和100g试油起反应所消耗碘的质量，以gI/100g表示。

溴价：指在规定的试验条件下，和100g试油起反应所消耗溴的质量，以gBr/100g表示。

溴指数：指在规定的试验条件下，和100g试油起反应所消耗溴的毫克数。

不饱和烃的存在对油品的安定性影响很大，通过测定油品的碘值与溴价可以说明油品中不饱和烃含量的多少。油品中的不饱和烃愈多，碘值（溴价、溴指数）则越高，油品的安定性越差。

烯烃和二烯烃等不饱和烃类是油品中的一类不稳定组分，它极易被空气中的氧气氧化，特别是在较高温度的条件下，本身能产生自由基，进而引发其他分子或非烃类化合物发生聚合或缩合反应，形成胶状黏稠物，降低油品的抗氧化能力和使其贮存安定性变坏。同时，烯烃氧化后生成酸性物质，使油品的酸值增加，导致使用中的不良后果。但是在汽油中适量的烯烃存在，可提高辛烷值。

（4）现行相关标准

SH/T 0234—1992（2004）《轻质石油产品碘值和不饱和烃含量测定法 （碘 – 乙醇法）》

SH/T 0243—1992（2004）《溶剂汽油碘值测定法》

SH/T 0630—1996（2004）《石油产品溴价、溴指数测定法 （电量法）》

SH/T 0236—1992（2004）《石油产品溴值测定法》

SH/T 1767—2008（2022）《工业芳烃溴指数的测定 电位滴定法》

2. 训练目标

①能够正确理解油品碘值测定的标准，理解碘值测定意义；

②掌握油品碘值和不饱和烃含量测定的原理和方法。

3. 仪器和试剂

（1）仪器

滴瓶（带磨口滴管，容积约20mL）或玻璃安瓿（容积0.5~1mL，其末端应拉成毛细管）；碘量瓶（500mL）；量筒（25mL、250mL）；滴定管（25mL或50mL）；吸量管（2mL、25mL）；定性滤纸。

（2）试剂

95% 乙醇或无水乙醇（分析纯）；碘（分析纯，配成碘的乙醇溶液，配制时将 20g±0.5g 碘溶解于 1L 95% 乙醇中）；碘化钾（化学纯，配成 200g/L 水溶液）；硫代硫酸钠（分析纯，配成 0.1mol/L $Na_2S_2O_3$ 标准滴定溶液）；淀粉（新配制的 5g/L 指示液）。

4. 实验步骤

（1）取样

将试样经定性滤纸过滤，称取 0.3~0.4g。

为取得准确量的汽油，可使用安瓿瓶。先称出安瓿的质量，然后将安瓿球形部分在煤气灯或酒精灯的小火焰上加热，迅速将热安瓿的毛细管末端插入试样内，使安瓿吸入的试样能够达到 0.3~0.4g，或者根据试样的大约密度，用注射器向安瓿注入一定量体积试样，使其能达到 0.3~0.4g，然后小心地将毛细管末端焊闭，再称其质量。安瓿的两次称量都必须称准至 0.0004g。将装有试样的安瓿放入已注有 5mL 95% 乙醇的碘量瓶中，用玻璃棒将它和毛细管部分在 95% 乙醇中打碎，玻璃棒和瓶壁所沾着的试样，用 10mL 95% 乙醇冲洗。

为取得准确量的喷气燃料，可使用滴瓶。将试样注入滴瓶中称量，从滴瓶中吸取试样约 0.5mL，滴入已注有 15mL 95% 乙醇的碘量瓶中。将滴瓶称量，两次称量都必须称准至 0.0004g，按差值计算所取试样量。

（2）滴定操作

用吸量管把 25mL 碘 – 乙醇溶液注入碘量瓶中，用预先经碘化钾溶液湿润的塞子紧闭塞好瓶口，小心摇动碘量瓶，然后加入 150mL 蒸馏水，用塞子将瓶口塞闭。再摇动 5min（采用旋转式摇动），速度为 120~150r/min，静置 5min，摇动和静置时室温应在 20℃±5℃，如低于或高于此温度，可加入预先加热或冷却至 20℃±5℃的蒸馏水。然后加入 25mL 200g/L 的碘化钾溶液，随即用蒸馏水冲洗瓶塞与瓶颈，用 0.1mol/L 硫代硫酸钠标准滴定溶液滴定。当碘量瓶中混合物呈现浅黄色时，加入 5g/L 淀粉溶液 1~2mL，继续用硫代硫酸钠标准滴定溶液滴定，直至混合物的蓝紫色消失为止。

（3）按上述步骤（1）、（2）进行空白试验

5. 数据处理

①碘值 X_1（gI/100g）按式（10–4）计算：

$$X_1 = \frac{c(V - V_1) \times 0.1269 \times 100}{m} \qquad （10-4）$$

式中　V——空白试验时滴定所消耗的硫代硫酸钠标准溶液的体积，mL；

　　　V_1——试样试验时滴定所消耗的硫代硫酸钠标准溶液的体积，mL；

c——硫代硫酸钠标准溶液的实际浓度，mol/L；

m——试样的质量，g；

0.1269——与 1.00mL 硫代硫酸钠标准滴定溶液 $[c_{Na_2S_2O_3}=1.000mol/L]$ 相当的以克表示的碘的质量。

②不饱和烃含量 X_2 [%（质）] 按式（10–5）计算：

$$X_2 = \frac{X_1 M_r}{254} \tag{10-5}$$

式中　X_2——试样的不饱和烃含量，%；

X_1——试样的碘值，gI/100g；

M_r——试样中不饱和烃的平均相对分子质量，由表 10–1 查得（可用内插法计算）；

254——碘的相对分子质量。

表 10–1　试样 50% 馏出温度与其不饱和烃相对分子质量间的关系

试样的 50%馏出温度 /℃（GB/T 255 或 GB/T 6536）	M_r	试样的 50%馏出温度 /℃（GB/T 255 或 GB/T 6536）	M_r
50	77	175	144
75	87	200	161
100	99	225	180
125	113	250	200
150	128		

6. 精密度

按表 10–2 规定判断结果的可靠性（置信水平为 95%）。

（1）重复性

同一操作者重复测定的两个结果之差不应大于表 10–2 中的数值。

（2）再现性

两个实验室各自提出的两个结果之差不应大于表 10–2 中的数值。

表 10–2　试样碘值测定的重复性和再现性要求

碘值 /（gI/100g）	重复性	再现性
≤ 2	0.22	0.65
≥ 2	平均值的 10%	平均值的 24%

7. 注意事项

（1）试剂的损失

碘值、溴值与溴指数的测定，多属于氧化还原化学滴定分析或电位滴定分析，应按氧化还原滴定法基本操作要求严格进行，尤其要防止滴定溶液有效浓度的分解和损失，滴定用贮备液应放在棕色瓶中，暗处存放。

（2）器皿选用

针对碘或溴容易挥发的特点，测定时应使用碘量瓶，其磨口要严密，以防止滴定溶液中有效成分的逸出。

（3）防止氧化

空气中的氧能够将碘离子氧化为单质碘，为了减少与空气的接触，无论是反应过程还是滴定操作，均不能过度振荡且应当迅速进行有关操作；在溴值测定过程中，对反应生成的游离溴应当避免光的照射，否则会对测定结果产生误差。

（4）反应时间

反应时间对测定结果有影响，时间不足和过于延长均会引起测定误差，故在用硫代硫酸钠标定或滴定时，应严格执行摇动 5min、静置 5min 的规定，使反应完全。

（5）终点的判断

碘值测定，必须在接近化学计量点时再加入淀粉指示剂，以利于淀粉与碘能够形成配位化合物，便于终点的观察。

8. 思考题

①什么是石油产品的碘值？其数值大小能够说明什么问题？

②写出碘值测定过程的化学反应方程式。

③如何减少测定过程中碘的挥发损失？

④反应时间为何要严格控制？反应时间过长对结果有何影响？

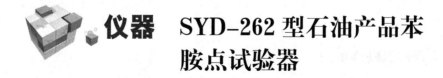

仪器 **SYD-262 型石油产品苯胺点试验器**

1. 仪器结构

SYD-262 型苯胺点试验器对试样采用电热丝加热，手动调节控温，无级调速电动搅拌；苯

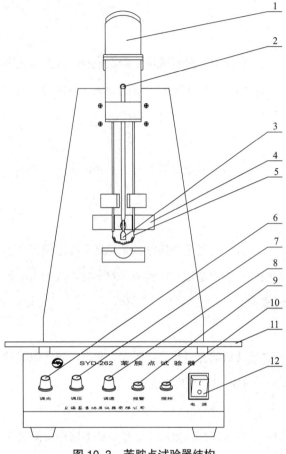

图 10-3　苯胺点试验器结构

1—搅拌电机；2—温度计；3—搅拌器；4—光电接收架；5—加热器；6—调光旋钮；7—调压旋钮；8—调速旋钮；9—报警开关；10—搅拌开关；11—挡污板；12—电源开关

胺点检测采用自动检测终点，声光显示报警。仪器主要由加热器、搅拌电机、光电检测、温度计等组成。结构如图 10-3 所示。

2. 操作方法

①接通电源开关，再接通搅拌开关，旋转"调速"旋钮，检查搅拌电机是否可调；旋转"调压"按钮，检查电热丝是否加热；最后按"报警"开关，旋转"调光"旋钮，检查声音报警是否正常。

②用两个吸量管分别将苯胺和试样各 10mL 注入清洁、干燥的试管中，然后将试管安装在仪器上，插入温度计，使温度计水银球中部放在苯胺层和试样层分界处，然后再调整加热速度和搅拌速度，在混合物温度达到预期苯胺点前 3~4℃时，须控制温度慢慢上升，并不断搅拌混合物，当混合物呈现透明时，就将加热关小，继续搅拌，使混合物冷却，但混合物冷却速度不超过 1℃ / min，同时打开报警开关，调节"调光"旋钮，至使报警发出的声音从有声到无声的临界位置。当苯胺点试样的透明溶液开始出现混浊时，报警器报警，立即读取温度计，记录混合物的温度，作为试样的苯胺点测定结果，要准确到 0.1℃。

③同一操作者，对浅色石油产品，重复测定两个结果之差不应大于 0.2℃，对于深色石油产品两个结果之差不应大于 0.4℃，最后应取重复测定的两个结果的算术平均值，作为试样的苯胺点。

3. 仪器使用注意事项

①每次使用时，请取下罩盖，在搅拌轴与轴套间加少量润滑油，然后再把罩盖放上。

②如果夹温度计的两个弹簧片不能将温度计夹紧，请使用附件中提供的白色圆橡胶圈，将其套在温度计上，以将温度计定位。

③本仪器不允许在潮湿、有腐蚀性气体的环境中存放或使用。

实训 ➕ ➖ 烟点和热值的测定

项目一　煤油烟点的测定（参照 GB/T 382—2017）

1. 方法标准相关知识

（1）标准适用范围

GB/T 382 适用于测定煤油和喷气燃料的烟点，包括手动法和自动方法。

（2）方法概要

试样在一个封闭灯芯的灯中燃烧，此灯用已知烟点的纯烃混合物进行校正，被测试样的最大无烟火焰高度记为烟点。手动仪器可精确到 0.5mm，自动仪器可精确到 0.1mm。

（3）相关概念

烟点又称无烟火焰高度，是指油料在标准的灯具内，于规定的条件下做点灯试验时可能达到的无烟火焰的最大高度，以 mm 为单位。

烟点是评价在扩散火焰中，煤油和航空喷气燃料相对生烟性的重要指标。喷气燃料烟点的高低反映积炭生成的倾向，烟点越高，积炭倾向越小。

油品燃烧充分，燃料完全转化为 CO_2，表现为无烟。如果燃料燃烧不完全，有部分炭以炭粒（或积炭）的形式存在，表现为有烟，在发动机某些部位会形成积炭。

烟点与油品组成密切相关。烃类的 H/C 值越小，生成积炭的倾向越大，各种烃类生成积炭的倾向为：双环芳烃＞单环芳烃＞带侧链芳烃＞环烷烃＞烯烃＞烷烃。芳烃特别是双环芳烃的含量越多，喷气燃料燃烧时生成的炭粒越多，生成积炭的倾向显著增大；烃类的相对分子质量越大，生成积炭的倾向也越大。

烟点还与燃料燃烧产物的潜在辐射传热有定量的关系。因为辐射传热对燃气涡轮机的燃烧器衬里和其他热部件的金属温度有很大影响，所以烟点也提供了燃料特性与这些部件使用寿命相关的数据。

合适的烟点，可以保证燃料正常燃烧，避免积炭形成。1、2、3号喷气燃料均要求烟点不小于25mm。当烟点高度超过25mm以后，其积炭生成量会降低到很小的值。

（4）现行烟点测定标准

GB/T 382—2017《煤油和喷气燃料烟点测定法》

2. 训练目标

①掌握煤油烟点的测定方法（手动法）和校正系数的计算。

②掌握烟点仪器的使用性能和操作方法。

3. 仪器和试剂

（1）仪器

烟点灯包括以下几部分：灯芯管、空气导管和贮油器，其结构和尺寸见图11-1和表11-1，装配有灯芯导管和进气口的对流平台，灯体和灯罩，其结构和尺寸见图11-2和表11-1。烟点灯上备有一个专用的50mm标尺，在其黑色玻璃上每1mm分度处用白线标记，灯芯导管的顶部与标尺的零点标记处在同一水平面上，还备有能使贮油器均匀缓慢升降的装置。灯体门上的

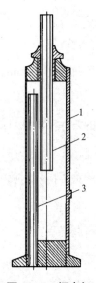

图11-1 烟点灯

1—贮油器主体；2—灯芯管；3—空气导管

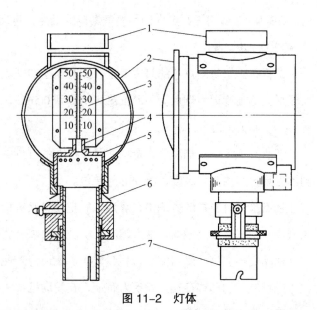

图11-2 灯体

1—烟囱；2—灯体；3—标尺；4—灯芯导管；
5—平台；6—进气口；7—贮油器支座

玻璃是弧形的，以防止形成多重映像。贮油器的底座和其本体之间的连接处不应漏油；灯芯，用普通等级的棉纱编制成密实的圆条，具有下列性质，面络纱：17 根，3 股，66 支纱，内经纱：9 根，4 股，100 支纱，纬纱：2 股，40 支纱，纬密：6 根/cm；量筒（25mL）；滴定管或移液管。

表 11-1 烟点灯的关键尺寸

各部位名称		项目	临界尺寸/mm
贮油器	贮油器本体	内径 外径 长度	21.25 ± 0.05 贮油器支座有适度滑动即可 109.0 ± 0.05
	灯芯管	内径 外径 长度	4.7 ± 0.05 与灯芯导管紧密配合 82.0 ± 0.05
	空气导管	内径 长度	3.5 ± 0.05 90.0 ± 0.05
灯体	灯体	内径 内径深度	81.0 ± 1.0 81.0 ± 1.0
	标尺	范围	0~50
	灯芯导管	内径	6.0 ± 0.02
	平台	外径 空气导入孔（20 个），直径	35.0 ± 0.05 3.5 ± 0.05
	进气口	20 个，直径	2.9 ± 0.05
	贮油器支架	内径	23.8 ± 0.05

（2）试剂

甲苯（分析纯）；异辛烷（分析纯）；无水甲醇（分析纯）；正庚烷（分析纯）；石油醚或轻质汽油；试样（煤油）。标准燃料混合物：根据表 11-2 给定的组成，用经过校正的滴定管或移液管准确量取甲苯和异辛烷配制而成。

4. 准备工作

（1）安放灯具

将灯具垂直放在完全避风的地方。仔细检查每盏新灯，确保平台的空气孔和烛台空气导口的洁净、畅通且具有合适的尺寸，安装好的平台应使通气孔完全畅通。

（2）洗涤灯芯

所有灯芯，无论是新的还是以前测定用过的，都要放在萃取器中，用等体积甲苯和无水甲醇配成的混合物进行萃取，至少循环 25 次。取出灯芯在通风柜内部分干燥，并在 100~105℃的温度下干燥 30 min，取出后放在干燥器中备用，也可使用商品供应的萃取过的灯芯。

（3）洗涤贮油器

用石油醚或直馏轻质汽油洗涤贮油器，并用空气吹干。

（4）试样的准备

将试样保持到室温 20℃ ±5℃，如果发现试样中有杂质或呈雾状，要用定量滤纸过滤。收取样品后应马上进行测定。

5. 实验步骤

（1）贮油器组装

选取一根长度不小于 125mm 干燥过的灯芯，用试样湿润后，装入灯芯管中，小心不要使灯芯产生任何卷曲。灯芯插入灯芯管后，应用试样预湿润灯芯管的燃烧端。

（2）量取试样

在室温下用量筒量取 20mL 试样，倒入清洁、干燥的贮油器内。

（3）安装烟点灯

将灯芯管小心放入贮油器中，拧紧，勿使试样洒落在通空气的小孔中。将不整齐的灯芯头用剪刀剪平，使其突出灯芯管 6mm。将贮油器插入灯中。

（4）测定烟点

点燃灯芯，调节火焰高度至 10mm，燃烧 5min。升高灯芯至呈现油烟，然后再平稳降低火焰高度，其外形可能出现下列几种情况：

①一个呈现长尖状、可轻微看见油烟、形状间断不定并跳跃的火焰；

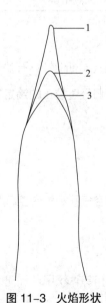

图 11-3　火焰形状

1—火焰过高；2—火焰正常；
3—火焰过低

②呈现拉长的尖头状，且侧面呈向上的凹面的火焰，如图 11-3 中的 1 火焰；

③尖头刚刚消失，呈现一个轻微钝化的火焰，如图 11-3 中的 2 火焰，在接近真实火焰的尖端，有时出现锯齿状不定形的发光火焰；

④一个完好的圆光，如图 11-3 中的 3 火焰。

测定图 11-3 中 2 火焰的高度，记录烟点准确至 0.5mm，记录所观察到的火焰高度。为消除视觉误差，观察者的眼睛应倾斜到中心线的一侧，以便在标尺白色垂直线的一边能看见反射影，而在另一边能够看见火焰本身，两个读数应相同。

（5）确定烟点的测定值

按上述规定方法重复测 3 次，取 3 次烟点观测值的算术平均值，作为烟点的测定值。如果测定值变化超过 1.0mm，则用新的试样并换一根灯芯重做试验。

（6）结束

将贮油器从灯中取下，用正庚烷冲洗，然后用空气吹干，以便重新使用。

6. 仪器校正系数的测定

（1）配制及选择标准燃料

用滴定管配制一系列不同体积分数的甲苯和异辛烷标准燃料混合物。测定时，根据试样的烟点尽量选取烟点测定值与试样测定值相近（一个比试样烟点测定值略高，另一个则略低）的标准燃料。

（2）计算仪器校正系数

仪器的校正系数是指标准燃料于标准压力（101.325kPa）下，在该仪器中测定的烟点（标准值）与标准燃料于实际压力下在该仪器中测定的烟点（实测值）之比。标准燃料采用异辛烷和甲苯的混合物，表 12-2 中给出一系列标准燃料在 101.325kPa 下的烟点值。使用时根据试样的实测烟点，选取两个标准燃料，其中一个烟点比试样略高，一个略低，然后分别测定这两个标准燃料在实际压力下的烟点，按式（11-1）计算仪器的校正系数。

$$f = \frac{1}{2}\left(\frac{A_b}{A_c} + \frac{B_b}{B_c}\right) \tag{11-1}$$

式中　A_b、B_b——第一、第二种标准燃料混合物烟点标准值，mm，可查表 11-2；

　　　A_c、B_c——第一、第二种标准燃料混合物烟点的实测值，mm。

表 11-2　标准燃料的标准值

异辛烷的体积分数 /%	甲苯的体积分数 /%	101.325kPa 下的烟点 /mm	异辛烷的体积分数 /%	甲苯的体积分数 /%	101.325kPa 下的烟点 /mm
60	40	14.7	90	10	30.2
75	25	20.2	95	5	35.4
85	15	25.8	100	0	42.8

7. 数据处理和报告

（1）计算

试样的烟点可按式（11-2）计算，计算结果准确至 0.1mm。

$$H = fH_c \tag{11-2}$$

式中　H——试样的烟点，mm；

　　　H_c——试样的烟点测定值，mm；

　　　f——仪器的校正系数。

（2）报告

取重复测定两个结果的算术平均值作为试样的烟点。

8. 精密度

用表 11-3 中的规定判断两个结果的可靠性（置信水平为 95%）。

表 11-3　烟点测定的精密度判断

烟点 /mm	重复性 /mm	再现性 /mm	烟点 /mm	重复性 /mm	再现性 /mm
20 以下	1	2	30~40	1	4
20~30	1	3			

9. 注意事项

①烟点测定值和灯具的结构等有关。因此使用的灯、灯芯等必须符合要求，灯的空气孔和引入空气的管口必须干净、畅通。灯具要垂直放置在完全避风处，以免影响正常的燃烧火焰。

②灯芯对烟点的测定影响较大，要按方法要求进行萃取并干燥保存。在试验前，用试样湿润灯芯，装入灯芯管中，灯芯不能有卷曲，灯芯在灯管中突出 6mm，灯芯头必须剪齐。

③对火焰的调节要准确。试验需要重复 3 次观察烟点，如果测定值变化超过 1.0mm，则要重新用新的试油并更换灯芯进行试验。

10. 思考题

①煤油的无烟火焰高度和哪些因素有关？

②灯芯对火焰的高度有直接的影响，试验方法要求如何准备灯芯？

③测定烟点仪器的校正系数所用的标准燃料是什么？

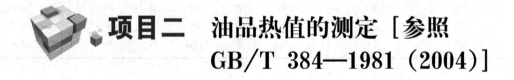

项目二　油品热值的测定 [参照 GB/T 384—1981（2004）]

1. 方法标准相关知识

（1）标准适用范围

GB/T 384 适用于以量热计氧弹测定不含水的石油产品的总热值及净热值。该方法能够测定多数种类的油品，如汽油、喷气燃料、柴油和重油等。

（2）方法概要

将试样装在氧弹内的小皿中，用易燃而不透气的胶片封闭起来，或把试样封闭在聚乙烯管制成的安瓿中，使试样在压缩氧气中燃烧，根据量热计温度变化和量热计的热容量可以计算得到试样的弹热值，并以此作为总热值与净热值的测定基础。

在氧弹中有过剩氧的情况下，按规定条件燃烧单位质量的试样所产生的热量，称为弹热值（以 J/g 或 kJ/kg 表示）。

量热计热容量是指使量热计系统温度升高 1℃ 所需的热量（J），单位是 J/℃。量热计热容量的测定采用在氧弹中燃烧一定量的标准苯甲酸，通过测量由其燃烧所产生的量热而引起量热计系统温度变化来确定量热计的热容量。

（3）相关概念

单位质量（或体积）的燃料完全燃烧时所放出的热量，称为质量热值（或体积热值），单位为 kJ/kg（kJ/m^3）。

①弹热值。在氧弹式量热计中测定的单位质量试样所放出的热量，称为弹热值。测定时，燃料置于氧弹中，然后充入过量的氧气，将氧弹放入量热计中，通过引火丝点燃使试样燃烧，通过测定燃烧前后量热计水温的变化，按式（11-3）即可得到水吸收的热量 Q。

$$Q = mc(t - t_0)$$ （11-3）

式中　Q——水吸收的热量，kJ；

　　　m——水的质量，kg；

　　　c——水的比热容，kJ/（kg·℃）；

　　　t_0——燃烧前量热计的水温，℃；

　　　t——燃烧后量热计的水温，℃。

计算弹热值时，要对影响试样燃烧放热测定的因素进行校正。例如，胶片（或聚乙烯塑料安瓿）及导火线燃烧放热的影响；量热计水温高于周围介质温度所散失的热量的影响；量热计系统本身在测定过程中吸热的影响等。此外，测定所用量热温度计应先经检定机关校正。用校正后试样放出的热量按式（11-4）计算弹热值。

$$q_D = \frac{Q}{m}$$ （11-4）

式中　q_D——校正后试样的弹热值，kJ/kg；

　　　Q——试样燃烧放出的热量，kJ；

　　　m——试样的质量，kg。

②总热值。弹热值中包含了试样中含硫、氮化合物在燃烧过程中放出的热量以及生成的二氧化硫、氮氧化物溶解生成硫酸、硝酸时放出的热量。因此从弹热值中扣除这些热量后得到的热值才被称为总热值。

总热值测定时，先用氯化钡将氧弹洗涤液中由二氧化硫吸收水分生成的硫酸转变为硫酸钡沉淀，通过重量法求出硫含量，再按式（11-5）由试样的弹热值减去酸的生成修正数（由二氧化硫生成硫酸的热量、氮生成硝酸的热量和酸溶解于水的热量所组成）就是总热值。氧弹洗涤液中的硫由二氧化硫生成硫酸及其溶解水的热量，采用每 1% 硫含量相当于 94.2kJ/kg 计算；氧弹生成的硝酸量，不作实验测定，其生成及溶解热按轻质燃料为 50.24kJ/kg、重质燃料（如燃料油、重油）为 41.86kJ/kg 计算。

$$q_z = q_D - 94.2w_S - q_N$$
$$w_S = \frac{0.1373m_1}{m} \times 100 \quad\quad (11-5)$$

式中　q_z——试样的总热值，kJ/kg；

　　　q_D——试样的弹热值，kJ/kg；

　　　w_S——试样的硫含量，%；

　　　94.2——每 1% 硫转化成硫酸时的生成热和溶解热，kJ/kg；

　　　q_N——硝酸的生成热和溶解热，kJ/kg；

　　　m_1——所得硫酸钡沉淀的质量，kg；

　　　m——试样质量，kg；

　　　0.1373——换算硫酸钡质量为硫酸质量的系数。

注：对非仲裁实验，当燃料中硫含量不大于 0.2% 时，酸的总修正数按 62.8kJ/kg 计算，且弹氧洗涤液中的硫不用实验测定。

③净热值。又称为低热值，它与总热值的区别在于燃烧生成的水是以蒸汽状态存在的。而测定总热值时燃料燃烧生成的水蒸气被全部冷凝成液态水。因此，如果燃料中不含水分，则高低热值之差即为相同温度下水的蒸发潜热。在测得燃料中氢和水分含量后，可以用式（11-6）计算出净热值。

$$q_J = q_z - 25.12 \times 9 \times w_H$$
$$q_J = q_z - 25.12 \times (9 \times w_H + w_{H_2O}) \quad\quad (11-6)$$

式中　q_J——试样的净热值，kJ/kg；

　　　q_z——试样的总热值，kJ/kg；

　　　w_H——试样的氢含量，%（质）；

　　　w_{H_2O}——试样中的水含量，%（质）；

　　　9——氢含量转换为水含量的系数；

　　　25.12——水气在氧弹中每凝结 1%（0.01g）所放出的潜热，kJ/kg。

净热值测定程序复杂、费时，且对环境要求严格，因此除非是仲裁要求，否则通常可按

GB/T 2429-1988《航空燃料净热值计算法》中有关经验公式进行计算。

④热值与组成。热值和燃料的组成有关。在各族烃中，烷烃分子的氢碳比（H/C）最高，芳烃最低。由于氢的热值远比碳高，因此对碳原子数相同的烃类，其质量热值顺序为：烷烃＞环烷烃、烯烃＞芳烃。

（4）热值测定相关标准

GB/T 384—1981（2004）《石油产品热值测定法》

GB/T 2429—1988（2004）《航空燃料净热值计算法》

SH/T 0679—1999《航空燃料净热值估算法》

SN/T 3101—2012《锅炉燃料和柴油机燃料　净热值和总热值的估算法》

2. 训练目标

①能够正确理解氧弹法热值测定标准。

②掌握石油产品热值测定的原理和操作方法。

③熟悉量热计的结构，掌握量热计的使用方法。

3. 仪器和试剂

（1）仪器

氧弹量热计：仪器及其附件符合 GB/T 384 技术要求。氧弹结构如图 11-4 所示。

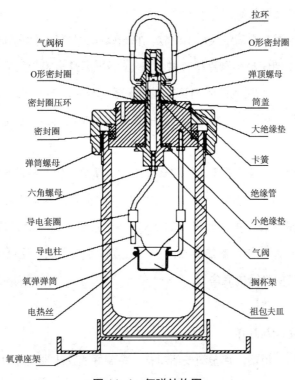

图 11-4　氧弹结构图

量热计小皿：由不锈钢制成。

瓷或玻璃制的平盘或平底、直径为 100~200mm 的表面皿，供制备胶片用。

金属针；吸液管：1mL；注射器；分析天平和重负荷的 5kg 天平；容量瓶：2000mL 和 1000mL。

（2）材料和试剂

内径为 4mm 的聚乙烯塑料管（供制备安瓿封样用）。

导火线：直径不大于 0.2mm 的镍－铬合金、铜线或其他导火线，截成长 60~120mm 的等分线段，称量由 10~15 根组成的线束，以测定每一根金属线的质量。

瓶装压缩氧气（不许使用电解氧气）。

注意：如氧弹及氧气连接仪器在试验或搬运时沾上润滑油或其他油类而显有油污，则应先用汽油小心洗涤，然后再用乙醇或乙醚洗涤，否则有危险。

丙酮：化学纯，做胶片溶剂。

二等量热标准苯甲酸（热值专用）。

氢氧化钠 0.1mol/L。

1% 酚酞乙醇溶液。

4. 准备工作

（1）聚乙烯塑料安瓿的制备

取一段聚乙烯塑料管在酒精灯火焰上烤软，将一端稍微拉细，然后将细端熔融封口。封好后，在酒精灯上烤软（勿使塑料管直接接触火焰），然后离开火焰，用嘴通过一个装有氯化钙的干燥管（避免吹入水气）吹成带毛细管的塑料安瓿封样管。封样管的质量为 0.2g 左右，吹好后放入干燥器中待用。测定聚乙烯塑料安瓿的弹热值（或预先已测定）。

（2）量热计准备

在进行测定前，必须将容器擦干，再将蒸馏水倒入量热计中，称准至 ±0.5g，如果测量始终在同一温度范围下进行（温度变化在 ±5℃以内），水也可用容量瓶测量。装入水的量应为氧弹浸没水中时水至进气阀门的锁紧螺母的 2/3 处。以后试验试样时，均使用相同数量的水。在量热容器装入量热计外壳前，量热容器内的水温应较外壳内的水温低 1.0~2.0℃。将盛有水的容器置于量热计外壳中绝缘的底座上。

5. 试验步骤

（1）聚乙烯塑料安瓿瓶封样

试验易挥发试样时，用聚乙烯塑料安瓿封样，将制好的安瓿预先在分析天平上称重，称准至 0.0002g，然后将预先冷却的 0.5~0.6g 试样用注射器注入于塑料安瓿中，立刻用手卡住毛细管中部，让毛细管上端在酒精灯火焰上方熔融封口，封好后，稍冷一会儿，再放入分析天平上称重，称准至 0.0002g。将封好试样的聚乙烯塑料安瓿的毛细管端系在导火线上（也可以用一根棉线与导火线捆在一起），底部放在小皿上，装入氧弹，用氧气充至 3.0~3.2MPa，并不使空气排出。

（2）安装氧弹

将氧弹小心地沉入盛有水的量热容器中勿使水量损失，使导线接于氧弹电极上，再将搅拌器及温度计插入水中，盖好盖，然后开动搅拌器。温度计及搅拌器不应接触氧弹及量热容器的壁。温度计的水银球中心位于氧弹高度的 1/2 处。搅拌器的搅拌部分不应露出水面。让设备平衡 5min 后开始量热试验。

（3）量热试验

量热试验分为三期：

"初期"——在燃烧试样之前进行。在试验初期的温度条件下，观察及计算量热计与周围环境的换热作用；

"主期"——在此时间内试样开始燃烧，向量热计传导燃烧热；

"终期"——在主期后接着进行，其作用与初期相同，是在试验终了的温度条件下，观察和计算换热作用。

设备温度达到平衡后，记下试验的初期温度，开始初期读温，每分钟读取一次，共读 5 次，读准至 0.001℃。在读初期末次温度时，通上电流（按"点火"按钮），然后进行主期读温，再进行终期读温，每半分钟读取一次，每次读温都读准至 0.001℃。

在主期中，当量热计中的水温不再上升，将开始恒定或下降时的前一点作为主期的终点，主期一般为 14 个半分钟左右。紧接着为终期第一次读温，终期读数共 10 次。

（4）试验结束

停止搅拌，取出温度计，将氧弹从量热器中取出，小心地慢慢打开排气阀，并以均匀的速度放出弹中的气体，这一操作过程要求不少于 1min。然后打开和取下氧弹的盖，检查氧弹内部燃烧是否完全，如发现有未燃烧的样品或油烟沉积物，则该试验报废。

6. 数据处理和报告

（1）数据记录

测定过程列表记录以下数据：

①试样质量；

②聚乙烯塑料安瓿和引火丝的质量；

③初期温度（每 30s 记录一次）；

④主期温度；

⑤终期温度；

⑥量热计的水值。

（2）计算

试样的弹热值 Q_D 按式（11-7）计算：

$$Q_D = \frac{K[(t_n - t_0) + \Delta t] - (Q_1 m_1 + Q_2 m_2)}{m}$$ （11-7）

式中　K——量热计的水值，J/℃；

　　　t_n——主期末次温度计的读数，℃；

　　　t_0——主期开始时温度计的读数，℃；

　　　Δt——量热计与周围环境的热修正系数，℃；

　　　Q_1——引火丝的燃烧热，J/g；

　　　Q_2——聚乙烯安瓿瓶的燃烧热，J/g；

　　　m——试样的质量，g；

　　　m_1——引火丝的质量，g；

　　　m_2——聚乙烯安瓿瓶的质量，g。

量热计与周围环境的热修正系数 Δt 的计算按照式（11-8）计算：

$$\Delta t = \frac{\Delta t_1 + \Delta t_2}{2} m + \Delta t_2 \gamma$$ （11-8）

式中　Δt_1——初期内每 30s 的温度平均变化，℃；

　　　Δt_2——终期内每 30s 的温度平均变化，℃；

　　　m——主期中温度快速上升时的 30s 间隔值，其数据根据表 11-4 的数据确定；

　　　γ——主期中温度上升较慢时的 30s 间隔数，其值等于主期的 30s 总间隔数与 m 值之差。

表 11-4　m 值的确定

标准值（t_4-t_0）/（t_n-t_0）	m 值	标准值（t_4-t_0）/（t_n-t_0）	m 值
0.50 以下	9	0.83~0.91	5
0.51~0.64	8	0.92~0.95	4
0.65~0.73	7	0.95 以上	3
0.74~0.82	6		

在标准值中，t_0、t_4、t_n 分别为主期开始温度、第四次温度和末次温度。

（3）引火丝的热值

常用引火丝燃烧热可查表 11-5。

表 11-5　常用引火丝的燃烧热

引火丝	燃烧热 / (J/g)	引火丝	燃烧热 / (J/g)
铁丝	6698.9	铜丝	2512
铜镍锰合金丝	3244.8	镍铬丝	1402.6
铜镍合金丝	3140.1	铂丝	418.7

（4）报告

取重复测定两个结果的算术平均值作为试验结果。

（5）记录和计算举例

记录和计算举例见表 11-6。

表 11-6　记录和计算举例

期别	顺序号	温度 /℃	原始数据及计算
初期	0	17.992	
	1		
	2	17.995	K=9850J/℃
	3		
	4	17.998	Q_1=1402.6J/g（引火丝热值）
	5		m_1=0.009g（引火丝质量）
	6	18.000	
	7		Q_2=46000J/g（聚乙烯试样管热值）
	8	18.002	m_2=0.1020g（聚乙烯试样管质量）
	9		
	10（点火 t_0）	18.005	
主期	1	18.270	
	2	19.000	
	3	20.200	
	4	20.420	m=0.5600g（试油质量）
	5	20.522	
	6	20.570	$\dfrac{t_4-t_0}{t_n-t_0}=\dfrac{20.420-18.005}{20.643-18.005}=0.92$
	7	20.600	
	8	20.615	查表 11-4 得　m=4
	9	20.620	γ=14-4=10
	10	20.631	
	11	20.638	
	12	20.640	
	13	20.642	
	14（ t_n ）	20.643	

期别	顺序号	温度 /℃	原始数据及计算
终期	1	20.643	$\Delta t_1 = \dfrac{17.992 - 20.632}{10} = -0.0013$
	2	20.643	
	3	20.642	$\Delta t_2 = \dfrac{20.643 - 20.632}{10} = 0.0011$
	4	20.640	
	5	20.638	$\Delta t = \dfrac{-0.0013 + 0.0011}{2} \times 4 + 0.0011 \times 10 = 0.0106$
	6	20.638	$Q_D = \dfrac{1}{0.5600} \times \{9850 \times [(20.643 - 18.005) + 0.0106]$
	7	20.635	
	8	20.633	$- 1402 \times 0.009 - 46000 \times 0.1020\} = 38186\text{J/g}$
	9	20.633	
	10	20.632	

7. 注意事项

（1）环境温度

室内突然的空气流动和温度变动都可能影响测定，因此，要求室内无其他加热源，温度和湿度保持稳定。

（2）量热计的安装和调整

氧弹应处于量热计的中心位置，不碰壁，要完全浸在水中；搅拌器搅拌速度保持稳定均匀。量热计内水温和外壳内的水温应事先调节好，可使测定条件下辐射的校正值最小，终期易于判断。否则两者水温相差悬殊，使终期无法判断。

（3）氧气的纯度和压力

氧弹内充装氧气量为试油燃烧理论量的 3~5 倍。压力过高时，试油迅速燃烧形成的高压可能会损坏氧弹；氧气中的杂质在燃烧时会放热，影响结果。

（4）温度测量

正确无误地读取量热试验三期中的各个半分钟的温度读数，对于控制初期温度的均匀上升和正确地测定 m 值，及准确确定主期终点非常必要，应严格按照顺序读数并记录。

（5）正确计算数据

测定过程数据较多，各种校正值及弹热值的准确计算十分必要。

8. 思考题

①简述弹热值测定的原理。

②什么是弹热值、总热值和净热值？

③为什么要进行引火丝和聚乙烯安瓿瓶发热量的校正？

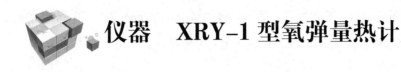

仪器 XRY-1型氧弹量热计

1. 仪器结构

XRY-1A型数显氧弹量热计依据GB/T 213《煤的发热量测定方法》、GB 384《石油产品热值测定法》和计量检定规程JJG 672《氧弹热量计检定规程》的要求设计制造。本仪器的热容量为14000~15000J/℃，适用于以量热计氧弹法测定不含水的石油产品（汽油、喷气燃料、柴油和燃料油等）以及煤炭、焦炭、石蜡等可燃性物质的发热量。

仪器全部操作可通过设置在面板上的电子开关完成；控制器测温范围：10~35℃；温度分辨率为：0.001℃；存储测温数据：31个。仪器结构如图11-5所示。各部件简介如下：

（1）自密封式氧弹（简称氧弹）

为了防止燃烧生成的酸对氧弹的腐蚀，全部结构采用不锈钢1Cr18Ni9Ti制成，氧弹的结构由三个部

图11-5 量热计外观图

1—玻璃温度计；2—搅拌电机；3—温度传感器；4—翻盖手柄；5—手动搅拌柄；6—氧弹体；7—控制面板

分组成、一个容积为300mL的圆筒形弹体，一个盖子和一个连接盖和弹体的环。弹体内径为58mm，深103mm，壁厚为内径的1/10，底和盖的厚度稍大，强度足够耐受固体燃烧时产生的最大压力（60~70atm），并能耐受液体燃料所产生的更大压力。

氧弹采用自动密封橡胶垫圈，当氧弹内充氧到一定压力时，橡胶垫圈因受压而与弹体和弹盖密接，造成两者间的气密性。且筒内外压力差越大，密封性能越好。中间气阀也因受压紧密闭合，氧气从中间气阀螺钉四周进入筒内，不会直接充压试样，点火时又可保护弹顶密封系统。本氧弹具备操作方便、结构合理可靠、使用寿命长等优点。

（2）水套（外筒）

水套是双层容器，实验时充满水，通过水套搅拌器使筒内水温均匀，形成恒温环境，水筒放在水套中的一个具有三个支点的绝缘支架上。水套备有上有小孔的胶木盖，便于插入测温探头、点火线等，盖下面衬有抛光金属板。

（3）水筒（内筒）

水筒全部由不锈钢薄板制成，截面为梨形，以减少与外筒间的辐射作用。当氧弹放入水

筒后，可加水淹没氧弹，而水面至内筒上边缘约有 250~500mm 的空间，水筒的装水量一般为 3000g（氧弹搁在弹头座架上），水筒内设有电动搅拌器。

（4）搅拌器

搅拌器由同步电动机带动，搅拌速度为 500r/min，转速平稳。通过搅拌器螺旋桨的运动，使试样燃烧放出的热量尽快在量热系统内均匀散布。电动机与搅拌器间用绝热固定板连接，以防止因电机产生的热而影响测量精度。外筒搅拌器为手拉式搅拌器，上下拉动数次即能使外筒水温均匀，给内筒形成一个恒温的外部环境。

（5）工业用玻璃温度计

温度计的刻度范围为 0~50℃，最小分度为 0.1℃，用来测量水套水温。

（6）点火丝

点火时通入 24V 交流电，引燃点火丝。点火丝一般用直径 0.1mm 左右的镍铬丝做成。当有电流通过时，镍铬丝被烧成赤热并在很短时间内熔断，引燃试样。

（7）气体减压器

YQY–370 气体减压器或 SJT–10 型气体减压器用于瓶装氧气减压。它能保持稳定和足够的流量送到氧弹中，进气最高工作压力为 15MPa，最低工作压力不低于工作压力的 2 倍。该减压器带有两个压力表，其中一个指示氧气瓶内的压力，可指示 0~25MPa，另一个表指示被充氧气的氧弹的压力，可指示 0~6MPa。两个表之间装有减压阀，压力表每年至少经国家机关检查一次，以保证指示读数正确和使用安全。各连接部分禁止使用润滑油，必要时只能使用甘油，涂抹量不应过多，若任一连接部分被油类污染，必须用汽油或酒精洗净并风干。

（8）压饼机

螺旋杠杆式压饼机能压制直径约 10mm 的煤饼或苯甲酸饼，压模及冲杆用硬质钢制成，表面光洁，容易擦拭。压制时，模子或底片由可移动的垫块支承，压好后，可将垫块移动一边取出模子或试样。该压饼机底板上设有用以固定在桌面上的螺钉孔，不用时，应在易生锈部位涂上防锈油脂。

（9）控制器面板

该仪器采用了以微控制器为基础的高性能测温系统，测温精度高，稳定性好，测量精度为 0.001℃，且读数方便。本仪器可将样品测量全过程中的测温数据存入存储器内，或一次测量完后反复多次读出，全盘取代了以前使用的贝克曼温度计。控制器面板上设置有电源、搅拌、数据、结束、点火、复位六个电子开关按键和七位数码管，能对样品热值测定进行全过程操作和温度显示。其中左边两位数字代表测温次数，右边五位代表测量的实际温度，仪器测温范围为 10~35℃。

2. 使用方法

①仪器开机后，只要不按"点火"键，仪器逐次自动显示温度数据 100 个，测温次数从 00 → 99 递增，每半分钟一次，并伴有蜂鸣器的鸣响，此时按动"结束"键或"复位"键能使显示测温次数复零。

②按动"点火"键后，氧弹内点火丝得到约 24V 交流电压，从而烧断点火丝，点燃坩埚中的样品，同时，测量次数复零。以后每隔半分钟测温一次并储存测温数据共 31 个，当测温次数达到 31 后，测温次数就自动复零。

③当样品燃烧，内筒水开始升温，平缓到顶后，开始下降，当有明显降温趋势后，可按"结束"键，然后按动"数据"键，可使 00 次、01 次、02 次……一直到按"结束"键时的测温次数为止的测量温度数据重新逐一在五位数码管上显示出来，操作人员可以进行记录和计算，或与实时笔录的温度数据（注：电脑储存的数据是蜂鸣器鸣响的那一秒的温度值）核对后计算 ΔT 和热值。当操作人员每按一次"数据"键，被储存的温度数据和测温次数自动逐个显示出来，方便操作人员查看测温记录。

注：在读取数据状态，"点火"键不起作用，若需重新测量，必须先按"结束"键，使仪器回到测温状态。

④按"复位"键后，可重新试验。

⑤关掉电源，原储存的温度数据也将自动被清除。

3. 量热计热容量测定方法

①熟悉 GB 384《石油产品热值测定法》，了解并熟悉标准所阐述的试验方法、试验步骤和试验要求。

②检查仪器的工作状态，使其处于符合说明书所规定的工作环境和工作条件下。仪器的外壳，必须处于良好的接地状态。

③基准物质采用二级量热标准物质苯甲酸；将镍铬丝剪成直径约 0.1mm，长 80~100mm，再把等长的 10~15 根点火丝同时放在分析天平上称量，计算每根点火丝的平均质量；氧气中不应有氢和其他可燃物，禁止使用电解氧气。

④先将外筒装满水，试验前用外筒搅拌器（手拉式）将外筒水温搅拌均匀。

⑤称取片剂苯甲酸 1g（约 2 片），称准至 0.0002g 放入坩埚中。

⑥把盛有苯甲酸的坩埚固定在坩埚架上，将 1 根点火丝的两端固定在两个电极柱上，并让其与苯甲酸有良好的接触，然后，在氧弹中加入 10mL 蒸馏水，拧紧氧弹盖，并用进气管缓慢地充入氧气直至弹内压力为 2.8~3.0MPa 大气压为止，氧弹不应漏气。

⑦把上述氧弹放入内筒中的氧弹座架上，再向内筒中加入约 3000g（称准至 0.5g）蒸馏水

（温度已调至比外筒低 0.2~0.5℃），水面应至氧弹进气阀螺帽高度的约 2/3 处，每次用水量应相同。

⑧接上点火导线，并连好控制箱上的所有电路导线，盖上胶木盖，将测温传感器插入内筒，打开电源和搅拌开关，仪器开始显示内筒水温，每隔半分钟蜂鸣器报时一次。

⑨当内筒水温均匀上升后，每次报时时，记下显示的温度。当记下第 10 次时，同时按"点火"键，测量次数自动复零。以后每隔半分钟储存测温数据共 31 个，当测温次数达到 31 次后，按"结束"键表示试验结束（若温度达到最大值后记录的温度值不满 10 次，需人工记录几次）。

⑩停止搅拌，拿出传感器，打开水筒盖（注意：先拿出传感器，再打开水筒盖），取出内筒和氧弹，用放气阀放掉氧弹内的氧气，打开氧弹，观察氧弹内部，若有试样燃烧完全，试验有效，取出未烧完的点火丝称重。若有试样燃烧不完全，则此次试验作废。

⑪用蒸馏水洗涤氧弹内部及坩埚并擦拭干净，洗液收集至烧杯中的体积为 150~200mL。将盛有洗液的烧杯用表面器皿盖上，加热至沸腾 5min，加 2 滴酚酞指示剂，用 0.1mol/L 的氢氧化钠标准溶液滴定，记录消耗的氢氧化钠溶液的体积。如发现在坩埚或氧弹内有积炭，则此次试验作废。

热容量（J/℃）按式（11-9）计算：

$$E = \frac{Q_1 m_1 + Q_2 m_2 + V Q_3}{\Delta T} \tag{11-9}$$

式中　　E——量热计热容量，J/℃；

　　　　Q_1——苯甲酸标准热值，J/g；

　　　　m_1——苯甲酸质量，g；

　　　　Q_2——引燃（点火）丝热值，J/g；

　　　　m_2——引燃（点火）丝质量，g；

　　　　V——消耗的氢氧化钠溶液的体积，mL；

　　　　Q_3——硝酸生成热滴定校正（0.1mol 的硝酸生成热为 5.9J），J/mL；

　　　　ΔT——修正后的量热体系温升，℃，计算方法如式（11-10）。

$$\Delta T = (t_n - t_0) + \Delta t \tag{11-10}$$

式中　　t_0、t_n——主期初温和末温，℃；

　　　　Δt——量热体系与环境的热交换修正值，℃，计算方法如式（11-8）所示。

试油热值的测定与上述过程完全相同，计算方法不同。

4. 仪器使用和维护保养

①仪器工作时应放置在一个单独的、背阳的房间，工作台平整，理想环境温度为20℃±5℃。为了保证测量的准确性，每次测定时室温的变化不大于±1℃，室内禁止使用各种热源，不应有空气对流的现象。

②热量标准物质应用二等或二等以上、经计量机关检定、标有热值的苯甲酸。

③氧弹内使用纯度为99.5%的工业氧气，禁止使用电解氧。

④保持仪器表面清洁干燥，不可让水流入仪器，引起电路板损坏。尤其是外筒不能加得过满，以免搅拌时水溢出造成电路板损坏。

⑤氧弹应定期进行20MPa水压检查，每年至少一次。

⑥氧气减压器在使用前应将零件上油污擦洗干净，以免在充氧时，发生意外爆炸事故，氧气减压器应定期进行耐压试验，每年至少一次。

⑦氧弹的密封每次使用前应仔细检查，如密封垫圈损坏，应立即调换，以防密封不良。

⑧仪器使用完毕后应保持表面清洁干燥以防腐蚀，长期不用时，应将水倒掉并擦拭干净，置于干燥处。

⑨搅拌电机的转轴应每半年或一年加一次润滑油。

实训十二 机械杂质、残炭和灰分的测定

项目一 石油和油品及添加剂中机械杂质的测定（参照 GB/T 511—2010）

1. 方法标准相关知识

（1）方法适用范围

GB/T 511 标准规定了用已恒重的定量滤纸或微孔玻璃过滤器，过滤试样来测定石油和石油产品及添加剂中机械杂质的方法。

该标准适用于测定石油、液态石油产品和添加剂中的机械杂质，不适用于润滑脂和沥青。

（2）方法概要

称量一定量的试样，溶于所用的溶剂中，用已恒定质量的滤纸或微孔玻璃过滤器过滤，被留在滤纸或微孔玻璃过滤器上的杂质即为机械杂质。

（3）术语和概念

油品中的机械杂质是指存在于油品中所有不溶于规定溶剂的沉淀状或悬浮状物质。以质量分数表示。

油品在加工、储运、使用等过程中由于种种原因混入的沙子、铁屑、尘土等构成机械杂质，其次机械杂质还包括一些不溶于溶剂的有机成分，如碳化物等。

燃料油含机械杂质会降低发动机效率，堵塞管路，增加机械磨损；润滑油和润滑脂中的机械杂质会堵塞油路，增大磨损，恶化润滑性能，甚至加速油品变质。

需要注意的是所测油品中机械杂质数值大小和使用的溶剂种类有关。

（4）机械杂质测定部分相关标准

GB/T 511—2010《石油和石油产品及添加剂机械杂质测定法》

GB/T 513—1977（2004）《润滑脂机械杂质测定法（酸分解法）》

GB/T 6531—1986（2004）《原油和燃料油中沉淀物测定法（抽提法）》

SH/T 0330—1992（2004）《润滑脂机械杂质测定法（抽出法）》

SH/T 0336—1994（2004）《润滑脂杂质含量测定法（显微镜法）》

2. 训练目标

①能够正确理解测定机械杂质的国家标准，理解溶剂对测定值的影响。

②掌握石油产品和添加剂中机械杂质的测定操作技术。

③掌握分析结果的计算方法。

3. 仪器和试剂

（1）仪器

石油产品和添加剂机械杂质试验器：符合 GB/T 511 技术要求。

烧杯或宽颈的锥形烧瓶；称量瓶；玻璃漏斗；保温漏斗；吸滤瓶；干燥器；玻璃棒。

微孔玻璃过滤器：漏斗式，P10（孔径 4~10μm），直径 40mm、60mm、90mm。

定量滤纸：中速，滤速 31~60s，直径 11cm。

水浴或电热板；红外线灯泡。

真空泵或水流泵。

烘箱：可加热到 105℃ ±2℃。

分析天平：感量 0.1mg。

（2）试剂及材料

试样（汽油机油、柴油机油）。

溶剂油：符合 SH004 规格。

95% 乙醇：化学纯。乙醚：化学纯。苯：化学纯。

乙醇 – 甲苯混合溶剂：用 95% 乙醇和甲苯按体积比 1∶4 配成。

乙醇 – 乙醚混合溶剂：用 95% 乙醇和乙醚按体积比 4∶1 配成。

注：①以上所有试剂在使用前要用与试验时所采用的型号相同的滤纸或微孔玻璃过滤器过滤，然后做溶剂用。②本试验要注意防火，应在通风良好的实验室中进行，滤纸及洗涤液应倒入指定的容器中，并加以回收。

硝酸银：分析纯，配成 0.1mol/L 的水溶液。

4.准备工作

（1）试样的准备

将盛在容器中的试样（不超过瓶体积的 3/4）摇动 5min，使之混合均匀。石蜡或黏稠的油品应预先加热到 40~80℃，润滑油的添加剂加热到 70~80℃，然后用玻璃棒仔细搅拌 5min。

（2）滤纸或滤器的准备

将试验用滤纸放在清洁干燥的称量瓶中。将带滤纸的敞口称量瓶或微孔玻璃过滤器放在烘箱中，在 105℃ ±2℃下干燥不少于 45min，然后放在干燥器中冷却 30min（称量瓶的瓶盖应盖上），进行称量，称准至 0.0002g。重复干燥（第二次干燥时间只需 30min）及称量，直至连续两次称量间的差数不超过 0.0004g。

（3）称量

在 105~110℃的烘箱中干燥不少于 1h。然后盖上盖子放在干燥器中冷却 30min 后，进行称量，称准至 0.0002g。重复干燥（第二次干燥只需 30min）及称量，直至连续两次称量之差不超过 0.0004g。

5.实验步骤

①称量试样和溶解试样。根据试样类型按表 12-1 要求，称取摇匀并搅拌过的试样于烧杯中，并用加热溶剂油（甲苯或溶剂油）按比例稀释。

在测定石油、深色石油产品、加添加剂的润滑油和添加剂中的机械杂质时，采用甲苯作为溶剂。溶解试样的溶剂油或甲苯，应预先在水浴内分别加热至 40℃或 80℃，不应使溶剂沸腾。

表 12-1　试样称量和加入溶剂油的要求

试样类型	取样质量 /g	称量精度 /g	溶剂体积和样品质量的比例
石油产品：100℃运动黏度			
$\nu_{100} \leqslant 20mm^2/s$	100	0.05	2~4
$\nu_{100}>20mm^2/s$	50	0.01	4~6
石油：含机械杂质			
1%（质） 不大于	50	0.01	5~10
锅炉燃料：含机械杂质			
1%（质） 不大于	25	0.01	5~10
1%（质） 大于	10	0.01	≤ 15
添加剂	10	0.01	≤ 15

②将恒重好的滤纸放在玻璃漏斗中，放滤纸的漏斗或已恒重的微孔玻璃过滤器用支架固

定，趁热过滤试样溶液。溶液沿着玻璃棒流入漏斗（滤纸）或微孔玻璃过滤器，过滤时溶液高度不应超过漏斗（滤纸）或微孔玻璃过滤器的四分之三。烧杯上的残留物用热的溶剂油（或甲苯）冲洗后倒入漏斗（滤纸）或微孔玻璃过滤器，黏附在烧杯壁上的试样残渣和固体杂质要用玻璃棒使其松动，并用加热到 40℃ 的溶剂油（或加热到 80℃ 的甲苯）冲洗到滤纸或微孔玻璃过滤器上。重复冲洗烧杯直到将溶液滴在滤纸上，蒸发后不再留下油斑为止。

③若试样含水较难过滤时，将试样溶液精制 10~20min，然后将烧杯内沉降物上层的溶剂油（或甲苯）溶液小心倒入漏斗或微孔玻璃过滤器内。此后向烧杯内的沉淀物中加入 5~10 倍（按体积）的乙醇－乙醚混合溶剂稀释，再进行过滤，烧杯中的残渣要用乙醇－乙醚混合溶剂和热的溶剂油（或甲苯）彻底冲洗到滤纸或微孔玻璃过滤器内。

在测定难以过滤的试样时，允许使用减压吸滤和保温漏斗或红外灯泡保温等措施。热过滤时不应使所过滤的溶液沸腾，溶剂油溶液加热不超过 40℃，甲苯溶液加热不超过 80℃。

④在过滤结束后，对带有沉淀物的滤纸或微孔玻璃过滤器用热的溶剂油（或甲苯）进行洗涤，直至滤纸或微孔玻璃过滤器上不再留有试样的痕迹，而且使滤出的溶剂完全透明和无色为止。

在测定石油、深色石油产品、带添加剂的润滑油和添加剂中的机械杂质时，采用不超过 80T 的甲苯冲洗滤纸或微孔玻璃过滤器。

在测定添加剂或带添加剂的润滑油中的机械杂质时，若滤纸或微孔玻璃过滤器中有不溶于溶剂油和甲苯的残渣，可用加热到 60℃ 乙醇－甲苯混合溶剂补充清洗。

⑤在测定石油、添加剂和带添加剂的润滑油中机械杂质时，允许使用蒸馏水冲洗残渣。将带有沉淀物的滤纸或微孔玻璃过滤器用溶剂冲洗后，在空气中干燥 10~15min，然后用 200~300mL 加热到 80℃ 的蒸馏水冲洗。

在测量石油中的机械杂质时，应用热水冲洗到滤液中无氯离子为止（用硝酸银溶液检查）。

⑥带有沉淀物的滤纸或微孔玻璃过滤器冲洗完毕后，将带有沉淀物的滤纸放入过滤前所对应的称量瓶中，将敞口称量瓶或微孔玻璃过滤器放在 105℃±2℃ 的烘箱中干燥不少于 45min。然后放在干燥器中冷却 30min（称量瓶的瓶盖应盖上），进行称量，称准至 0.0002g。重复干燥（30min）及称量的操作，直至两次连续称量间的差数不超过 0.0004g 为止。

如果机械杂质的含量不超过石油产品或添加剂的技术标准的要求范围，第二次干燥及称量处理可以省略；使用滤纸时，必须进行溶剂的空白实验补正。

6. 数据处理

（1）计算

试样的机械杂质含量（质量分数）w 按式（12-1）计算：

$$w = \frac{(m_2 - m_1) - (m_4 - m_3)}{m} \times 100\% \qquad (12-1)$$

式中　m_1——滤纸和称量瓶的质量（或微孔玻璃过滤器的质量），g；

$\quad\quad m_2$——带有机械杂质的滤纸和称量瓶的质量（或带有机械杂质的微孔玻璃过滤器的质量），g；

$\quad\quad m_3$——空白试验前滤纸和称量瓶的质量（或微孔玻璃过滤器的质量），g；

$\quad\quad m_4$——空白试验后滤纸和称量瓶的质量（或微孔玻璃过滤器的质量），g；

$\quad\quad m$——试样的质量，g。

（2）报告

①取重复测定两个结果的算术平均值作为实验结果。

②机械杂质的含量在 0.005%（质）以下时，则可认为无机械杂质。

7. 精密度

按下述规则判断测定结果的可靠性（95% 置信水平）。重复性和再现性符合表 12-2 的要求。

表 12-2　重复性与再现性

机械杂质 /%（质）	重复性 /%	再现性 /%
≤ 0.01	0.0025	0.005
> 0.01~0.1	0.005	0.01
> 0.1~1	0.01	0.02
> 1.0	0.10	0.20

8. 注意事项

①取样前必须充分摇动试样瓶，使试样混合均匀，并且迅速称样，以保证样品的代表性。

②根据样品不同选择溶剂。测定经过精制及含胶质物质较少的油品时可选择溶剂油作为溶剂；测定未精制的深色油品、酸碱洗的润滑油、含添加剂的润滑油或添加剂中的机械杂质时可选用甲苯作为溶剂。若油品中含有不溶于溶剂油和甲苯的残渣，可选用乙醇 – 乙醚混合溶剂和乙醇 – 甲苯混合溶剂冲洗残渣。

③过滤操作应严格遵守质量分析的有关操作，保证不引入机械杂质。要注意控制滤纸烘干温度、时间和恒重冷却的时间，以减少误差。

④过滤结束后，必须用溶剂充分洗涤，并且使洗出的溶剂完全透明和无色为止。

⑤用各种溶剂洗涤滤纸后，对滤纸质量增减效果不同。苯、蒸馏水洗涤后滤纸的质量减少；而用乙醇、溶剂油洗涤后，滤纸的质量增大明显。方法规定使用的滤纸必须进行溶剂的空白试验补正。

9. 思考题

①测定机械杂质时，对所选择的溶剂有何要求？

②石油中机械杂质洗涤是否完全，如何检查？

项目二 油品残炭的测定（电炉法）[参照 SH/T 0170—1992（2000）]

1. 方法标准相关知识

（1）方法适用范围

SH/T 0170 适用于电炉法测定石油产品残炭，主要针对润滑油、重质液体燃料或其他石油产品。

（2）方法概要

在规定的试验条件下，用电炉来加热蒸发润滑油、重质液体燃料或其他石油产品的试样，并测定燃烧后形成的焦黑色残留物（残炭）的质量分数（%）。

（3）术语和概念

残炭是指将油品放入残炭测定仪器中，按规定条件加热，使其蒸发和热解，排出燃烧的气体后，所剩余的残留物。测定结果以重量百分数表示。

形成残炭的物质主要是油品中的沥青质、胶质及多环芳烃的叠合物。

残值越大，间接表示油品中不稳定的烃类和胶状物质越多。残炭值大，加工过程中易生成焦炭，设备易结胶。油品的精制深度越大，残炭值越小。

轻柴油以 10% 蒸余物的残炭作为指标。柴油的馏分越轻和精制得越好，其值越小。

残炭值的大小和试验时加热条件等密切相关。

（4）残炭测定部分相关标准

GB/T 268—1987（2004）《石油产品残炭测定法 （康氏法）》

GB/T 17144—2021《石油产品残炭的测定 微量法》

GB/T 12709—1991（2004）《润滑油老化特性测定法 （康氏残炭法）》

GB/T 18610.1—2015《原油残炭的测定 第 1 部分：康氏法》

GB/T 18610.2—2016《原油残炭的测定 第 2 部分：微量法》

SH/T 0170—1992（2000）《石油产品残炭测定法 （电炉法）》

2. 训练目标

①能够正确理解和执行电炉法残炭测定标准，理解电炉残炭的测定意义。

②掌握润滑油、重质液体燃料等产品电炉残炭的测定操作技术。

3. 仪器和试剂

（1）仪器

电炉法残炭测定仪器：见图 12-2，包括加热设备和配电设备两部分。

高温炉；干燥器；坩埚盖（专用）；瓷坩埚（专用）。

（2）材料

细砂：要预先充分灼烧过，在残炭测定仪器中，每个装坩埚的空穴底部装入细砂 5~6mL。

4. 准备工作

（1）安装仪器

将仪器的电加热炉和温度测量控制系统按照仪器说明书安装调整好，接通电源，利用电子自动温度控制器控制炉温，使炉温达到 520℃ ±5℃的规定范围。

（2）煅烧坩埚

将清洁的瓷坩埚放在 800℃ ±20℃的高温炉中煅烧 1h 之后，取出，先在空气中放置 1~2min，然后移入干燥器中。在干燥器中冷却约 40min，然后称出瓷坩埚的质量，精确至 0.0002g。再重新放在高温炉中煅烧 1h，并进行如上的准确称量；如此重复煅烧、冷却和称量，直至两次连续称量间的差数不大于 0.0004g 为止。

5. 实验步骤

（1）取样处理

将瓶中的试样（要不超过瓶内容积的四分之三）摇匀 5min。黏稠和含蜡的石油产品要预先加热到 50~60℃才进行摇匀；对于水含量大于 0.5% 的石油产品，要在测定残炭前进行脱水；进行柴油 10% 残留物的残炭测定时，应将试样进行不少于两次的蒸馏。收集试样的 10% 残留物，供测定柴油 10% 残留物的残炭用。

（2）取样

在预先称量过的瓷坩埚中称入一份如下数量的试样，精确至 0.01g。

润滑油或柴油的 10% 残留物	7~8g
重质燃料油	1.5~2g
渣油沥青	0.7~1g

（3）试样煅烧

用钳子将盛有试样的瓷坩埚放入电炉的空穴中，立即盖上坩埚盖，切勿使瓷坩埚及盖偏斜靠壁。未用空穴均应盖上钢浴盖。如果同时使用四个空穴，则此时炉温会有下降。当试样在高温炉中加热到开始从坩埚盖的毛细管中逸出蒸气时，立刻引火点燃蒸气，使它燃烧，在燃烧结束时，用空穴的盖子盖上高温炉的空穴。然后将炉温维持在520℃±5℃，煅烧试样的残留物。

试样从开始加热，经过蒸气的燃烧，到残留物的煅烧结束，共需30min。

（4）称量恒重

当残留物的煅烧结束时，打开钢浴盖和坩埚盖，并立即从电炉空穴中取出瓷坩埚，在空气中放置1~2min，移入干燥器中冷却约40min后，称量瓷坩埚和残留物的质量，精确至0.0002g。

注：在确定试验结果时，必须注意瓷坩埚里面的残留物情况，它应该是发亮的；否则，重新进行测定。如果在第二次分析时仍获得同样的残留物，测定才认为正确。

6. 数据处理

（1）计算

试样的残炭 X［%（质）］按式（12-2）计算：

$$X = \frac{m_1}{m} \times 100\% \qquad (12-2)$$

式中　m_1——残留物（残炭）的质量，g；

　　　m——试样的质量，g。

（2）报告

残炭的计算结果，精确到0.1%（质）。取重复测定两个结果的算术平均值作为试样的残炭。

7. 精密度

重复性：同一操作者重复测定的两个结果之差不应大于表12-3的数值。

表12-3　精密度

残炭 /%（质）	柴油10%残留物	润滑油	重质燃料油及渣油沥青
重复性 /%（质）	较小结果的15%	较小结果的10%	较小结果的5%

8. 注意事项

①坩埚的煅烧、试样的预热、燃烧、冷却等操作要严格按照方法规定进行。

②电炉的温度应严格控制在520℃±5℃，试样开始加热，经过蒸气燃烧，到残留物煅烧结束，应控制在30min。

③残留物煅烧结束后，打开钢浴盖和坩埚盖，要立即从电炉中取出瓷坩埚进行冷却，以免残留物在高温时接触氧气而氧化，使结果偏低。

④试验结束时瓷坩埚内的残留物应该是发亮的，否则要重新进行测定。

9. 思考题

①电炉法测定残炭时，对电炉温度和试验时间有何规定？

②试样煅烧、冷却、称重过程需要注意哪些问题？

项目三　油品灰分的测定
[参照 GB/T 508—1985 （2004）]

1. 方法标准相关知识

（1）方法适用范围

GB/T 508 标准适用于测定石油产品的灰分。不适用于测定含有生灰添加剂（包括某些含磷化合物的添加剂）的石油产品，也不适用于含铅的润滑油和用过的发动机曲轴箱油。

（2）方法概要

用无灰滤纸作引火芯，点燃放在一个适当容器中的样品，使其燃烧到只剩下灰分和残留的碳。炭质残留物再在 775℃ ±25℃ 高温炉中加热转化成灰分，然后冷却并称量。

（3）术语和概念

试油在规定条件下燃烧后，将其固体残渣经高温煅烧所得的不燃烧物质称为灰分。以质量分数表示。

油品灰分主要是硫、硅、钙、镁、铁、钠、铝、锰及其他微量物质的化合物。它们来自油品蒸馏时不能除去的可溶性矿物盐、设备和管路被腐蚀生成的金属盐类、铁锈；油品中加入的添加剂、皂化剂；落入油品中的灰尘杂物等。

灰分的组成和含量因原油的种类、性质和加工方法不同而异。灰分高的油品一般加工和精制深度低，油品在燃烧后会产生积炭，增大机械磨损。

发动机燃料中灰分增加，会增加气缸的磨损。重油含灰分过大，沉积在管壁等处，不仅使热传导效率降低，而且会引起设备的提前损坏。润滑油灰分过大，容易在机件上生成坚硬的积炭。由于一些润滑油中加入清净分散剂等添加剂（是金属盐类），因此，加剂前和加剂后控制不同的灰分指标。

（4）灰分测定部分相关标准

GB/T 508—1985（2004）《石油产品灰分测定法》

GB/T 2433—2001《添加剂和含添加剂润滑油硫酸盐灰分测定法》

SH/T 0327—1992（2004）《润滑脂灰分测定法》

SH/T 0029—1990《石油焦灰分测定法》

SH/T 0131—1992（2004）《石油蜡和石油脂硫酸盐灰分测定法》

SH/T 0067—1991（2000）《发动机冷却液和防锈剂灰分含量测定法》

SH/T 0422—2000《沥青灰分测定法》

2. 训练目标

①正确理解油品中灰分测定的国家标准，理解灰分测定的意义。

②掌握灰分测定原理，掌握灰分测定的操作技能及计算方法。

3. 仪器和试剂

（1）仪器

石油产品灰分试验器：符合 GB/T 508 技术要求；瓷坩埚或瓷蒸发皿：50mL；电热板或电炉；高温炉：能加热到恒定于 775℃ ±25℃温控系统；干燥器：不装干燥剂。

（2）试剂与材料

柴油或润滑油；盐酸：化学纯，配成 1∶4 的水溶液；定量滤纸：直径 9cm；硝酸铵：分析纯，配成 10% 的水溶液；试样：柴油机油。

4. 准备工作

（1）瓷坩埚的准备

将稀盐酸（1∶4）注入瓷坩埚（或瓷蒸发皿）内煮沸几分钟，用蒸馏水洗涤。烘干后再放入高温炉中，在 775℃ ±25℃温度下煅烧至少 10min，取出在空气中至少冷却 3min，移入干燥器中。冷却 30min 后，称量，准确至 0.0002g。重复煅烧、冷却及称量，直至连续两次称量之差不大于 0.0004g 为止。每次放入干燥器中冷却的时间应相同。

（2）试样的准备

将瓶中柴油试样（其量不得多于该瓶容积的 3/4），剧烈摇动至均匀。对黏稠的润滑油试样可预先加热至 50~60℃，摇匀后取样。

5. 实验步骤

（1）准确称量坩埚、试样

将已恒重的坩埚称准至 0.0002g，并以同样的准确度称取试样 25g，装入 50mL 坩埚内。

（2）安放引火芯

用一张定量滤纸叠两折，卷成圆锥形，从尖端剪去 5~10mm 后，平稳地插放在坩埚内油中，作为引火芯，要将大部分试油表面盖住。

（3）加热含水试样

测定含水的试样时，将装有试样和引火芯的坩埚放置在电热板上，开始缓慢加热，使其不溅出，让水慢慢蒸发，直到浸透试样的滤纸可以燃着为止。

（4）引火芯浸透试样后，点火燃烧

试样的燃烧应进行到获得干性炭化残渣时为止，燃烧时，火焰高度维持在 10cm 左右。对黏稠的或含蜡的试样，一边燃烧一边在电炉上加热。燃烧开始时，调整加热强度，使试样不溅出也不从坩埚边缘溢出。

（5）高温炉煅烧

试样燃烧后，将盛残渣的坩埚移入已预先加热到 775℃±25℃ 的高温炉中，在此温度下保持 1.5~2h，直到残渣完全成为灰烬。如果残渣难烧成灰，则在坩埚冷却后滴入几滴硝酸铵溶液，浸湿残渣，然后仔细将它蒸发并继续煅烧。

（6）重复煅烧

残渣成灰后，将坩埚在空气中冷却 3min，然后在干燥器内冷却约 30min，进行称量，称准至 0.0002g，再移入高温炉中煅烧 15min。重复进行煅烧、冷却及称量，直至连续称之差不大于 0.0004g。滤纸灰分质量须做空白试验校正。

6. 数据处理

（1）计算

试样的灰分 X［%（质）］按式（12-3）计算：

$$X = \frac{G_1}{G} \times 100\% \qquad (12-3)$$

式中　G_1——灰分的质量，g；

　　　G——试样的质量，g。

（2）报告

取重复测定两次结果的算术平均值，作为试样的灰分。

7. 精密度

重复测定两次结果间的差值，不应超过表 12-4 所示数值。

表 12-4　同一实验者连续两次测定结果的允许误差

灰分 X/%	允许差值 /%	灰分 X/%	允许差值 /%
0.005 以下	0.002	0.01~0.1	0.005
0.005~0.01	0.003	0.1 以上	0.01

8. 注意事项

①试样充分混匀。必须使用定量滤纸。

②滤纸折成圆锥体放入坩埚中，并且紧贴坩埚内壁，让油浸透滤纸，以防止滤纸过早烧完，起不到"灯芯"的作用。

③控制好加热强度，以掌握燃烧的速度，维持火焰高度在 10cm 左右，以防止试油飞溅以及过高的火焰带走灰分微粒。

④试油燃烧后放入高温炉煅烧前，要观察试样是否燃尽，并防止放入高温炉后突然燃起的火焰将坩埚中的灰分微粒带走。

⑤煅烧、冷却、称量等过程应严格按照规定的温度和时间进行。

9. 思考题

①测定灰分时，对所用的滤纸有何要求？为什么？

②测定油品灰分时，对加热的强度有何要求？试样燃烧完全的标志是什么？

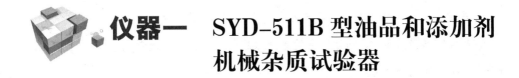

仪器一 SYD-511B 型油品和添加剂机械杂质试验器

1. 仪器的组成

本仪器主要由玻璃器皿、控温水浴、控温漏斗、抽滤泵、电机自动搅拌和智能化电子控温仪组成，如图 12-1 所示。

2. 使用方法

①仔细阅读 GB/T 511《石油和石油产品及添加剂机械杂质测定法》，了解并熟悉标准所阐述的试验方法、试验步骤和试验要求。

②按标准所规定的要求，准备好试验用的各种试验器具、材料等。检查本仪器的工作状态，使其符合说明书所规定的工作环境和工作条件。

③向水浴箱中加入清水，水面离浴箱内胆顶面约 10mm，以保证有足够多的水（注意水浴箱放入盛物量杯时，应保证水不溢出浴箱内胆）。将各连接线插入各自的插座内，锁紧后打开电源开关。

④设定水浴和控温漏斗加热温度，控温仪面板如图 12-2 所示，设定加热温度的方法如下：

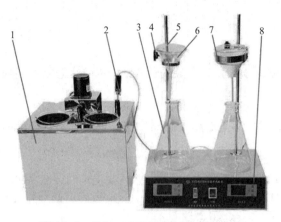

图 12-1　SYD-511B 型机械杂质试验器

1—水浴箱；2—温度传感器；3—抽滤瓶；
4—锁紧件；5—支架杆；6—玻璃漏斗；
7—控温漏斗；8—控制箱

图 12-2　机械杂质试验器控制面板

1—测定值；2—设定值；3—功能键；
4—移位键；5—减键；6—加键

按一下设定键"SET"，设定温度值闪烁，按移位键"◄"移到所要的数位，该数位即停止闪动（其他数位仍会闪动），用加键"▲"或减键"▼"设定该数位数值，各位数值都调整好后，再按一下设定键"SET"，设定即告完毕，开始对水浴或漏斗加热。

⑤漏斗控温器试调时，设定的温度不宜太高，因控温漏斗是干式加热，应采用逐步升高的办法，以免损坏控温漏斗。

⑥按照 GB/T 511 的标准试验方法进行测定。

3. 注意事项

①控温漏斗上面的玻璃漏斗，因其传热缓慢，玻璃漏斗上的实际温度与所设定温度可能有所不同并有过冲现象，使用时应注意适当修正。

②水浴箱无足够多的水时，不应通电加热，以免损坏器件。

③控温仪出厂时已设定好专用的 PID 工作程序，用户不应自行随意调整。

④仪器不用时应擦拭干净，存放在干燥、通风、无腐蚀性气体的环境中。

仪器二　SYP1011 型电炉残炭测定器

1. 仪器结构

仪器主要由钢浴、瓷坩埚、电加热元件、温度测量及控制系统组成。钢浴由特殊材质不锈钢制成，有四个电炉空穴供试验用。仪器结构如图 12-3 所示。

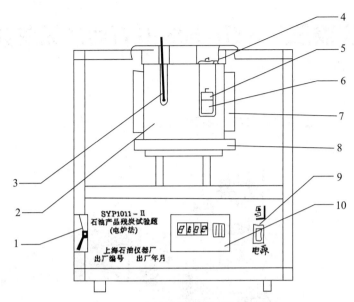

图 12-3　电炉残炭测定器结构简图

1—风扇；2—钢浴；3—热电偶；4—钢浴盖；5—坩埚盖；
6—瓷坩埚；7—主加热器；8—辅助加热器；9—电源开关；
10—温控仪

2. 使用方法

①将仪器放置在有排风设备的试验台上。

②接通电源，打开电源开关（此时电加热器开始工作，仪器升温加热，同时风扇也处于工作状态）。

③根据试验方法要求，调整温控仪上的温度设定按钮，使其数字拨码显示符合所需要的控温温度值（电炉法试验温度为 520℃ ±5℃）。

④当钢浴温度达到设定温度值时，温控仪便进入自动控制温度状态，如被测温度尚未达到设定温度，则红色 LED 灯亮；当被测温度达到或高于设定温度时则绿色 LED 灯亮。

⑤待温度恒定以后，请按 SH/T 0170—1992（2000）《石油产品残炭测定法（电炉法）》的规定进行试验。

⑥如果同时使用四个空穴，此时炉温可能会有所下降。

3. 注意事项

①仪器应经常做好清洁工作，保持外观整洁，同时检查温控仪，热电偶传感器工作是否正常。

②使用的热电偶应定期进行校正，以确保准确地测量电炉温度。

③使用本仪器时，应经常检查电源状态，并应接地良好。

④仪器使用完毕后，应即时拔掉电源插头，做好清洁工作。

仪器三 SYD-508型石油产品灰分试验器

1. 仪器结构

如图 12-4 所示，该仪器由高温炉、温控仪、电热炉等部件组成。

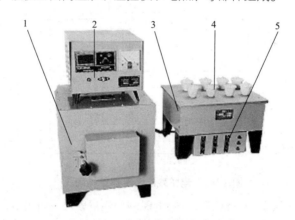

图 12-4　灰分测定器结构简图

1—高温炉；2—温控仪；3—电热炉；4—坩埚；5—控制开关和指示灯

2. 使用方法

①仔细阅读 GB/T 508《石油产品灰分测定法》，了解并熟悉标准所阐述的准备工作、试验步骤和试验要求。

②按 GB/T 508 标准所规定的要求，准备好试验用的各种试验器具、材料等。检查加热器的外壳，必须处于良好的接地状态；接入加热器的电源线应有良好的接地端。

③将已恒重的坩埚称准至 0.01g，并以同样的准确度称入试样。所取试样的多少以所取试样足以生成 20mg 的灰分为限，但最多不超过 100g。如试样较多，需两次燃烧试样，可用一个合适的试样容器称量，取初重量与末重量之差为所用试样。

④用一张定量滤纸叠成两折，卷成圆锥状，用剪刀把距尖端 5~10mm 之顶端部分剪去，放入坩埚内。把卷成圆锥状的滤纸（引火芯）安稳地立插在坩埚内的油中，将大部分的油面盖住。

⑤引火芯浸透试样后，点火燃烧，试样燃烧应进行到获得干性炭化残渣为止。燃烧时，火焰高度应维持在 10cm 左右。

测定含水的试样时，将装有试样和引火芯的坩埚放在电热板上，缓慢加热，使其不溅出，让水慢慢蒸发，直到浸透试样的滤纸可以燃着为止。

对黏稠的或含蜡的试样，可一边燃烧一边在电炉上加热，使试样不致溅出，亦不从坩埚边溢出。

⑥试样燃烧后，将盛有残渣的坩埚移入加热到 775℃±25℃的高温炉中（应注意防止突然爆燃、冲出。可先把坩埚移入炉中，或于温度较低时移入炉中，然后再升至 775℃±25℃），在此温度下保持 1.5~2h，直到残渣完全成为灰烬。

⑦从高温炉中取出坩埚，放在空气中冷却 3min，然后放在干燥器中冷却至室温后进行称量，称准至 0.0001g。再移入高温炉中煅烧 20~30min。重复进行煅烧、冷却及称量，直至连续两次称量间的差数不大于 0.0005g 为止。

实训 十三 润滑油泡沫特性和铜片腐蚀试验

项目一 润滑油泡沫特性的测定（参照 GB/T 12579—2002）

1. 方法标准相关知识

（1）标准使用范围

GB/T 12579 规定了测定润滑油在中等温度下泡沫特性的方法。标准适用于加或未加用以改善或遏制形成稳定泡沫特性的添加剂的润滑油。

在高速齿轮、大容积泵送和飞溅润滑系统中，润滑油生成泡沫的倾向是一个严重的问题，由此引起的不良润滑、气穴现象和润滑剂溢流损失都会导致机械故障。有必要测定润滑剂在使用过程中生成泡沫的倾向和泡沫生成后的稳定性。

（2）方法概要

试样在 24℃时，用恒定流速的空气吹气 5min，然后静止 10min。在每个周期结束时，分别测定试样中泡沫的体积。取第二份试样，在 93.5℃下进行试验，当泡沫消失后，再在 24℃下进行重复试验。

润滑油的泡沫特性是指规定的条件下，润滑油生成泡沫的倾向和生成泡沫的稳定性能，用以表示润滑油的抗泡沫性。

泡沫特性以 mL/mL 表示，是指泡沫倾向 / 泡沫稳定性。泡沫倾向是指试验在吹气 5min 结束时的泡沫体积；泡沫稳定性是指吹气后静止 10min 后的泡沫体积，报告要标明 24℃、93.5℃ 和后 24℃。

（3）测定意义

抗泡沫性是润滑油的质量指标。润滑油中的泡沫会破坏润滑油膜，增加磨损，还会使润滑系统产生气阻，影响润滑油循环。在液压油循环系统中如混有泡沫，会使润滑条件恶化，造成液压不稳，影响自动控制和操作的精度，特别对高压液压系统，会失去动力传递的可靠性，产生异常振动和噪声等。

（4）泡沫特性测定部分标准

GB/T 12579—2002《润滑油泡沫特性测定法》

SH/T 0722—2002《润滑油高温泡沫特性测定法》

SH/T 0066—2002《发动机冷却液泡沫倾向测定法（玻璃器皿法）》

2. 训练目标

①正确解读润滑油泡沫特性测定方法标准，理解润滑油泡沫特性测定意义。

②掌握润滑油泡沫特性测定条件和方法。熟悉影响泡沫特性测定的因素。

3. 仪器与试剂

（1）仪器

润滑油泡沫试验器：符合 GB/T 12579 技术要求，包括下列配件：

量筒：1000mL，最小分度为 10mL，从量筒内底部到 1000mL 刻度线距离为 335~385mm。

橡皮塞子：与上述量筒的圆形顶口相匹配。塞子中心应有两个圆孔，一个插进气管，一个插出气管。

扩散头：由烧结的结晶状氧化铝制成的砂芯球，直径为 25.4mm；或是由烧结的多孔不锈钢制成的圆柱形。

试验浴：其尺寸足以使量筒至少浸至 900mL 刻线处，控温精度 ±0.5℃。

空气源：从空气源通过气体扩散头的空气流量能保持在 94mL/min ± 5mL/min。空气还须通过一个高为 300mm 的干燥塔，干燥塔应依次按下述步骤填充：在干燥塔的收口处以上依次放 20mm 的脱脂棉、110mm 的干燥剂、40mm 的变色硅胶、30mm 的干燥剂、20mm 的脱脂棉。当变色硅胶开始变色时，则必须重新填充干燥塔。

流量计：能够测量流量为 94mL/min ± 5mL/min。

体积测量装置：在流速为 94mL/min 时，能精确测量约 470mL 的气体体积。

计时器：电子或手工的，分度值和精度均为 1s 或更高。

温度计：水银式玻璃温度计，符合本标准附录的要求，或者选用全浸式，测量范围为 0~50℃和 50~100℃，最小分度值为 0.1℃的温度计。

（2）试剂

正庚烷、丙酮、甲苯、异丙醇均为分析纯，水：符合 GB/T 6682 中三级水要求。

4.准备工作

每次试验之后，必须彻底清洗试验用量筒和进气管，以除去前一次试验留下的痕量添加剂，这些添加剂会严重影响下一次的试验结果。

（1）量筒的清洗

先依次用甲苯、正庚烷和清洗剂仔细清洗量筒，然后用水和丙酮冲洗，最后再用清洁、干燥的空气流将量筒吹干，量筒的内壁排水要干净，不能留水滴。

（2）气体扩散头的清洗

分别用甲苯和正庚烷清洗扩散头，方法如下：将扩散头浸入约 300mL 溶剂中，用抽真空和压气的方法，使部分溶剂来回通过扩散头至少 5 次。然后用清洁、干燥的空气将进气管和扩散头彻底吹干。最后用一块干净的布沾上正庚烷擦拭进气管的外部，再用清洁的干布擦拭，注意不要擦到扩散头。

（3）仪器检查

调节进气管的位置，使气体扩散头恰好接触量筒底部中心位置。检查系统是否泄漏。拆开进气管和出气管，并取出塞子。

5.实验步骤

（1）试样处理

不经机械摇动或搅拌，将约 200mL 试样倒入 600mL 烧杯中加热至 49℃ ±3℃，并使之冷却到 24℃ ±3℃。

（2）程序Ⅰ

将试样倒入量筒中，使液面达到 190mL 刻线处。将量筒浸入 24℃ 浴中，至少浸没至 900mL 刻线处，用一个重的金属环使其固定，防止上浮。当油温达到浴温时，塞上塞子，接上扩散头和未与空气源连接的进气管，扩散头浸泡约 5min 后，接通空气源，调节空气流速为 94mL/min ±5mL/min。通过气体扩散头的空气要求是清洁和干燥的。从气体扩散头中出现第一个气泡起开始计时，通气 5min ±3s。立即记录泡沫的体积（从总体积减去液体的体积），精确至 5mL。通过系统的空气总体积应为 470mL ±25mL。切断空气源，让量筒静置 10min ±10s，再次记录泡沫的体积，精确至 5mL。

（3）程序Ⅱ

将第二份试样倒入清洁的量筒中，使液面达到 180mL 处，将量筒浸入 93.5℃ 浴中，至少浸没到 900mL 刻线处。当油温达到 93℃ ±1℃ 时，插入清洁的气体扩散头及进气管，按程序Ⅰ所述步骤进行试验，分别记录在吹气结束时及静止周期结束时泡沫的体积，精确至 5mL。

（4）程序Ⅲ

用搅动的方法破坏程序Ⅱ试验后产生的泡沫，将试验量筒置于室温，使试样冷却至低于 43.5℃，然后将量筒放入 24℃ 的浴中，当试样温度达到浴温后，插入清洁的进气管和扩散头，按程序Ⅰ所述步骤进行试验，在吹气结束及静止周期结束时，分别记录泡沫体积，精确至 5mL。

注 1：程序Ⅰ和程序Ⅲ所述的步骤都应在前一个步骤完成后 3h 之内进行。程序Ⅱ中试验应在试样达到温度要求后立即进行，并且要求量筒浸入 93.5℃ 浴中的时间不超过 3h。

注 2：如果是黏性油，静止 3h 不足以消除气泡，可静止更长时间，但需记录时间，并在结果中加以注明。

（5）某些类型的润滑油在贮存中，因泡沫抑制剂分散性的改变，致使泡沫增多，如怀疑有以上现象，可用下述选择步骤来进行

清洗（方法同前）一个带高速搅拌器的 1L 容器，将 18~32℃ 的 500mL 试样加入此容器中，并以最大速度搅拌 1min。在搅拌过程中，常常会带进一些空气，因此需使其静止，以消除引入的泡沫，并且使油温达到 24℃ ±3℃。搅拌后 3h 之内，开始按程序Ⅰ进行试验。

（6）简易试验步骤

对于常规试验，可以采用一种简单的试验步骤。此试验步骤仅有一点与标准方法不同。即空气通过气体扩散头，5min 之内吹入的空气总体积不用测量的。

6. 数据处理和报告

报告结果精确到"5mL"，表示为"泡沫倾向"［在吹气周期结束时的泡沫体积（mL）］和（或）"泡沫稳定性"［在静止周期结束时的泡沫体积（mL）］。每个结果要注明程序号以及试样是直接测定或是经过搅拌后测定的。

当泡沫或气泡层没有完全覆盖油的表面，且可见到片状和"眼睛"状的清晰油品时，报告泡沫体积为"0mL"。

7. 精密度

按下述规定判断结果的可靠性（95% 置信水平）。

（1）重复性（r）

同一操作者使用同一仪器，在恒定的试验条件下，对同一试样重复测定的两个试验结果之差不能超过式（13-1）和式（13-2）的值。

$$r（程序Ⅰ和程序Ⅱ）=10+0.22X \qquad （13-1）$$

$$r（程序Ⅲ）=15+0.33X \qquad （13-2）$$

式中　X——两个测定结果的平均值，mL。

（2）再现性（R）

不同的操作者在不同的实验室对同一试样得到的两个结果之差不能超过式（13-3）和式（13-4）的值。

$$R（程序Ⅰ和程序Ⅱ）=15+0.45X \qquad （13-3）$$

$$R（程序Ⅲ）=35+1.01X \qquad （13-4）$$

对于选择搅拌后测定的样品的精密度标准没有给出。

8. 注意事项

①试验温度和润滑油的起泡性关系很大，因此试验温度一定要准确控制在24℃±0.5℃和93.5℃±0.5℃。

②气体扩散头要符合方法标准要求，放置的位置要恰好接触量筒的底部，并在量筒圆截面的中心。

③空气流量应控制在94mL/min±5mL/min，而且空气必须通过脱脂棉、干燥剂、变色硅胶等净化。

④扩散头、量筒等每次试验前应彻底清洗。

⑤在产品标准中，泡沫性以mL/mL表示，是指泡沫倾向/泡沫稳定性。泡沫倾向是指试验在吹气5min结束时的泡沫体积；泡沫的稳定性是指吹气后静止5min后的泡沫体积，报告要表明24℃、93.5℃、后24℃。

9. 思考题

①在产品规格标准中，泡沫性以mL/mL表示，请说明其表示的意思。

②润滑油为什么要测其泡沫特性？

项目二　油品的铜片腐蚀试验（参照 GB/T 5096—2017）

1. 方法标准相关知识

（1）方法适用范围

适用于测定航空汽油、喷气燃料、车用汽油、溶剂油、煤油、柴油、馏分燃料油、润滑油、天然汽油或在 37.8℃时蒸气压小于 124kPa 的其他烃类等石油产品对铜的腐蚀程度。对雷德蒸气压大于 124kPa 的试样，要采用 SH/T 0232 方法测定其腐蚀性。

（2）方法概要

把一块已磨光的铜片浸没在一定体积的试样中，根据试样的产品类别加热到规定的温度并保持一定的时间。待加热周期结束时，取出铜片，经洗涤后与铜片腐蚀标准色板进行比较，评价铜片变色情况，确定腐蚀级别。

（3）术语和概念

以金属铜作为试片进行的一种金属腐蚀性试验称为铜片腐蚀。同理，以金属银片为试片进行的腐蚀试验称为银片腐蚀试验。

一般油品通常进行铜片腐蚀试验，车用汽油、柴油、燃料油的测定温度和时间为 50℃，3h；航空汽油、喷气燃料为 100℃，2h；润滑油为 100℃，2h。

喷气燃料除铜片腐蚀试验外，还要求进行银片腐蚀试验，其灵敏度较铜片腐蚀高一些。

油品中硫化物等腐蚀性成分对金属产生的腐蚀的程度，并不一定与总硫含量等指标直接相关。

腐蚀性试验是在一定条件（温度、时间等）下将某种金属试片浸入被测油品中，通过金属试片表面被腐蚀的程度判定油品腐蚀性的一种定性的试验方法。

腐蚀试验的目的是检验油品中是否含有对金属产生腐蚀作用的硫醇、活性硫或游离硫及酸性物质、碱性物质和水分等物质。其次通过试验可以预知油品在储运和使用时对金属腐蚀的可能性，各种油品经腐蚀试验合格才允许出厂。

（4）腐蚀试验部分相关标准

GB/T 7326—1987（2004）《润滑脂铜片腐蚀试验法》

GB/T 11138—1994《工业芳烃铜片腐蚀试验法》

SH/T 0232—1992（2000）《液化石油气铜片腐蚀试验法》

SH/T 0195—1992（2000）《润滑油腐蚀试验法》

SH/T 0331—1992（2000）《润滑脂腐蚀试验法》

SH/T 0023—1990（2000）《喷气燃料银片腐蚀试验法》

2. 训练目标

①掌握铜片腐蚀试验的测定原理、方法和操作技能。

②掌握金属试片制备技术。

③理解测定铜片腐蚀试验的意义。

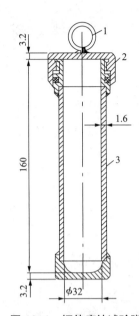

图 13-1　铜片腐蚀试验弹
1—提环；2—弹盖；3—弹体

3. 仪器和试剂

（1）仪器

铜片腐蚀试验器：由试验弹、可控温水浴等组成，符合 GB/T 5096 技术要求。其中试验弹：用不锈钢按图 13-1 所示尺寸制作，并能承受 700kPa 试验表压；水浴或油浴：能维持在试验所需的温度，且用支架支持试验弹保持垂直位置，并使整个试验弹能浸没在浴液中约 100mm 以下的深度。

磨片夹钳或夹具：磨片时牢固地夹住铜片而不损坏边缘，并使铜片表面高出夹具表面；硅硼玻璃试管：长 150mm、外径 25mm、壁厚 1~2mm，当 30mL 液体及浸于其中的铜片置于试管中时，试样液体表面应至少高于铜片上端 5mm；观察试管：扁平形，在试验结束时，供检验用或在储存期间供盛放腐蚀的铜片用；温度计：全浸型、最小分度 1℃或小于 1℃，用于指示试验温度，在试验温度时，其水银柱伸出浴介质表面应不大于 10mm。

（2）试剂与材料

洗涤溶剂：在 50℃，试验 3h 不使铜片变色的任何易挥发、硫含量小于 5mg/kg 的烃类溶剂均可选用。铜片：纯度大于 99.9% 的电解铜，宽为 12.5mm±0.2mm、厚度为 1.5~3.0mm、长为 75mm±5mm，铜片可以重复使用，但当铜片表面出现不能磨去的坑点或深道痕迹，或在处理过程中，表面发生变形时，则不能再用。磨光材料：65μm 的碳化硅或氧化铝（刚玉）砂纸（或砂布），105μm（150 目）的碳化硅或氧化铝（刚玉）砂粒以及药用脱脂棉。无灰滤纸或一次性手套（在铜片打磨处理最后步骤中，用来避免铜片与手指直接接触）。钢丝绒：00 号或更细，打磨试片表面。

注意：在有争议时，洗涤溶剂应用分析纯异辛烷或标准异辛烷；磨光材料用碳化硅材质。

（3）腐蚀标准色板

铜片腐蚀标准色板是由按变色和腐蚀程度增加顺序排列的典型试验铜片的颜色复制品组成，见表 13-1，它是由典型试片全色复制，在一块铝薄板上采用四色加工而成的。为了保护起见，这些腐蚀标准色板嵌在塑料板中。在每块标准色板的反面给出了腐蚀标准色板的使用说明。

为避免褪色，腐蚀标准色板应避光存放。试验用的腐蚀标准色板要用另一块在避光下仔细地保护的（新的）腐蚀标准色板与它进行比较来检查其褪色情况。在散射日光（或与之相当的光线）下，对色板进行观察，先从上方直接看，然后再从 45°角看。如果观察到有褪色迹象，特别是在腐蚀标准色板最左边的色板有这种迹象，则废弃这块色板。

检查褪色的另一种方法是：当购进新色板时，把一条 20mm 宽的不透明片（遮光片）放在这块腐蚀标准色板带颜色部分的顶部。把不透明片经常拿开，以检查暴露部分是否有褪色的迹象。如果发现有任何褪色，则应该更换这块腐蚀标准色板。

如果塑料板表面显示出有过多的划痕，则也应该更换这块腐蚀标准色板。

表 13-1　腐蚀标准色板的分级

分级	名称	说明[①]
新磨光的铜片	—	注[②]
1	轻度变色	a. 淡橙色，几乎与新磨光的铜片一样；b. 深橙色
2	中度变色	a. 紫红色；b. 淡紫色；c. 带有淡紫蓝色或（和）银色，并覆盖在紫红色上的多彩色；d. 银色；e. 黄铜色或金黄色
3	深度变色	a. 洋红色覆盖在黄铜色上的多彩色；b. 有红和绿显示的多彩色（孔雀绿），但不带灰色
4	腐蚀	a. 透明的黑色、深灰色或仅带有孔雀绿的棕色；b. 石墨黑色或无光泽的黑色；c. 有光泽的黑色或乌黑发亮的黑色

注：①铜片腐蚀标准色板是由表中这些说明所表示的色板组成的。②此系列中所包括的新磨光铜片，仅作为试验前磨光铜片的外观标志。即使一个完全腐蚀的试样经试验后也不可能重现这种外观。

4. 准备工作

（1）试片的制备

表面准备：先用 00 号或更细的钢丝绒打磨，以去除前次试验遗留在铜片六个表面上的蚀污，再用 65μm（p220）的碳化硅砂纸处理打磨的痕迹，在进行最后磨光前，应确保已完成表面准备的铜片不再发生氧化作用。用定量滤纸擦去铜片上的金属屑后，将铜片浸没在洗涤溶剂中。铜片随后可取出立即进行最后磨光，或可贮存在洗涤溶剂中备用。对于所购买的商品预打磨铜片，只需进行最后磨光步骤即可。

表面准备的手工操作步骤：将一张碳化硅或氧化铝砂纸或纱布放在平坦的表面上，用煤油或洗涤溶剂湿润砂纸或纱布，以旋转方式将铜片对着砂纸或纱布摩擦，拿取铜片时，采用无灰滤纸保护或戴一次性手套防止铜片与手指接触。另一种方法是将适当粒度的干砂纸（或砂布）装在马达的驱动机器上，采用机器来处理铜片表面。

最后磨光：从洗涤溶剂中取出铜片，需戴一次性手套或用无灰滤纸保护。用一块经洗涤溶剂湿润的脱脂棉，蘸取一些 105μm（p150）的碳化硅或氧化铝（刚玉）砂粒，先摩擦铜片各端边，再磨其侧边，再用新的脱脂棉用力擦拭。在其后的处理过程中手指不得接触铜片表面，可用镊子夹持铜片。继续用脱脂棉使劲地摩擦铜片，以除去所有金属屑，直到新脱脂棉擦拭时不留痕迹为止。铜片擦净后,立即浸入已准备好的试样中。

注意:为了得到变色均匀的铜片,均匀地磨光铜片的各个表面是很重要的。如果边缘已出现磨损(表面呈椭圆形),其腐蚀多比中心部分强烈。使用夹钳有助于铜片表面磨光。

(2)取样

对会使铜片轻度变暗的各种试样,应该储放在干净的深色玻璃瓶、塑料瓶或其他不致影响试样腐蚀性的合适的容器中。

尽量避免试样挥发,试样要装至容器的 70%~80%,取样后立即盖上。取样时要小心,防止试样暴露于日光下。实验室收到试样后,在打开容器后应尽快进行实验。

如果在试样中看到有悬浮水(浑浊),则用一张中速定性滤纸把足够体积的试样过滤到一个清洁、干燥的试管中。此操作尽可能在暗室中或避光的屏风下进行。

注意:镀锡容器会影响试样的腐蚀程度,因此,不能使用镀锡铁皮容器来储存试样。铜片与水接触会引起变色,使铜片评定造成困难。

5. 实验步骤

(1)试验条件

不同的石油产品采用不同的试验条件。

①航空汽油、喷气燃料。把完全清澈、无任何悬浮水的试样倒入清洁、干燥试管的 30mL 刻线处,并将经过最后磨光、干净的铜片在 1min 内浸入试样中。将试管小心滑入试验弹中,旋紧弹盖。再将试验弹完全浸入 100℃ ±1℃ 的水浴中。在浴中放置 120min±5min 后,取出试验弹,并在自来水中冲几分钟。打开试验弹盖,取出试管,按下述(2)步骤检查铜片。

②柴油、燃料油、车用无铅汽油。把完全清澈、无悬浮水试样倒入清洁、干燥试管的 30mL 刻线处,并将经过最后磨光干净的铜片在 1min 内浸入试样中。用一个有排气孔(打一个直径为 2~3mm 小孔)的软木塞塞住试管。将该试管放到 50℃ ±1℃ 的水浴中。在浴中放置 180min±5min 后,按(2)步骤检查铜片。

说明:溶剂油、煤油和润滑油,按上述②步骤进行试验,但温度控制在 100℃ ±1℃。

(2)铜片的检查

试验到规定温度后,从水浴中取出试管,将试管中的铜用不锈钢镊子立即取出,浸入洗涤溶剂中,洗去试样。然后,立即取出铜片,用定量滤纸吸干铜片上的洗涤溶剂。比较铜片与腐蚀标准色板,检查变色或腐蚀迹象。比较时,将铜片及腐蚀标准色板以对光线成 45° 角折射的方式拿持,进行观察。

说明:也可以将铜片放在扁平试管中,以避免夹持的铜片在检查和比较过程中留下斑迹和被弄脏,但试管口要用脱脂棉塞住。

6. 数据处理

（1）结果表示

按表13-1所示，腐蚀分为4级。当铜片是介于两种相邻的标准色阶之间的腐蚀级别时，则按其变色严重的腐蚀级判断试样。当铜片出现比标准色板中1b还深的橙色时，则认为铜片仍属1级；但是，如果观察到有红颜色时，则所观察的铜片判断为2级。

2级中紫红色铜片可能被误认为黄铜色完全被洋红色的色彩所覆盖的3级。为了区别这两个级别，可以把铜片浸没在洗涤溶剂中。2级会出现一个深橙色，而3级不变色。

为了区别2级和3级中多种颜色的铜片，把铜片放入试管中，并把这支试管平放在315~370℃的电热板上4~6min。另外用一支试管，放入一支高温蒸馏用温度计，观察这支温度计的温度来调节电炉的温度。如果铜片呈现银色，然后再呈现为金黄色，则认为铜片属2级。如果铜片出现如4级所述透明的黑色及其他各色，则认为铜片属3级。

说明：①在加热浸提过程中，如果发现手指印或任何颗粒或水滴而弄脏了铜片，则需重新进行试验；②如果沿铜片的平面的边缘棱角出现一个比铜片大部分表面腐蚀级还要高的腐蚀级别的话，则需重新进行试验。这种情况大多是在磨片时磨损了边缘而引起的。

（2）结果的判断

如果重复测定的两个结果不相同，应重做试验。当重新试验的两个结果仍不相同时，则按变色严重的腐蚀级来判断。

按表13-1级别中的一个腐蚀级报告试样的腐蚀性，并报告试验时间和试验温度。

7. 注意事项

①金属铜片的纯度和大小都必须符合方法的要求。试验所用的溶剂经铜片腐蚀试验合格后方可使用。

②铜片表面必须严格进行表面处理。磨光材料要符合要求，试片要均匀地磨光各个表面。铜试片处理时要用专用夹具，防止用手直接接触。铜试片放入玻璃试管时将试管适当倾斜，小心地将试片滑入，以避免打破试管。

③试验时温度应恒定在±1℃的范围内，试验时间要控制在±5min内。

④试验结束后，要用不锈钢镊子取出铜片，浸入洗涤溶剂，洗去上面的试样，再用定量滤纸吸干，然后和标准色板对照，判断试验结果。

⑤铜片和腐蚀标准色板进行比较时，要以对光线成45°角折射的方法拿持进行观察。

8. 其他油品腐蚀试验方法

其他油品腐蚀试验操作方法与GB/T 5096大同小异，主要区别在于试验条件的控制。表13-2中汇总了常用的油品腐蚀试验方法的条件和使用范围等。

表 13-2　油品腐蚀试验方法比较

试验方法标准编号	试验方法标准名称	试验条件			判断标准	适用范围
		试片材料及规格 /mm	温度 /℃	时间 /h		
GB/T 5096—2017	石油产品铜片腐蚀试验法	纯度 >99.9% 的电解铜，75 × 12.5 ×（1.5~3.0）	不同油品温度不同	不同油品时间不同	1 级轻度变色 2 级中度变色 3 级深度变色 4 级腐蚀	航空汽油、喷气燃料、车用汽油、润滑油等
SH/T 0023—1990（2000）	喷气燃料银片腐蚀试验法	2 号银，（17~19）×（12.5~12.7）×（2.5~3.0）	50 ± 1	4	0 级不变色；1 级轻度变色；2 级中度变色；3 级轻度变黑；4 级发黑。1 级以上为合格	1~3 号喷气燃料
GB/T 378—1964（1991）（已作废）	发动机燃料铜片腐蚀试验法	T1 或 T2 铜片，40 × 10 ×（1.5~2.5）	50 ± 2	3	①出现黑色、深褐色、钢灰色薄层或斑点时不合格②出现其他颜色或无变色时合格	航空汽油、车用汽油、柴油等
GB/T 7326—1987（2004）	润滑脂铜片腐蚀试验法	T2 铜片，纯度 >99.9% 的电解铜，7.5 × 12.5 ×（1.5~3.0）	100 ± 1	24	①甲法与标准腐蚀色板进行比较，1 级轻度变色；2 级中度变色；3 级深度变色；4 级腐蚀 ②乙法检查铜片有无变色，如有绿色或黑色则认为不合格	润滑脂
SH/T 0331—1992（2000）	润滑脂腐蚀试验法	T3 铜片，25 × 25 × 3；20 × 20 × 3 45 号钢或由石油产品方法标准规定圆形（直径 38~40，厚 3 ± 1）、正方形（边长 48~50，厚 3 ± 1）	100 ± 2	3	无斑点或无明显的不均匀的变色为合格	润滑脂
GB/T 391—1977（2004）	发动机润滑油腐蚀度测定法	Pb-3 或 Pb-4，20 × 45 × 1.5~4.0	140 ± 2	50	测定结果与石油产品比较	发动机润滑油

9. 思考题

（1）比较汽油、柴油、润滑油做铜片腐蚀试验时水浴温度和试验时间的区别。

（2）试分析铜片腐蚀试验时，水浴温度高低和实验时间长短对结果的影响。

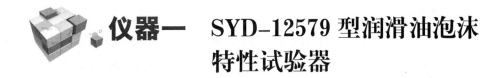

仪器一 SYD-12579型润滑油泡沫特性试验器

1. 仪器结构

SYD-12579型润滑油泡沫特性试验器如图13-2所示，包括三个部分：低温恒温部分及其控制部分、高温恒温部分及其控制部分、与低温恒温部分配套的便携式制冷器。仪器控温自动化程度较高，设定仪器的恒温点后，仪器将自动进入恒温状态，无须再做设定调整。仪器还有自动计时报警功能，在达到恒温点后，打开计时开关，计时器将自动计时，同时开始吹气，5min后，将会自动关断吹气，并静止放置10min后，仪器将会自动报警，提示读数。仪器电路主要由温控仪、加热器、定时器等组成。主加热器功率650W，辅助加热器功率1000W。两恒温浴电路基本相同。

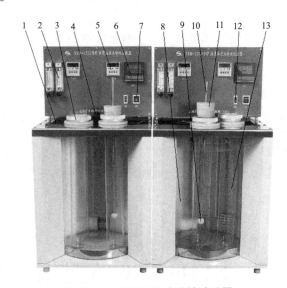

图13-2 润滑油泡沫特性试验器

1—制冷头插口；2—空气流量计；3—量筒夹持器；4—温度传感器；
5—时间继电器；6—温控仪；7—电源开关；8—玻璃浴缸；9—泡沫头；
10—温度计；11—量筒塞；12—定时开关；13—量筒

2. 仪器使用方法

①认真预习GB/T 12579《润滑油泡沫特性测定法》，了解并熟悉标准所阐述的准备工作、试验步骤和试验要求。

②按GB/T 12579标准所规定的要求，准备好试验用的各种试验器具、材料等。

③两恒温浴缸内加入清水至加热罩缺口以上，打开电源开关，接通电源，电源指示灯亮，

仪器进入工作状态。

④温控仪按标准设定好所要求的温度，开机后温控仪会自动控制恒温浴缸的温度。高温浴附有自动辅助加热，在近恒温点约 2℃时控温仪自动关断该辅助加热器。低温浴配有专门的制冷器，可在室温高于试验温度时，作为辅助降温设备。

⑤把带有 O 形圈的量筒放入浴缸中，拧牢固定螺母，按图 13-2 所示安装好仪器。

⑥在仪器进入恒温状态后，按 GB/T 12579 标准所规定的要求，装入试样进行试验。

⑦连接好泡沫头，打开计时开关，此时计时开始，空气泵开始吹气。这时可调节流量计的流量，使其在 94mL/min ± 5mL/min 的范围内。

⑧对泡沫头吹气 5min 后，将自动切断空气源，同时进入计时 10min 状态，随后可观测泡沫倾向。

3. 注意事项

①低温恒温浴应使用相匹配的制冷器，应保证制冷头与制冷器的主体之间的连管不致产生折叠和拉拔。

②接通空气源之前，必须首先将流量计上的气体调节阀调至最小位置，再缓慢调节气流大小。

③出厂仪器的气路连接方法是按 GB/T 12579 标准中的简易法连接的，如需用标准方法测试，请按照 GB/T 12579 标准的要求重新连接气路。在低温恒温浴上配有相应的冷却盘管，以供标准方法使用。

④严禁无水时开机加热，必须待加水至加热罩缺口以上后再开机。

⑤干燥塔帽的出气孔要与塔身的出气缺口对齐。

 仪器二　SYD-5096-A 型铜片腐蚀试验器

1. 仪器结构

该仪器由试验弹、恒温浴、温度控制器、自动计时器、机械搅拌器、电加热器等组成。仪器外观如图 13-3 所示。

2. 试验前准备

①仔细阅读 GB/T 5096《石油产品铜片腐蚀试验法》，了解并熟悉标准所阐述的准备工作、试验步骤和试验要求，应仔细阅读使用说明书。按标准所规定的要求，准备好试验用的各种试验器具、材料等。

②检查本仪器的工作状态，应符合说明书所规定的工作环境和工作条件。检查本仪器的外壳，必须处于良好的接地状态。检查仪器有无损伤，以及整机的成套性，然后检查紧固件有无松动，接插件是否插好，一切无误后，在浴缸内加水、油或混合液（无浴液不可通电）。

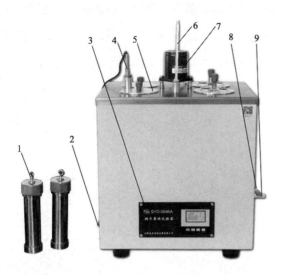

图 13-3　SYD-5096-A 铜片腐蚀试验器

1—试验弹；2—电源开关；3—仪器面板；4—温度传感器；5—浴盖（或组合体）；6—温度计；7—搅拌装置；8—放水阀；9—溢流管

图 13-4　控制面板图

1—功能键；2—移位键；3—计时标志；4—测定值；5—设定值；6—减键；7—加键

3. 试验方法

①接通电源，打开电源开关。根据试验方法规定的温度要求（40℃、50℃或100℃±1℃）和时间要求，按温控仪功能键"SET"设定相应的温度值和定时时间值，如图 13-4 所示。

温控仪的使用：功能键"SET"，通过此键可对温控仪进行各项操作和设定。按此键，SV显示窗闪烁，当 PV 显示窗显示 SP 时，设定控制温度，按"∧"或"∨"键可调节温度增大或减小，设定完毕，稳定一段时间其显示值不变，即可认为"温度设定"完毕。再按此键，PV 显示窗显示 TInE 时，设定计时时间，按"∧"或"∨"键可调节时间加长或缩短，计时单位为分钟，设定完毕，稳定一段时间其显示值不变，即可认为"时间设定"完毕。注意功能键"SET"和"∧"的特殊用途，在"设定"状态下按"∧"键，可使数据增加；在"运行"状态下按"∧"键，可观察定时器的剩余时间，可启动或停止计时。

②由于 1600W 加热管开启后浴温上升较快，搅拌装置对浴液不停地搅拌，浴缸内温度逐渐趋于均匀，此后控温仪经过几个周期后，温度将稳定下来。

③若玻璃温度计检测的实际值与温控仪表的显示值不一致，则需作修正。例如：仪表显示值为 80.0℃，玻璃温度计检测值为 79.7℃时，按"SET"键，PV 窗显示 5C，使 SV 值显示 −0.3

（若玻璃温度计检测值为 80.3℃时，则使 SV 值显示 +0.3），修正完毕后，按"SET"键退出。

　④当浴温达到试验法规定的要求后，将试片放入油样中，然后把试管放在试管托架上，按试验方法要求将试管托架及油样、试片组合体放入浴箱中。如试验方法要求用试验弹时，则将油样、试管和试片按试验方法的要求放入试验弹内并封盖。随后，将封好的试验弹挂在试验弹托架上，并将试验弹和试验弹托架的组合体放入浴箱中，同时长按"↑"键，开始计时，试验时间到，报警器报警，再按"↑"键，关掉计时，这时应立即取出试样，评定腐蚀级别。

实训 十四 润滑脂滴点、石蜡熔点的测定

项目一 润滑脂滴点的测定 [参照 GB/T 4929—1985（1991）]

1.方法标准相关知识

（1）方法适用范围

GB/T 4929 适用于测定润滑脂的滴点。

（2）方法概要

本方法是将润滑脂装入滴点计的脂杯中，在规定的标准条件下，测定润滑脂在试验过程中达到一定流动性的温度。

（3）术语和概念

滴点是将润滑脂装入滴点计的脂杯中，在规定的标准条件下，润滑脂在试验过程中达到一定流动性时的温度。

滴点是润滑脂耐温性能指标，是在一定条件下利用润滑脂受热后产生熔化或油皂分离的现象，测出润滑脂的滴点，可以估计其最高使用温度，也可以大致区分润滑脂的种类。耐温性差的润滑脂在使用过程中会因摩擦热而变软，从摩擦表面流出，影响正常润滑，造成机械磨损。所以在选用润滑脂时，滴点应比润滑部位的最高温度高 20~30℃，否则润滑脂易软化流失，造成机械磨损。

润滑脂其他重要的指标有工作锥入度、钢网分油量、蒸发量等。

（4）滴点测定部分相关标准

GB/T 4929—1985（1991）《润滑脂滴点测定法》

GB/T 3498—2008《润滑脂宽温度范围滴点测定法》

SH/T 0678—1999《凡士林滴点测定法》

SH/T 0800—2007《蜡滴点测定法》

2. 训练目标

①能够正确解读润滑脂滴点测定的标准，理解润滑脂滴点的测定意义。

②掌握润滑脂滴点测定方法和操作技术。

3. 仪器和试剂

（1）仪器

①脂杯：镀铬黄铜杯，如图 14-1 所示。

②试管：带边耐热玻璃试管，在圆周上有用来支撑脂杯的三个凹槽，如图 14-1 所示。

③温度计：温度范围 -5~300℃，分度值 1℃，分浸式。

④油浴：一只 600mL 烧杯和合适的油组成。

⑤抛光金属棒：直径为 1.2~1.6mm，长度为 150mm。

⑥加热器：能控制温度。

⑦搅拌器。

（2）试剂

润滑脂样品。

4. 准备工作

（1）安装仪器

按图 14-1 所示将两个软木塞套在温度计上，调节上面软木塞的位置，使温度计球的顶端离杯底约 3mm。在油浴中另挂一支温度计，使其水银球与试管中温度计的水银球位于同一水平面上。在试管里温度计水银球下端的位置不是关键的，只要不堵塞脂杯小口即可。由于脂杯内表面涂有脂膜，温度计水银球不能与试样接触。

（2）装脂杯

取下脂杯，把脂杯大口压入试样，直到装满试样，要尽可能不搅动试样。用刮刀除去多余试样。在底部小口垂直位置拿着脂杯，轻轻地按住杯，向下穿抛光金属棒，直到棒伸出约25mm。使金属棒以接触杯的上下圆周边的方式压向脂杯。保持这样的接触，用食指旋转棒上脂杯，使它螺旋状向下运动，以除去棒上附着的呈圆锥形的试样，当脂杯最后滑出棒的末端

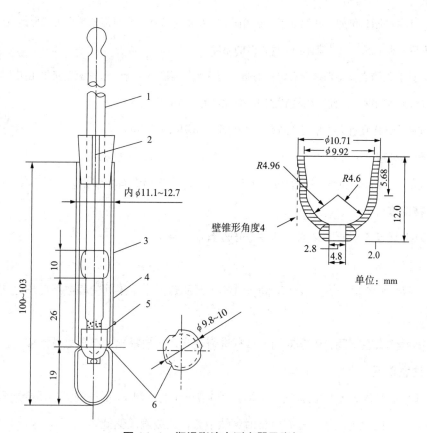

图 14-1　润滑脂滴点测定器及脂杯

1—温度计；2—软木塞上的透气槽口；3—软木导环，环与试管之间总间隙 1.5mm；
4—试管；5—脂杯；6—3 个脂杯支撑凹槽

时，在脂杯内侧应留下一厚度可重复的光滑脂膜。

（3）安装仪器

将脂杯和温度计放入试管中，并把试管挂在油浴中。使油面距试管边缘不超过 6mm。应适当选择试管里固定温度计的软木塞，使温度计上的 76mm 浸入标记与软木塞下缘一致。

5.实验步骤

（1）加热

搅拌油浴，按 4~7℃ /min 的速度升温，直到油浴温度达到比预计滴点低约 17℃。然后，降低加热速度，使油浴温度再升高 2.5℃以前，试管里的温度与油浴温差在 2℃或低于 2℃范围内。继续加热，以 1~1.5℃ /min 的速度加热油浴，使试管中的温度和油浴温度之差保持在 1~2℃。

（2）测定滴点

当温度继续升高时，试样逐渐从脂杯小口露出。当润滑脂从脂杯小口滴出第一滴流体时，立即记录两支温度计的温度。

注：①某些脂，例如一些铝基脂，在熔融时滴出液呈线状，它可能断裂也可能保持直到试管底部为止；如为后一种情况，记录流体到达底部时的温度。

②有些脂的滴点，特别是含有铝皂的脂，随着老化而滴点下降，这种滴点变化比在不同化验室里所得的允许误差大得多，因此，化验室之间的对比试验必须在六天内完成。

③如两个试样具有大致相同的滴点，可在同一油浴里同时测定。

6. 数据处理

以油浴温度计与试管中的温度计的读数的平均值作为试样的滴点。

7. 精密度

用以下规定来判断结果的可靠性（95% 置信水平）。

（1）重复性

同一操作者在同一台仪器上对同一试样进行测定两个结果间的差数不应超过 7℃。

（2）再现性

不同操作者在不同化验室对同一试样进行测定，各自提出的结果之差不应超过 13℃。

8. 注意事项

①装填脂杯时，不应混有气泡（指直径 1~2mm 的气泡），因气泡受热后会剧烈膨胀，加速液滴的滴出，同时也能使油柱在流出时突然中断，造成滴点偏低。

②测定固体烃产品的滴点时，需将试样预先溶化，然后注入脂杯中，在固定的条件下进行冷却。其原因除了试样不好装入脂杯外，还因为这些产品的滴点和它们的冷却结晶过程有很大关系。如果冷却条件不固定，两次测定的结果就会产生偏差，故装满试样的脂杯必须按规定进行冷却。

③正确安装仪器。温度计水银球在脂杯中的位置、试管浸入加热浴的深度等，必须符合要求，否则会影响结果的准确性。

④要正确控制加热速度。脂杯的玻璃和润滑脂传热都比较慢，升温速度过快时，外层试样的温度比内层试样的温度高得多，而滴点计指示的是内层温度，使测定的滴点偏低；反之，滴点偏高。

9. 思考题

①升温速度对测定结果有何影响？

②脂杯中试样装入不足对测定结果有何影响？

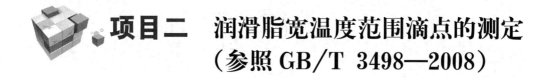

项目二 润滑脂宽温度范围滴点的测定（参照 GB/T 3498—2008）

1. 方法标准相关知识

（1）方法适用范围

GB/T 3498 适用于测定润滑脂宽温度范围的滴点。

（2）方法概要

将润滑脂填入脂杯，放入试管中，试管放在预先设置恒温的铝块炉中。试管中放置温度计，温度计不与润滑脂试样接触，在同试样与接触的条件下测量试管内温度。当试管内温度升高到第一滴润滑脂试样从脂杯滴落到试管底部时，记录温度计显示的温度，作为观测滴点，精确至 1℃。同时记录铝块炉的温度，精确至 1℃。取铝块炉的温度与试管中温度计温度差的三分之一作为修正系数，与观测滴点相加，即为润滑脂试样的滴点。

2. 训练目标

①掌握润滑脂宽温度范围滴点的测定方法和操作技术。

②理解润滑脂滴点的测定意义。

3. 仪器和试剂

（1）仪器

润滑脂宽温度范围滴点试验器：符合 GB/T 3498 技术要求。其中滴点装置由脂杯、脂杯支架、试管、温度计等组成；加热部件采用能够控制加热量的铝块炉，如图 14-2 所示。

其他附件有衬套、衬套支持圈、温度计深度量规、脂杯量规等。

（2）试剂

润滑脂试样。

4. 准备工作

（1）检查和洗涤仪器

将脂杯、脂杯支架和试管彻底地清洗干净，确保脂杯内镀层完好且无残留物。试管应干净无残留物，温度计感温泡表面应干净无残留物。

用脂杯量规为试验选择一个符合该量规尺寸的脂杯，并测量脂杯小口的直径（2.8mm）。

223

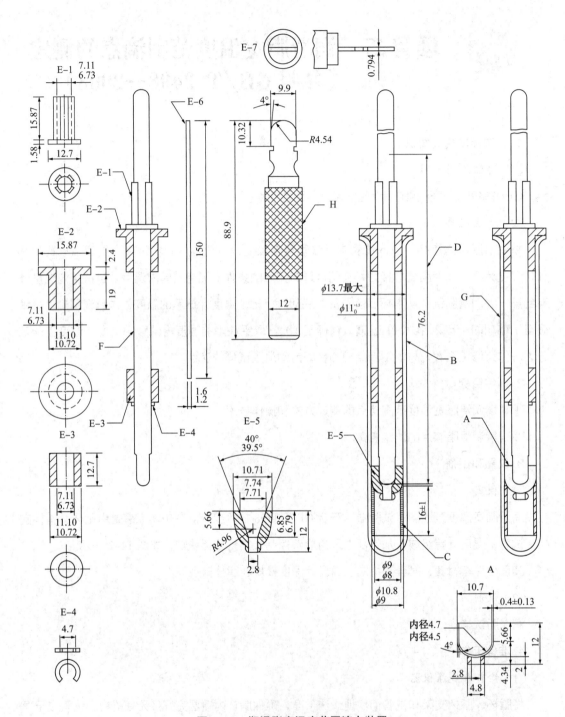

图 14-2　润滑脂宽温度范围滴点装置

A—脂杯；　　　　　B—试管；　　　　　C—脂杯支架；　　　　D—温度计；　　　　E-1—温度计夹；

E-2—衬套；　　　　E-3—衬套；　　　　E-4—衬套支撑圈；　　E-5—温度计深度量规；　E-6—金属棒；

E-7—脂杯量规；　　F—温度计组合件；　G—试管组合件；　　　H—滚花

（2）调节炉温

将空试管、温度计分别插入炉子的每一个试管孔和温度计孔，按表14-1，在保证测得的试样滴点不高于该炉温对应的最高滴点条件下，选择最低炉温进行试验。

表 14-1　炉温控制要求

炉温 /℃	滴点高限温度 /℃	炉温 /℃	滴点高限温度 /℃
121 ± 3	116	288 ± 3	277
232 ± 3	221	316 ± 3	304
		343 ± 3	330

（3）组装仪器

选择符合标准要求的试管、脂杯、温度计夹、衬套、衬套支撑圈。试验前各部件必须处于室温。按装配顺序将上述部件装配到温度计上，并调节衬套和衬套支持圈，使衬套支持圈距温度计球端约 25mm。

将脂杯支架放进试管中，然后再将温度计深度量规和温度计组合件放入试管中。调节温度计使其球端位于量规的底部，调节衬套和温度计夹，使衬套的凸肩压在试管口的边缘上。

5. 实验步骤

（1）装脂杯

从脂杯大口压入试样，直到装满为止，用刮刀将大口刮平，使脂面与杯口齐平。将脂杯小口朝下，并保持垂直，从小口轻轻地插入金属棒，直至棒伸出脂杯大口约 25mm 为止，使棒同时接触脂杯的上下圆周边并挤压杯中的脂，用食指使脂杯在棒上以螺旋形式向下移动，脂的锥体部分黏附在棒上而除去。当脂杯接近金属棒下端时，将金属棒小心地从脂杯中滑出，杯内留下一层厚度均匀的光滑脂膜。

（2）安装脂杯

从试管中取出温度计组合件和温度计深度量规，将脂杯放入试管中脂杯支架上，并重新装上温度计组合件，不必再调节温度计位置，此时温度计球端和杯口之间已有适当的空隙。

（3）测定宽温度范围滴点

从铝块炉中取出空试管，插入试管组合件并确保垂直。观察并记录脂杯滴下第一滴试样脱离杯口达到试管底部时的试样温度和炉温，准确到1℃。如果试样形成带尾巴的液滴（含某些单皂成分或特殊聚合物的脂），记录润滑脂滴落到试管底部时的温度作为观测滴点，可同时进行多个测定。

6. 数据处理

按式（14-1）计算滴点：

$$T = T_0 + \frac{T_1 - T_0}{3}$$

（14-1）

式中　T——试样滴点，℃；

　　　T_1——从脂杯滴下第一滴试样到试管底部时的温度计读数，℃；

　　　T_0——试样滴落时铝块炉的温度，℃。

报告的滴点精确到1℃。

7. 精密度

重复性：同一操作者在同一台仪器上对同一试样连续测定结果之差，不超过表14-2规定的数值。

表14-2　重复性

润滑脂滴点 /℃	重复性 /℃	润滑脂滴点 /℃	重复性 /℃
< 116	6	278~304	7
116~221	8	305~330	18
222~277	6		

8. 注意事项

润滑脂的装填、仪器的装配、加热速度等都是影响测定结果的重要因素。其影响与GB/T 4929类似。

9. 思考题

①什么是润滑脂的滴点？测定滴点有何意义？

②润滑脂滴点测定的影响因素有哪些？

项目三　石油蜡熔点（冷却曲线）的测定（参照GB/T 2539—2008）

1. 方法标准相关知识

（1）方法适用范围

GB/T 2539适用于测定石油蜡的熔点，不适用于微晶蜡和石油脂，以及石油脂、微晶蜡与石蜡或粗石油蜡的混合物。

（2）方法概要

将装有熔化的石油蜡试样和温度计的试管置于空气浴中，空气浴置于水温为16~28℃的水浴中。在试样冷却过程中，定期记录温度计的读数，当试样发生凝固时，其温度变化率减小，在冷却曲线上形成停滞期，冷却曲线上第一次出现停滞期时的温度即为石油蜡熔点。

（3）术语和概念

微晶蜡：以石油分馏后的残渣为原料，经蒸馏提取 C_{31}~C_{70} 支链饱和烃的馏分，再经脱油、脱色而制得，是一种白色无定形非晶状固体蜡。成分以支链饱和烃为主，少量为环状或直链烃，相对分子质量一般是 580~700。黏性较大，且具有延展性。其硬度随原油的产地而不同。

石油脂：又名蜡膏，是微结晶地蜡与石油的混合物。一般石油脂中含有 70%~80% 的地蜡，以及 20%~30% 的重质润滑油馏分。

熔点是石油蜡最主要的质量指标，是产品牌号的划分依据，也是用户选用时的主要参数。石油蜡在塑造各种产品过程中，首先要加热到超过熔点温度，然后塑制造型、浸渍涂敷或渗透到各种包装材料内，因此要求石油蜡有良好的耐温性，即在特定温度下不熔化或软化变形。

石油蜡针入度是指在规定条件下，标准针垂直穿入固体或半固体石油蜡的深度，以 1/10mm 表示。它是评价石油蜡硬度的质量指标。按 GB/T 4985—2021《石油蜡针入度测定法》进行测定。

石油蜡含油量是指石油蜡中含有的润滑油的量。它是在规定条件下，将试样溶解于丁酮中，冷却至 –31.7℃过滤析出，蒸出滤液中的丁酮，以残留油的质量分数表示。石油蜡含油量是评定生产中油蜡分离程度的指标，其值过高会影响石油蜡的色度和储存安定性，降低石蜡的硬度、熔点。

光安定性是石油产品抵抗光照作用而保持其性质不发生永久变化的能力。光安定性是表示石油蜡精致深度和安定性的重要指标。

稠环芳烃含量是石油蜡安全性的关键指标。因为某些稠环芳烃（如 3，4- 苯并芘等）具有致癌性，而不少石油蜡产品与人体或食品接触，甚至被食用，因此，要求石油蜡不含对人体有害的毒性物质。故必须限制其稠环芳烃的含量。

（4）石油蜡熔点、滴熔点测定相关标准

GB/T 2539—2008《石油蜡熔点的测定 冷却曲线法》

GB/T 8026—2014《石油蜡和石油脂滴熔点测定法》

SH/T 0800—2007《蜡滴点测定法》

2. 训练目标

①掌握用冷却曲线法测定石油蜡熔点的原理和操作技术。

②理解石油蜡熔点（冷却曲线）的测定意义。

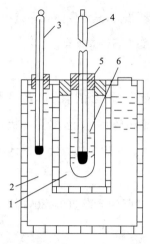

图 14-3　石油蜡熔点测定器

1—空气浴；2—水浴；3—水浴温度计；4—熔点温度计；5—玻璃试管；6—装样线

3. 仪器和试剂

（1）仪器

石油蜡熔点测定器：如图 14-3 所示，其中试管：用钠－钙玻璃制作，外径 25mm，壁厚 2~3mm，长 100mm，管底为半球形，在距试管底 50mm 高处刻一环状标线，在距试管底 10mm 处刻一温度计定位线；空气浴：内径 51mm，深 113mm 的玻璃圆筒；水浴：内径 130mm，深 150mm 圆筒形容器，空气浴置于水浴中，要求空气浴四周与水浴壁以及底部保持 38mm 水层，水浴测温孔要使温度计离水浴壁 20mm；熔点温度计：半浸棒式符合 GB/T 2539—2008 中 4.4 的要求；水浴温度计：半浸式，要求在使用范围内能准确到 1℃，2 支；烘箱或水浴：温度控制能达到 93℃。

（2）试样

石油蜡。

4. 准备工作

（1）仪器的安装

将温度计、试管、空气浴、水浴按图 14-3 的要求进行安装。试管配以合适的软木塞，中间开孔固定熔点温度计，温度计有 79mm 浸没段要插在软木塞下面。温度计插入试管，距管底 10mm。

（2）准备工作

将 16~28℃的水注入水浴中，使水面与顶部距离小于 15mm。在整个实验过程中，水温保持在 16~28℃。将试样放入洁净的烧杯中，在烘箱或水浴中加热到高于估计熔点 8℃以上，控制加热温度不超过 93℃，不可用明火或电热板直接加热试样，试样处于熔化状态不应超过 1h，如不能估计出试样的熔点，可以加热到试样熔化后再升高 10℃，或者加热到90~93℃。

5. 实验步骤

（1）操作

将熔化的试样装到预热的试管至 50mm 刻线处，插入带温度计的软木塞，使温度计距试管底 10mm。在保证蜡温比估计熔点至少高 8℃的情况下，将试管垂直装在空气浴中。

（2）测定

每隔 15s 记录 1 次温度，记录每次读数至最接近估计的 0.05℃。当第一次出现 5 个连续读数之总差不超过 0.1℃时，在试样冷却曲线上出现平稳段，即为停滞期，此时可停止试验。

6. 数据处理

计算第一次出现 5 个连续读数之总差不超过 0.1℃ 的 5 个数的平均值，准至 0.05℃。

取重复测定两次结果中较小值为试样熔点。

7. 精密度

重复测定的两次结果最大差值不得超过 0.1℃。

8. 注意事项

①仪器材料和仪器装配要符合标准要求。

②测定前必须预热蜡样品，使之温度比熔点至少高 8℃。

③降温过程中读数时速度要快、读数要准确。

9. 思考题

①蜡熔点和滴熔点测定有何区别？

②测定熔点时需要注意哪些问题？

 **仪器** ## SYD-3849 型润滑脂宽温度范围滴点试验器

1. 仪器结构

该仪器符合 GB/T 3498《润滑脂宽温度范围滴点测定法》的技术要求。亦适用于标准 ASTM D 2265—2015《宽温度范围润滑脂滴点测定法》。适于测定润滑脂宽温度范围滴点。即在规定的试验条件下，润滑脂达到一定的流动性的温度。

仪器结构如图 14-4 所示，具有 6 个试验穴孔，可以同时测试 6 组试样，使用铝块炉加热，使各穴孔的温度保持较好的一致性。智能化控温装置可设定和控制温度。滴点测定装置如图 14-5 所示。

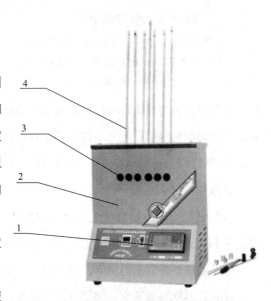

图 14-4　润滑脂宽温度范围滴点试验器

1—控温装置；2—加热装置（铝块炉）；
3—观察孔；4—滴点温度计

2. 仪器的使用方法

①在仪器顶部的每个试管孔内插一支空试管，在温度计孔中，插一支温度计。

②接通电源，打开电源开关，设置并调节温控仪控温温度，将炉温调节到润滑脂滴点高限温度所要求的水平，如表 14-3 所示。

表 14-3　炉温控制要求

炉温 /℃	121 ± 3	232 ± 3	288 ± 3	316 ± 3	343 ± 3
滴点高限温度 /℃	116	221	277	304	330

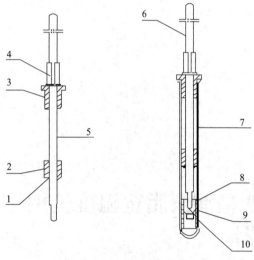

图 14-5　滴点测定装置

1—衬套支撑圈；2，3—铝衬套；4—温度计夹；
5—温度计组合件；6—温度计；7—试管组合件；
8—脂杯支架；9—试管；10—脂杯

③装配滴点装置，如图 14-5 所示，选择和使用试管及组合件 2、3 和 4，使温度计摆动尽量减小。试验前，所有的部件必须处于室温，按图 14-5 中温度计装配所示的顺序，将组合件 4~1 依次装配到温度计上，调节衬套 2 和衬套支撑圈 1，使 1 距离温度计球端大约 25mm。把脂杯支架 8 放到试管 9 中，然后在试管中放入温度计深度量规和温度计组合件。调节温度计，使其球端位于量规的底部，调节衬套 3 和温度计夹 4，使衬套的凸肩压在试管口的边缘上。应用脂杯量规为试验选择一个符合该量规尺寸的脂杯。

④从脂杯大口压入试样，直到装满为止，用刮刀除去多余的润滑脂，使脂面与杯口平齐，脂杯小口朝下，并保持垂直的位置，从小口轻轻地插入金属棒，直到棒伸出脂杯大口约 25mm 为止，使棒同时接触脂杯上、下圆周挤压杯中的脂，用食指使脂杯在棒上旋转，螺旋形地向下移动，脂的锥体部分被黏附在棒上而被除去。当脂杯从棒下端滑出后，杯内留下一层能重复厚度的平滑脂膜。

⑤从试管中取出温度计组合件和深度量规，在试管中放入脂杯，并重新装上温度计组合件，不必再调节温度计位置，因为此时温度计球端和杯口之间已有适当的空隙。

⑥从铝块炉中取出空试管，插入试管组合件。同时打开照明开关。

⑦记录从脂杯滴落第一滴试样时的温度，准确到 1℃。可以同时进行多次测定。

3. 注意事项

①仪器使用前先检查电源电压、频率及接地是否可靠。使用完毕，且不再使用时，要及时

拔掉电源插头。

②温控仪显示温度进行修正时，应与炉块中间的温度计示值趋于一致。

③由于本仪器是在高温条件下进行工作，仪器外壳温度较高（特别是仪器上部、顶板等），故使用时必须有高温安全防护措施，以防烫伤。

4. 温控仪使用说明

温控仪简图如图 14-6 所示。

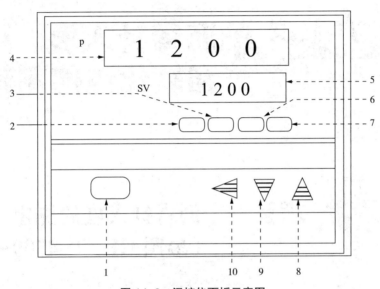

图 14-6　温控仪面板示意图

1—功能键；2—输出指示；3—自整定指示；4—测量值显示；5—设定值；
6—上下报警指示（ALM1）；7—上下报警指示（ALM2）；8—加键；9—
减键；10—移位键

温度控制点的设定：

①通电开机，此时上排显示窗口显示测定温度，下排窗口显示设定温度。

②按"SET"键，下排窗口数字闪烁，此时可按移动、加、减键进行温度设定。

③当数值到达所需要温度值时，按"SET"键。下排窗口停止闪烁，设定完成。

④报警参数设定：按"SET"键 5s，此时上排出现 AL1（上限警报）。再按"SET"键，此时上排出现 AL2（下限警报）。这两个参数仪器厂家已设定，使用者无须再做调整。

⑤温度显示偏差设定：再按"SET"键，出现 SC，根据实际情况，按加、减键对其值进行修正。（修正值显示于下排窗口。）

⑥自整定参数（ATU）出厂时已经设定好，不需要调整。用户在按"SET"键 5s 后，每次轻按"SET"键，为参数选择切换。在任何时间再按"SET"键 5s，即跳出参数设定状态。亦可通过不按任何键，30s 后，温控仪自动跳出参数设定状态。

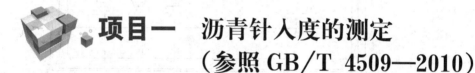

实训 十五 沥青针入度、延度和软化点的测定

项目一 沥青针入度的测定（参照 GB/T 4509—2010）

1. 方法标准相关知识

（1）方法适用范围

GB/T 4509 标准适用于测定针入度范围从（0~500）1/10mm 的固体和半固体沥青材料的针入度，标准也规定了针入度范围为（0~500）1/10mm 的标准针、试样皿和其他试验条件。

（2）方法概要

除非另行规定，标准针、针连杆与附加砝码的总质量为 100.00g ± 0.05g，温度为 25.0℃ ± 0.1℃，时间为 5s。特定试验可采用的其他条件如表 15-1 所示。

表 15-1 针入度特定试验条件

温度 /℃	载荷 /g	时间 /s
0	200	60
4	200	60
46	50	5

（3）术语和概念

石油沥青的针入度是以标准针在一定的载荷、时间及温度条件下垂直穿入沥青试样的深度来表示的，以 1/10mm 为一个针入度单位。

石油沥青是以减压渣油为主要原料制成的一类石油产品，在常温下是黑色或黑褐色的黏稠的液体、半固体或固体，具有较高的感温性。主要为多环、稠环、杂环（氧、硫、氮、金属杂环）烃类及其衍生物的混合物，平均相对分子质量为 1000~5000。

沥青针入度是反映沥青在一定温度下软硬程度的指标。沥青针入度越大，说明沥青黏稠度越小，沥青就越软。对于道路沥青来说，根据针入度大小可以判断沥青和石料混合搅拌的难易。

我国用针入度（25℃、100g、5s）划分建筑石油沥青的牌号。如 GB/T 494—2010《建筑石油沥青》中沥青牌号共分三种，分别为 10 号（针入度 10~25）、30 号（针入度 26~35）、50 号（针入度 36~50）。

（4）沥青针入度测定相关标准

GB/T 4509—2010《沥青针入度测定法》

2. 训练目标

①掌握石油沥青针入度测定原理和测定方法；

②理解沥青针入度的测定意义。

3. 仪器和试剂

（1）仪器

针入度计：符合 GB/T 4509 的技术要求。要求能使针连杆在无明显摩擦下垂直运动，并能指示穿入深度精确到 0.1mm。针连杆质量应为 47.50g±0.05g，针和针连杆组合件总质量为 50g±0.05g。另外附带 50g±0.05g 和 100g±0.05g 砝码各 1 个，可以组成 100g±0.05g 和 200g±0.05g 的载荷以满足试验所需的载荷条件。仪器要求设有放置平底玻璃皿的平台，并有可调水平的机构，针连杆应与平台垂直。仪器设有针连杆制动按钮，紧压按钮针连杆可以自由下落。针连杆要易于拆卸，以便检查其质量。

标准针：标准针由硬化回火的不锈钢制成，钢号为 400-C 或等同的材料，洛氏硬度为 54~60，尺寸要求如图 15-1 所示。针应牢固地装在箍上，针尖及针的任何部分均不得偏离箍轴 1mm 以上。针箍及其附件总质量为 2.50g±0.05g。每个针箍上打印单独的标志号码。为了保证试验用针的统一性，国家计量部门对每根针都应附有国家计量部门的检验单。

试样皿：金属或玻璃的圆柱形平底皿尺寸如表 15-2 所示。

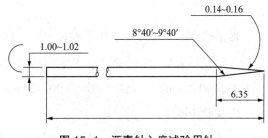

图 15-1　沥青针入度试验用针

表 15-2　金属或玻璃圆柱形平底皿的尺寸

针入度 /（1/10mm）	直径 /mm	深度 /mm
小于 40	33~55	8~16
小于 200	55	35
200~350	55~75	45~70
350~500	55	70

恒温水浴：容量不少于 10L，能将温度在试验温度下控制在 ±0.1℃ 范围内。距水底部 50mm 处有一个带孔的支架。这一支架离水面至少有 100mm。在低温下测定针入度时，水浴中装入盐水。

平底玻璃皿：平底玻璃皿不小于 350mL，深度要没过较大的试样皿。内设一个不锈钢三角支架，以保证试样皿稳定。

计时器：刻度为 0.1s 或小于 0.1s，60s 内的准确度达到 ±0.1s 的秒表。

温度计：液体玻璃温度计，刻度范围为 –8~55℃，分度值为 0.1℃。温度计应定期按液体玻璃温度计检验方法进行校正。

（2）试样

道路沥青或建筑沥青。

4. 准备工作

（1）试样的预处理

小心加热试样，不断搅拌以防局部过热，加热到使试样能够流动。加热时焦油沥青的温度不超过软化点的 60℃，石油沥青不超过软化点的 90℃。加热时间不超过 30min。加热、搅拌过程中避免试样中进入气泡。

将试样倒入预先选好的试样皿中，试样深度至少是预计穿入深度的 120%。如果试样皿的直径小于 65mm，而预计针入度高于 200，每个实验条件都需要倒三个样品。如果样品足够，浇注的样品要达到试样皿边缘。

（2）试样恒温

将试样皿松松地盖住以防灰尘落入。在 15~30℃ 的室温下冷却，小试样皿（φ33mm×16mm）冷却 45~90min；中等试样皿（φ55mm×35mm）冷却 60~90min；较大的试样皿冷却 90~120min。

冷却结束后，将试样皿和平底玻璃皿一起放入测试温度（如 25℃）下的恒温水浴中，水面应没过试样表面 10mm 以上，在规定的试验温度下冷却。小试样皿恒温 45~90min，中等试样皿冷却 60~90min；大试样皿恒温 90~120min。

5. 实验步骤

①调节针入度计的水平，检查针连杆和导轨，确保上面没有水和其他物质。如果预测针入

度超过350应选择长针，否则选用标准针。先用合适的溶剂将针擦干净，再用干净的布擦干，然后将针插入针连杆中固定。按试验条件选择砝码并放好。

②将已恒温到试验温度的试样皿放在平底玻璃皿中的三脚架上，用与水浴相同温度的水完全覆盖样品，将平底玻璃皿放置在针入度仪的平台上。

慢慢放下针连杆，使针尖刚刚接触到试样的表面（可借助光源和反射镜观察）。

轻轻拉下活杆，使其与针连杆顶端相接触，调节针入度仪上的表盘（或测微仪），使其读数指零或归零。

③在规定的时间内快速释放针连杆，同时启动计时装置，使标准针自由下落穿入沥青试样中，到规定时间后使标准针停止下降或自动锁定。

④拉下活杆，使其与针连杆顶端接触，此时表盘指针的读数即为针入度，或自动方式停止锥入，用测微仪测量锥入的深度，得到锥入度（用1/10mm表示）。

⑤同一试样至少重复测定3次。每一试验点的距离和试验点与试样皿边缘的距离都不得小于10mm。每次试验前都应将试样和平底玻璃皿放入恒温水浴中，每次测定都要用干净的针。

当针入度小于200时可将针取下用合适的溶剂擦净后继续使用；当针入度大于200时，每个试样皿中扎一针，三个试样皿得到三个数据。或者每个试样至少用三根针，每次试验的针留在试样中，直至三根针扎完再将针从试样中取出。但这样测得的针入度的最高值和最低值之差，不得超过精密度和偏差的规定。

6. 数据处理

报告三次针入度的平均值，取至整数作为试验结果。三次测定的针入度值相差不应大于表15-3的数值。如果误差超过范围，利用第二个样品重复试验。如果仍然超过允许值，则取消所有的试验结果，重新进行试验。

表15-3　针入度值测定结果的允许误差

针入度 / (1/10mm)	最大差值 / (1/10mm)	针入度 / (1/10mm)	最大差值 / (1/10mm)
0~49	2		
50~149	4	250~349	8
		350~500	20
150~249	6		

7. 精密度和偏差

（1）重复性

同一操作者利用同一台仪器对同一试样测得的两次结果之差不超过平均值的4%。

（2）再现性

不同操作者利用同一类型仪器对同一试样测得的两次结果之差不超过平均值的 11%。

8. 注意事项

①测定前要调整针入度试验器使之符合标准要求。

②熔化试样时不能过热，以免沥青试样长时间在高温下性质发生变化，硬度增加。

③倒入盛样皿的试样若有气泡存在，会使结果偏大，应注意观察，及时除净气泡。

④试样是否达到和保持 25℃是影响测定结果的主要因素之一，应严格遵守。

9. 思考题

①什么是石油沥青针入度？

②试分析水浴温度高低对针入度测定结果的影响。

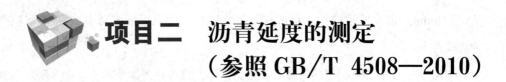

项目二 沥青延度的测定
（参照 GB/T 4508—2010）

1. 方法标准相关知识

（1）方法适用范围

GB/T 4508 适用于测定石油沥青、煤焦油沥青的延度。

（2）方法概要

将熔化的试样注入专用模具中，先在室温下冷却，然后放入保持在试验温度下的水浴中冷却，用热刀削去高出模具的试样，把模具重新放回水浴，再经一定时间，然后移到延度仪中进行测定。记录沥青试件在一定温度下以一定速度拉伸至断裂时的长度，即为沥青试样的延度。除非特别说明，试验温度为 25℃ ±0.5℃，拉伸速度为 5cm/min±0.25cm/min。

（3）术语和概念

沥青试件在一定温度下以一定速度拉伸至断裂时的长度，即为沥青试样的延度。

延度的大小表明沥青的黏性、流动性，开裂后的自愈能力以及受机械应力作用后变形而不被破坏的能力。

（4）沥青延度测定标准

GB/T 4508—2010《沥青延度测定法》

2. 训练目标

①掌握石油沥青延度测定原理和方法。

②理解延度与石油沥青质量间的关系。

3. 仪器和试剂

（1）仪器

沥青延度试验器：符合 GB/T 4508 技术要求。其中水浴能保持试验温度变化不大于 0.1℃，容量至少为 10L，试件浸入水中深度不得小于 10cm，水浴中设置带孔搁架以支撑试件，搁架距水浴底部不得小于 5cm。

试件模具由黄铜制造，由两个弧形端模和两个侧模组成，组装模具如图 15-2 所示。

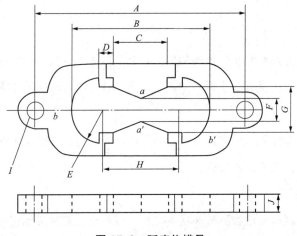

图 15-2　延度仪模具

延度仪在启动时应无明显的振动。

温度计：0~50℃，分度为 0.1℃ 和 0.5℃。

隔离剂：由 2 份甘油和 1 份滑石粉（以质量计）调制而成。

支撑板：黄铜板，一面必须磨光至表面粗糙度 R_a 为 0.63。

（2）试样

建筑沥青。

4. 准备工作

（1）模具的处理

将模具组装在支撑板上，将隔离剂涂于支撑板表面及侧模的内表面，以防沥青沾在模具上。板上的模具要水平放好，以使模具的底部能够充分与板接触。

（2）装试样

小心加热试样，以防局部过热，直到完全变成液体能够倾倒为止（石油沥青加热温度不超过预计软化点 90℃，煤焦油沥青不超过预计软化点 60℃）。样品的加热时间在不影响样品性质和在保证样品充分流动的基础上尽量短。

把熔化的样品充分搅拌之后倒入模具中，在组装模具时要小心，不要弄乱了配件。在倒样时使试样呈细流状，自模具的一端至另一端往返倒入，使试样略高出模具，将试件在空气中冷却 30~40min，然后放在规定温度的水浴中保持 30min 取出，用热的直刀或铲将高出模具的沥青刮出，使试样与模具齐平。

（3）试样恒温

将支撑板、模具和试件一起放入水浴中，并在 25℃ ±0.5℃ 的试验温度下保持 85~95min，然后从板上取下试件，拆掉侧模，立即进行拉伸试验。

5. 实验步骤

（1）试样拉伸

将模具两端的孔分别套在实验仪器的柱上，然后以 5cm/min ±0.25cm/min 的速度拉伸，直到试件拉伸断裂。试验时试件距水面和水底的距离不小于 2.5cm，并且要使温度保持在规定温度的 ±0.5℃ 范围内。

如果沥青浮于水面或沉入槽底，则试验不正常，应使用乙醇或氯化钠调整水的密度，使沥青材料既不浮于水面，又不沉入槽底。

（2）读数

正常的试验应将试样拉成锥形或环状或柱状，直至在断裂时实际横断面面积接近于零或为一均匀断面。测量试件从拉伸到断裂所经过的距离，以 cm 表示。

如果 3 次试验得不到正常结果，则报告在该条件下延度无法测定。

6. 数据处理

若三个试件测定值的最大差值在其平均值的 5% 内，取平行测定三个结果的平均值作为测定结果。若三个试件测定值的最大差值不在其平均值的 5% 以内，但其中两个较高值的差值在平均值的 5% 之内，则弃去最低测定值，取两个较高值的平均值作为测定结果，否则重新测定。

7. 精密度

（1）重复性

同一操作者在同一实验室使用同一试验仪器对不同时间同一样品进行试验得到的结果之差不超过平均值的 10%（95% 置信水平）。

（2）再现性

不同操作者在不同实验室用同类型仪器对同一样品进行试验得到的结果之差不超过平均值的 20%（置信度 95%）。

8. 注意事项

①沥青试样成型状况的好坏对结果有影响。应注意除去水分和气泡，试样模件要保持均匀光滑。

②沥青熔化温度过高时同样会使沥青性质发生变化，影响测定结果。

③要调整仪器使之符合标准要求。水浴的温度保持稳定。

④试样拉成的细线在水浴中应呈直线延伸，否则应加入乙醇和食盐水调整水的密度。

9. 思考题

①测定沥青延度的主要操作条件有哪些？

②制备的试样中如果有气泡，对测定有何影响？

项目三 沥青软化点的测定（环球法）（参照 GB/T 4507—2014）

1. 方法标准相关知识

（1）方法适用范围

GB/T 4507 规定了用环球法测定沥青软化点的方法。该方法适合于测定软化点范围在 30~157℃的沥青材料软化点。

注：该标准适用的材料包括石油沥青、煤焦油沥青、乳化沥青或改性乳化沥青残留物、改性沥青、在加热及不改变性质的情况下可以融化为液体的天然沥青、特种沥青以及沥青混合料回收得到的沥青材料等。

对于软化点在 30~80℃范围内的用蒸馏水作为加热介质，软化点在 50~157℃范围内的用甘油作为加热介质。

（2）方法概要

置于肩或锥状黄铜环中，两块水平沥青圆片在加热介质中以一定速度加热，每块沥青片上置有一只钢球。所报告的软化点为当试样软化到使两个放在沥青上的钢球下落 25mm 距离时温度的平均值。

（3）术语和概念

沥青的软化点是指在规定条件下，沥青试样因受热软化在钢球质量作用下而下坠达 25mm 时的温度，以℃表示。

软化点是表示沥青耐热性能的指标，能间接评定沥青使用温度范围，可用于沥青的分类。软化点低，说明沥青对温度敏感，延性和黏结性较好，但易变形。

沥青是没有严格熔点的黏性物质。随温度升高，它们逐渐变软，黏度降低。因此软化点必须严格按照试验方法来测定，才能使结果重复。

（4）沥青软化点测定标准

GB/T 4507—2014《沥青软化点测定法　环球法》

2. 训练目标

①掌握石油沥青软化点测定的操作方法。

②理解软化点与石油沥青质量间的关系。

3. 仪器和试剂

（1）仪器

沥青软化点测定器：符合 GB/T 4507 技术要求。其中两只黄铜肩或锥环，其形状及尺寸见图 15-3（a）；用于使钢球定位于试样中央的钢球定位器，其形状及尺寸见图 15-3（b）；铜支撑架：用于支撑两个水平位置的环，支撑架上的环的底部距离下支撑板的上表面 25mm，

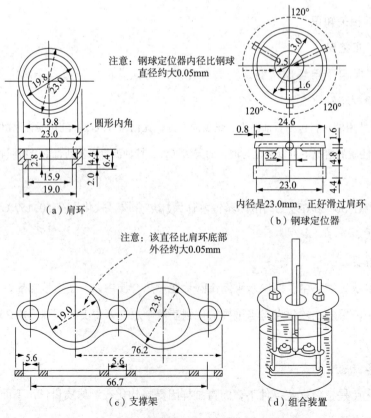

（a）肩环　　（b）钢球定位器　　（c）支撑架　　（d）组合装置

图 15-3　环、钢球定位器、支架、组合装置图

下支撑板的下面距离浴槽底部 16mm±3mm，见图 15-3（c），其安装见图 15-3（d）；支撑板：扁平光滑的黄铜板，其尺寸约为 50mm×75mm；钢球：两只直径为 9.5mm，每只质量为 3.50g±0.05g；浴槽：可以加热的玻璃容器，其内径不小于 85mm，离加热底部的深度不小于 120mm。电炉或其他加热器。

温度计：应符合温度计的技术要求，即测温范围在 30~180℃，最小分度值为 0.5℃ 的全浸式温度计。

加热介质：软化点在 30~80℃ 时用新煮沸过的蒸馏水；软化点在 80~157℃ 时用甘油。

隔离剂：以质量计，两份甘油和一份滑石粉调制而成。

刀：切沥青用；

筛：筛孔为 0.3~0.5mm 的金属网。

（2）试样

道路沥青或建筑沥青。

4. 准备工作

（1）试样的预处理

将预先脱水的试样加热熔化，不断搅拌，以防止局部过热，样品的加热时间在不影响样品性质和保证样品充分流动的基础上尽量短，石油沥青、改性沥青、天然沥青及乳化沥青残留物等试样的加热温度不得高于试样预计软化点 110℃，用筛过滤，从加热到倾倒的时间不超过 2h。

注意：①加热时小心搅拌以免气泡进入试样中；②重复试验时，应在干净的容器中用新鲜样品制备试样；③煤焦油沥青样品加热温度不超过煤焦油沥青预计软化点 55℃。

（2）制作沥青圆片

将试样环置于涂有一层隔离剂的金属板或玻璃板上。若估计软化点在 120℃ 以上时，应将黄铜环与金属板预热至 80~100℃。将已熔化试样注入黄铜环内至略高环面为止。试样在室温下至少冷却 30min，然后用热刀刮去高出环面的试样，使圆片饱满，并与环面齐平。

5. 实验步骤

（1）加热介质的选择及准备

新煮过的蒸馏水适于软化点为 30~80℃ 的沥青试样，起始加热介质温度应为 5℃±1℃；甘油适于软化点为 80~157℃ 的试样，起始加热介质温度应为 30℃±1℃。

（2）安装装置

在通风橱内，按图 15-3（d）安装好两个试样环、钢球定位器、温度计，浴槽装满加热介质，用镊子将钢球置于浴槽底部，使其与支架的其他部位达到相同的起始温度，然后再用镊子从浴槽底部将钢球夹住并置于定位器中。必要时，可用冰水冷却或小心加热，维持起始浴温达

15min。温度计应由支撑板中心孔垂直插入，水银球底部与铜环底部齐平，不能接触环或支架。

（3）加热升温

从浴槽底部以恒定 5℃/min 的速度加热，在 3min 后，升温速度应达到 5℃/min±0.5℃/min（若温度上升速度超出此范围，则试验失败）。

（4）软化点测定

当包着沥青的球刚触及下支撑板时，分别记录温度计所显示的温度。取两个温度的平均值作为沥青的软化点。如果两个温度的差值超过 1℃，应重新试验。

6. 数据处理

因为软化点的测定是条件性的试验，对于给定的沥青试样，当软化点高于 80℃时，水浴中测定的软化点低于在甘油浴中测定的软化点，故需要转换。

（1）软化点记录和转换

①水浴中的软化点转变为甘油浴中的软化点。当水浴中软化点略高于 80℃时，应转变为甘油浴的软化点，此时，石油沥青的校正值为 +4.5℃；煤焦油沥青为 +2.0℃。该校正只能粗略表示软化点的高低，欲得准确值应在甘油中重复试验。

在任何情况下，如果水浴中两次测定温度平均值为 85.5℃或更高，则应在甘油浴中重复试验。

②甘油浴的软化点转变为水浴中的软化点。当甘油浴中的石油沥青软化点低于 84.5℃，煤焦油沥青软化点低于 82℃时，应转变为水浴中的软化点，并在报告中注明。其中石油沥青的校正值为 –4.5℃，煤焦油沥青为 –2.0℃。

在任何情况下，如果甘油浴中所测得的石油沥青软化点平均值为 80.0℃或更低，煤焦油沥青软化点平均值为 77.5℃或更低，则应在水浴中重复试验。

（2）报告

①取两个结果的平均值作为报告值。

②报告试验结果时同时报告浴槽中所使用加热介质的种类。

7. 精密度

（1）重复性

在同一实验室，由同一操作者使用相同的设备，按照相同的测试方法，并在短时间内对同一被测对象相互进行独立测试获得的两个试验结果的绝对值差不超过表 15–4 的值。

（2）再现性

在不同实验室，由不同换作者使用不同的设备，按照相同的测试方法，对同一被测对象相互进行独立测试获得的试验结果的绝对值差不超过表 15–4 的值。

表 15-4　精密度要求数据表

加热介质	沥青材料类型	软化点范围 /℃	重复性（最大绝对误差）/℃	再现性（最大绝对误差）/℃
水	石油沥青、乳化沥青残留物、焦油沥青	30~80	1.2	2.0
水	聚合物改性沥青、乳化改性沥青残留物	30~80	1.5	3.5
甘油	建筑石油沥青、特种沥青等石油沥青	80~157	1.5	5.5
甘油	聚合物改性沥青、乳化改性沥青残留物等改性沥青产品	80~157	1.5	5.5

8. 注意事项

①检查使仪器符合标准要求，包括钢球质量、中承板和下承板之间的距离、各环平面的水平状况、温度计等。

②升温速度过快，所测得的软化点偏高，反之则偏低。

③样品应不含水分和气泡；熔化后要搅拌均匀；黄铜环内表面不应涂隔离剂，以防试样脱落；试样应在空气中冷却 30min 后，再用刀刮至与环面齐平，不许用火烤平。

9. 思考题

①影响石油沥青软化点测定的因素有哪些？

②试样熔化时温度过高时对针入度、延度和软化点的测定有何影响？

 **仪器一　SYD-2801F 型针入度试验器**

1. 仪器结构

SYD-2801F 型针入度试验器符合 GB/T 4509《沥青针入度测定法》、GB/T 269《润滑脂和石油脂锥入度测定法》的技术要求。仪器结构如图 15-4 所示。其中针入时控装置可分别选择 5s、60s；最大针入度为 600 1/10mm，针入精度 ±11/10mm；控温范围 5~100℃，控温精度 ±0.1℃；支架升降可以自由调节，便于针尖（锥尖）对准试样平面；有反光镜和照明装置，便于观察针尖（锥尖）对准试样的准确度。

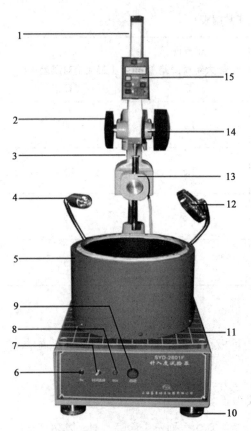

图 15-4 针入度试验器外观

1—显示器移动杆；2—粗调旋钮；3—针连杆；4—照明灯；5—恒温浴；6—5s 指示灯；7—时间选择开关；8—60s 指示灯；9—启动按钮；10—底座调节旋钮；11—工作平台；12—放大镜；13—电磁铁和释放按钮；14—微调旋钮；15—针入度显示器

2. 仪器使用注意事项

①仔细阅读 GB/T 4509《沥青针入度测定法》，了解并熟悉标准所阐述的试验方法、试验步骤和试验要求。按标准所规定的要求，准备好试验用的各种器具、材料等。

②使用本仪器前应仔细阅读使用说明书。检查本仪器的工作状态，使其符合说明书所规定的工作环境和工作条件。

③检查仪器的外壳应处于良好的接地状态；外接电源线必须有良好的接地端。

3. 使用方法

①观察台面上的水泡装置，调节针入度仪的水平，将干净的标准针连接头套上标准砝码后装入连接杆并固定。

②接通电源，调节恒温水浴。恒温浴内中央有测量用温度传感器（温度计请置于此外）和靠近加热管的加热控温用的温度传感器。当试样盛器置于加热管当中的三脚支架上，其底接近测温传感器。水浴是静止的，其传热靠"对流"与"传导"两种方式，又由于恒温浴的三维方向热损耗与环境温度不一，故要利用"功率调节"旋钮进行动态平衡，而此控温过程是断续而缓慢的，操作要仔细。

③选择试样皿。按照表 15-5 的要求选择试样皿。

表 15-5 试样皿规格

针入度范围 /mm	试样皿（直径 ϕ × 深度 h）/mm
小于 200	$\phi 55 \times h35$（小盛样皿）
200~350	$\phi 70 \times h45$（大盛样皿）
大于 350	$\phi 55 \times h70$（特殊盛样皿）

④旋松升降架背后紧定螺钉，上下移动升降架至合适的位置，旋紧。再用两侧微调手轮使针连杆慢慢旋下，利用反光镜观察使标准针的针尖刚好与试样表面接触。松手，升降架自锁。

⑤轻轻推动显示面板上的测杆使之接触针连杆，然后按一下显示面板上置零按钮，显示清零。

⑥选择 5s 或 60s 测定时间。

⑦按"启动"按钮，标准针和针连杆插入沥青内，到达规定时间后仪器自锁。轻推测杆使之与针连杆接触，此时显示值就是针入度读数（使用测杆时，应轻按，轻提，切不可快速撞击；且应在置零 5s 后进行测量，以确保仪表测量的准确性）。

⑧需要重新提针连杆时，应按下释放按钮，而不应在针连杆锁紧状态下抽拔，以免磨损针连杆和杆套。

4. 注意事项

①用本仪器进行的各项试验，应按照相应的国家标准、行业标准中关于针入度（锥入度）测定法所述条件及其规定进行。

②仪器在安装时，针入度仪的工作平台（玻璃容器底部）一定要高出恒温水浴电控箱顶部，但两者的高度差应小于 50cm。

③仪器摆放时，距墙面距离应大于 200mm。

④接好恒温水浴至玻璃容器的进出水管，包上保温材料，注意水管走向顺畅，不得有瘪痕。

⑤每次试验工作完毕后，应取下标准针并上油保护后装入保护盒；清洗各部件，需要上油的部件应上油后妥善保管。

⑥当室温低于 0℃时，请将恒温水浴内的水、循环泵和管路内的水放尽，也将恒温水槽内的水放尽，防止结冰损坏器件。

仪器二 SYD-4508C 型沥青延伸度测定器

1. 仪器结构

该仪器符合 GB/T 4508《沥青延度测定法》的技术要求。仪器结构如图 15-5 所示。其测量范围为 1500mm±10mm；控温范围 5~50℃，控温精度 ±0.1℃；拉伸速度有 1cm/min、5cm/min 两挡；测量精度 ±1mm；显示屏实时显示数据，储存数据，方便查询。

2. 使用方法

①开机。开机后显示欢迎界面，稍待片刻，仪器自动切换到主控界面，如图 15-6 所示。

②主控界面下方操作区按键说明：

延度记录——用于延度值的记录（也可以按无线遥控延度记录器的 A/B/C 键），按一次记录一次延度值，按 3 次后自动计算出延度平均值。

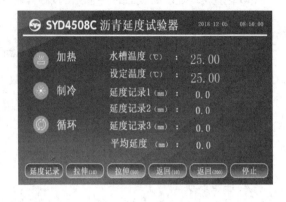

图 15-5　延度试验器外观　　　　　　图 15-6　主控界面

1—制冷机组；2—恒温水槽；

3—电气控制箱；4—电源开关

拉伸(10)——通过点击此按钮，启动仪器的拉伸试验功能，速度为 10mm/min。在未试验状态下，也可以通过此按钮，测试仪器的拉伸行进功能是否正常。

拉伸(50)——通过点击此按钮，启动仪器的拉伸试验功能，速度为 50mm/min。在未试验状态下，也可以通过此按钮，测试仪器的拉伸行进功能是否正常。

返回(10)——点击此按钮，模架以 10mm/min 的速度自动返回到初始点位置处。

返回(200)——点击此按钮，模架以 200mm/min 的速度自动返回到初始点位置处。

停止——点击此按钮，拉伸电机立即停止运行。

③设置界面：

a. 温度设置。主控界面向右滑动屏幕，出现温度设置界面，使用触摸数字软键盘编辑相应的温度值，然后点击数字键盘的"Enter"键确认修改，按屏幕右上角的图标返回主控界面。同时可以修正温度，一般仪器在出厂前，已经对温度传感器、浴槽温度修正过了，所以用户不用再进行温度修正操作，可直接使用。

b. 查看结果。在主控界面下向左滑动屏幕，出现结果显示界面。点击"保存"键，保存当前的试验记录，否则记录不储存。

3. 使用前准备工作

①仔细阅读 GB/T 4508《沥青延度测定法》，了解并熟悉标准所阐述的准备工作、试验步骤和试验要求。按上述标准所规定的要求，准备好试验用的各种试验器具、材料等。

②仔细阅读使用说明书，检查本仪器的工作状态，应符合本说明书所规定的工作环境和工作条件。

③检查仪器的外壳，必须处于可靠的接地状态。

④检查拉伸拖板的移动速度，移动速度应符合 5cm/min 或 1cm /min 的要求。

4. 测定步骤

①按下控制面板右侧面的电源开关，仪器接通电源进入工作状态。

②根据测试需要设定水浴的温度。

③在设置界面按"加热"或"制冷"键，指示图标的底色从灰变白，加热系统或制冷压缩机启动工作。不需要人为地去控制这两个键的开启与关闭，完全由控制器自动控制。

④按下"循环"键，循环指示图标的底色从灰变白，循环泵启动工作，循环泵不受温度控制系统控制，完全受控于人为开启或关闭。

⑤选择拉伸速度。

点击"拉伸$_{(10)}$"键，则电机以每分钟拉伸 1cm 的速度进行拉伸试验。

点击"拉伸$_{(50)}$"键，则电机以每分钟拉伸 5cm 的速度进行拉伸试验。

⑥当水浴温度稳定在设定温度后，可以开始拉伸试验。通过按下"返回$_{(10)}$"键，或按下"返回$_{(200)}$"键，可将拉伸活动模架移至起始位置，并自动对准试模放置的距离。

⑦将准备好的试样装于拉伸模架上，并开始拉伸。

⑧在拉伸的过程中，可以看到 3 个延度记录数字在不断增大，单位为 cm。

⑨在试验过程中，应仔细观察试件的拉伸情况，并随时记录延度值。

当水槽中的三个试样中的任一个试样拉断时，应立即按一下显示屏上的"延度记录"键或者按无线遥控延度记录器的 A 键、B 键或 C 键，记录下该试样的延度值，并在显示屏上显示该延度值，对应三个试样应对应按三次。应注意的是，"延度记录"键和无线遥控延度记录器的 A/B/C 键都为三试样延度记录共用键，第一次按下的延度值显示在延度记录 1 的框内，以此类推。

三个试样的延度值全部记录后，显示屏会自动显示三个试样的平均延度值。

⑩三个试样的试验全部完成后，各"延度记录"显示窗口分别显示其对应的延度值。"延度平均值"显示窗口会自动显示平均值。

5. 仪器使用和维护保养

①试验完毕后，点击主控界面的"返回$_{(10)}$"键或"返回$_{(200)}$"键，将模架返回到起始位置，然后关闭控制面板右侧面的电源开关，将仪器电源关闭。

②特别注意：

本仪器的水浴循环由循环泵完成，每次试验结束后应检查水浴内有无杂物，及时将杂物全部清理干净，保持水浴内循环水的清洁，水流畅通。必要时，应全部更换循环水。

③试验过程中，如需增加水的密度来提高浮力，禁止使用盐类物质，可使用甘油（丙三醇）替代。如需恢复，换水即可。

④水槽内未加水时，严禁通电开机；禁止磁力泵在无水状态下空载运转。

⑤为保持水浴温度场的均匀性，需水位保持在水位线 ±2mm 处。

仪器三 SYD-2806F 型沥青软化点试验器

1. 仪器结构

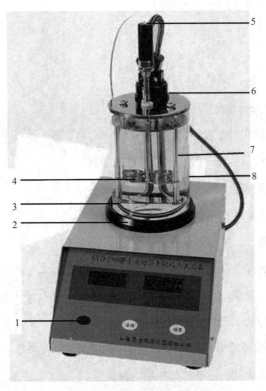

图 15-7 沥青软化点试验器

1—控制面板；2—下底板；3—电热管；
4—钢球定位环；5—温度传感器；；6—
电热管插头；7—检测装置支架；8—烧杯

该仪器符合 GB/T 4507《沥青软化点测定法　环球法》的技术要求。适用于道路石油沥青、煤沥青、液体石油沥青等各类沥青软化点的测定。仪器结构如图 15-7 所示。底座部分称为仪器的控制主体，底座的上面部分称为试验仪。其中电热管用于对烧杯内的液体加热；钢球定位环到下底板的距离为 25.4mm，用于判断钢球下落距离并接落下的钢球。钢球定位环用于定位放置测量钢球。

操作面板上各键的功能：

①复位键：一经复位，单片计算机处于"准备"工作状态。

②启动键：按动此键，仪器进入"测试"状态。

③结果键：按动此键，可读取样品的测试结果。

电源开关在仪器后面板，此外加热、测温连接插座、调速电位器和温度校正旋钮等也在后面板。

2. 准备工作

①预习 GB/T 4507《沥青软化点测定法　环球法》，了解并熟悉标准所阐述的试验方法、试验步骤和试验要求。

②按标准所规定的要求，准备好试验用的各种器具、材料等。

③连接温度传感器连接线、加热元件连线和电源线等。把温度传感器放入试验仪的中心孔中。

3. 使用方法

（1）试样的制备及放置

按标准制备两个试样。将两个试样小心放入试验仪的两个试样环中，将两只钢球定位器罩在两只试样环上，并把两只钢球放于试样的中央，在烧杯中注入表 15-6 中所示相应液体，水液面略低于立柱上的深度标记，把磁力搅拌子放至烧杯底部中间位置。

表 15-6 试验浴液体的选择

软化点范围	选择液体	备注
软化点低于 35℃（不到 0℃）	蒸馏水与乙二醇 1:1（体积比）的混合物	可以直接选择水与甘油（丙三醇）1:1（体积比）的混合物
软化点在 0~35℃	蒸馏水与甘油（丙三醇）1:1（体积比）的混合物	
软化点在 35~80℃	煮沸过的蒸馏水或去离子水	将煮沸过的水冷却到 27℃ 以下，5℃ 以上
软化点在 80~150℃	甘油（丙三醇）	不可反复使用，如果甘油的外观上有任何改变，要更换新的甘油
软化点大于 150℃	硅油（聚甲基硅氧烷）	50cSt 黏度，不要使用任何有凝胶的硅胶

（2）软化点测试

①打开控制主体后面板上的电源开关，仪器处于"准备"状态，时间显示器显示累计开机的时间，温度显示器显示温度传感器所处位置的实际温度，此时，按"结果"键不起作用。无论任何时候，如果按"复位"键，仪器将回复到"准备"状态。因此，在测试过程中，不得轻易按"复位"键。

②将后面板上的调速电位器调至适当位置，使烧杯中搅拌子的转动速度合适。（太快会影响测试结果，太慢会造成水温不均匀）。

③仪器处于"准备"状态，其他准备工作（如水温 5℃、烧杯中的蒸馏水放好，试样放妥等）就绪后，按动"启动"开关，仪器进入"测试"状态。这时，时间显示器显示的是试验的相对时间；温度显示器显示的是当前恒温浴的温度值。在试验阶段，按"启动"键不起作用，但一定不能按"复位"键，否则，仪器又将停止试验，回到"准备"状态。

④测试中，如果温度达到 160℃，仪器仍达不到试样的软化点，仪器将自动停止加热，并发出警报声，按"复位"键，仪器回到"准备"状态。

如果温度在 160℃ 以内，达到试样的软化点温度，当某一个小球落到下承板处时，按一次"结果"键，当另一个小球落到下承板处时，再按一次"结果"键。仪器发声表示试验结束。仪器进入"结果"状态。

⑤在"结果"状态，时间显示器显示为"××：00"，表示两个样品试验结果的平均值标志，在温度显示器上显示测试结果的平均温度。

按"结果"键可分别读取样品 1（时间显示器显示为"××：01"）、样品 2（时间显示器显示为"××：02"）的测试温度及两者的平均值（时间显示器显示为"××：00"）。

本仪器可做低温软化点试验，也可做高温软化点试验。软化点温度低于 80℃时，采用低温软化点试验，起始温度应低于 29℃，一般是从 5℃开始升温。软化点温度高于 80℃时，采用高温软化点试验，起始温度应高于 29℃，一般是从 32℃开始升温。

4. 使用注意事项

①仪器切勿在无油的情况下干试，以免造成仪器的损坏。仪器电源线应有良好的接地端。

②在"试验"阶段和"结果"阶段，不要轻易按"复位"按钮，否则将导致试验中断与失败；一旦按了"复位"按钮，必须重新进行试验。

③仪器测试过程中，搅拌子的转速应调到合适。开始加热时，搅拌子的转速可快一些，当水温接近软化点温度时（这时被测沥青试样开始向下鼓出），搅拌子的转速要调到很慢，甚至停止转动，这样可保证测试结果的准确性。

④仪器出厂时，温度传感器与主机是一一对应的，不能搞错，否则将严重影响测试结果的准确性，甚至不能正常工作。

⑤仪器使用一段时间，温度显示值可能与水银温度计读数值误差较大，这时可调后面板上的温度校正电位器使温度显示值与水银温度计读数值基本一致（误差在 ±0.5℃）。调温度校正电位器时，先逆时针方向把锁紧螺母旋松，调好后再顺时针方向拧紧。

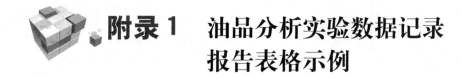

附录 1　油品分析实验数据记录报告表格示例

油品分析实验报告是反映分析结果的技术文件，也是实训教学结果考核的重要依据。实验报告要求能够全面、真实地反映油品的名称、来源、状态、环境温度、大气压力、仪器名称及相关常数、平行测定次数、测量条件控制状况、测定数据和结果、重复性检查、操作者、检查者等状况。在实训过程中要求学生在充分预习实训内容的基础上，科学合理地设计实验报告表格。以下给出一些有代表性的记录表格，以期达到抛砖引玉的效果。

附表 1-1　油品密度（密度计法）测定记录报告单

样品名称		样品来源			
样品外观					
密度计型号		读数修正值		试验温度	
测定次数编号	1		2		3
测定数据					
密度温度系数					
标准密度					
标准密度平均值					
重复性检查					

样品名称		样品来源		

备注:(计算过程)

分析人		核对人		班长	

附表 1-2　汽油馏程测定记录报告单

大气压力 /kPa				室温 /℃			
样品名称				采样地点			
样品外观				执行试验方法标准			
测定次数							
温度计号							

项目	加热时间	测量温度/℃	大气压补正值	补正后温度/℃	加热时间	测量温度/℃	大气压补正值	补正后温度/℃
初馏点 /℃								
5% 回收温度 /℃								
10% 回收温度 /℃								
45% 回收温度 /℃								
50% 回收温度 /℃								
85% 回收温度 /℃								
90% 回收温度 /℃								
终馏点 /℃								
残留量 /mL								
损失量 /mL								
10% 蒸发温度 /℃								
50% 蒸发温度 /℃								
90% 蒸发温度 /℃								
计算公式								
重复性								

报出平均结果	初馏点 /℃	10% 蒸发温度 /℃	50% 蒸发温度 /℃	90% 蒸发温度 /℃	终馏点 /℃	残留量 /mL

分析人		核对人		班长	

附表 1-3　油品闪点和燃点测定记录报告单

大气压力 /kPa		室温 /℃		
样品名称		样品来源		
样品外观		执行试验方法标准		
测定次数	1	2		3
闪点测定值 /℃				
闪点修正值 /℃				
修正后闪点平均值 /℃				
闪点重复性检查				
燃点测定值 /℃				
燃点修正值 /℃				
修正后燃点平均值 /℃				
燃点重复性检查				

备注：（计算过程）

分析人		核对人		班长	

附表 1-4　燃灯法测定硫含量记录报告单

大气压力 /kPa		室温 /℃		
样品名称		样品来源		
样品外观		执行试验方法标准		
HCl 浓度 /（mol/L）				
测定次数	1	2		3
燃烧前油 + 灯质量 /g				
燃烧后油 + 灯质量 /g				
油品燃烧质量 /g				
消耗 HCl 体积 /mL				
空白试验 /mL				
油品中硫含量 /%				
硫含量平均值 /%				
精密度检查				

备注：（计算过程）

分析人		核对人		组长	

附录 2　油品分析实训项目考核评分表示例

附表 2-1　油品密度（密度计法）测定评分标准

序号	考核内容	考核要点	配分	评分标准	检测结果	扣分	备注
1	准备	试样准备与处理	10	检查试样温度和流动性，未检查扣 5 分			
				充分混合均匀试样，未摇匀扣 5 分			
		密度计检查	10	检查密度计检定证书，未检查扣 5 分			
				检查密度计基准点，确定密度计刻度在干管中的正确位置，未检查扣 5 分			
		温度计和量筒检查	5	检查温度计证书，未检查扣 2 分			
				选择符合测定要求的量筒，选择错误扣 3 分			
2	测定过程	试样处理和恒温	15	在试验温度下转移试样，避免损失。转移试样有损失扣 3 分			
				用滤纸除去液面上的气泡，未除气泡扣 2 分			
				用温度计搅拌试样，使试样密度和温度均匀，记录温度至符合测定要求。不符要求扣 5 分			
		密度测定	20	把合适的密度计放入液体中，至平衡位置放开，使密度计自由漂浮。放入过深或未自由漂浮扣 5 分			
				把密度计按到平衡点以下 1mm 或 2mm，松开，观察弯月面形状，反复观察至弯月面形状不变。按下过深或未按扣 5 分，弯月面形状若改变扣 5 分			
				按下密度计约两个刻度，轻轻转动一下放开，密度计静止时读数，读数应准确至最接近刻度间隔的 1/5。读数精度不符扣 5 分			
		数据记录	10	正确记录密度值和温度值，若为深色溶液还要记录密度计的读数方式和修正值。记录值缺一项扣 2 分，至本项扣完为止			
3	数据处理	数据读数记录和修正	20	将测量密度换算为标准密度，修正后记录到 0.0001g/cm^3，否则扣 5 分			
				记录涂改勾抹一处扣 5 分			
				平行结果超差扣 10 分			
4	文明与安全生产	台面卫生及试验后整理	10	台面整洁，仪器摆放有序，结束后整理仪器和台面。杂乱或未整理扣 5~10 分			
				试验过程同组成员配合默契，操作合理，无仪器破损。否则酌情扣 1~5 分			
5	总分		100				

附表 2-2　汽油馏程测定评分标准

序号	考核内容	考核要点	配分	评分标准	检测结果	扣分	备注
1	准备工作	玻璃仪器选取	5	不检查温度计量筒及蒸馏瓶是否合格扣 5 分			
		取样	15	取样时试样不均匀扣 2 分			
				不量试油温度扣 3 分			
				观察试样体积时视线不与下弯月面相切扣 3 分			
				观察试样体积时量筒不垂直扣 2 分			
				向蒸馏烧瓶中加试样时，蒸馏瓶支管向下扣 5 分			
		仪器安装	20	温度计安装不符合要求扣 5 分			
				蒸馏瓶安装倾斜扣 3 分			
				蒸馏烧瓶支管插入冷凝管中深度 <25mm 或靠壁扣 2 分			
				冷凝管出口插入量筒深度 <25mm 或低于 100mL 标线扣 3 分			
				不擦拭冷凝管内壁扣 2 分			
				安装时，前后管顺序颠倒扣 2 分			
				量筒不盖棉垫扣 1 分			
				冷凝管出口在初馏后不靠量筒壁扣 2 分			
		记录大气压	5	未记录大气压和室温扣 5 分			
2	测定	测定过程	35	初馏时间不足 5min 或超过 10min 扣 5 分			
				初馏点到回收 5% 的时间不足 60s 或超过 75s 扣 5 分			
				馏出速度过快或过慢扣 5 分			
				蒸馏后不冷却就取下蒸馏瓶扣 5 分			
				观察温度时视线不水平扣 5 分			
				漏看规定温度一次扣 5 分			
				没量残馏量扣 3 分			
				试验结束后没关电源扣 2 分			
3	结果	结果与重复性考察	10	结果报出不是整数扣 2 分			
				平行结果之差超过重复性要求扣 10 分			
4	记录	记录	5	作废记录纸一张扣 5 分			
				记录书写无涂改无空项，否则扣 1 分 / 处			
5	文明安全生产	仪器使用与台面	5	试验中打破仪器扣 5 分			
				试验台面不整洁扣 5 分			
6	合计		100				

附表 2-3　运动黏度测定评分标准［GB/T 265—88（2004）］

序号	考核内容	考核要点	配分	评分标准	检测结果	扣分	备注
1	准备	运动黏度试验器准备	20	熟悉运动黏度试验器的结构和控制方法。不熟悉仪器结构或操作扣 5~10 分			
				检查恒温浴液面高度。如偏低，适当补充液体。不检查扣 5 分			
				打开恒温浴开关，设置试验温度，预热。不预热或不会设置温度扣 5 分			
		试样检查	5	检查试样是否含水或机械杂质。不检查扣 5 分			
2	测定	黏度计检查和装样	15	根据试样预期黏度选择合适规格的黏度计。不会选择扣 5 分			
				用溶剂油或石油醚清洗黏度计。烘干或热空气吹干。未清洗或不干净酌情扣 2~5 分			
				按要求装入试样。不会装样或装入过多扣 5 分			
		测定流动时间	25	将黏度计装入试验器，并调整黏度计至垂直状态。未调整或不符合要求扣 3~5 分			
				调整温度计位置使水银球接近毛细管中央点的水平面，并使测温刻度部分位于恒温浴的液面上 10mm 处。未调整或不符合要求扣 3~5 分			
				待温度恒定后将试样吸入扩张部分，液面高于标线，且毛细管和扩张部分无气泡或裂隙。测定时有气泡或裂隙扣 5 分			
				测量液面从 a 标线下降至 b 标线时所用时间，记录。计时失误一次扣 2 分			
				重复测定至少 4 次，且检查所测时间的误差符合方法要求。未检查或测定次数不足扣 5 分			
3	记录与结果计算	数据记录与处理	20	完整记录试验数据。记录涂改勾抹一处扣 2 分			
				取不少于 3 次的时间计算平均值，并计算运动黏度。计算错误扣 5~10 分			
				重复测定结果之差符合要求。结果超差扣 5 分			
4	文明与安全生产	台面卫生及试验后整理	15	台面整洁，仪器摆放有序，结束后整理仪器和台面。杂乱或未整理扣 5~10 分			
				试验过程同组成员配合默契，操作合理，无仪器破损。否则酌情扣 1~5 分			
5	总分		100				

附表 2-4　喷气燃料碘值测定评分标准（SH/T 0234—92）

序号	考核内容	考核要点	配分	评分标准	检测结果	扣分	备注
1	准备	检查和洗涤玻璃仪器	10	检查需用玻璃仪器的规格和数量并洗涤干净。未检查或清洗不干净酌情扣 1~5 分			
				用标准溶液润洗滴定管。滴定管漏液或润洗不当酌情扣 1~5 分			
		试样准备与称取	15	将试样用定性滤纸过滤。未过滤扣 5 分			
				准确在已加入 15mL 95% 乙醇碘量瓶中称取 0.3~0.4g 试样。称量失误或重称每次扣 5 分			
2	安装测定	试样反应	20	用吸管取 25mL 碘乙醇溶液注入碘量瓶中，密闭瓶塞，小心摇动碘量瓶。然后加入 100mL 蒸馏水，密闭瓶塞。碘乙醇取液失误每次扣 5 分			
				保持温度在 20℃±5℃，旋转式摇动 5min，120~150r/min，静置 5min。摇瓶太慢扣 5 分，时间控制不当扣 5 分			
		滴定	20	向瓶中加入 25mL 200g/L 碘化钾溶液，用蒸馏水冲洗瓶塞及瓶颈。加液或冲洗不充分酌情扣 1~5 分			
				用硫代硫酸钠标准溶液滴定，当碘量瓶中颜色呈浅黄色时，加入 5g/L 淀粉溶液 1~2mL。继续滴定至瓶中混合物蓝紫色消失。记录体积。滴定操作失误或终点判断失误每次扣 5 分			
				进行空白试验。空白试验失误扣 5 分			
3	记录与结果计算	数据记录	20	完整记录试验数据。记录涂改勾抹一处扣 2 分			
				计算试样碘值和烯烃含量。计算错误扣 5~10 分			
				重复测定结果之差符合要求。结果超差扣 5 分			
4	文明与安全生产	台面卫生及试验后整理	15	台面整洁，仪器摆放有序，结束后整理仪器和台面。杂乱或未整理扣 5~10 分			
				试验过程同组成员配合默契，操作合理，无仪器破损。否则酌情扣 1~5 分			
5	总分		100				

附录3　常见油品的技术规格

附表3-1　车用汽油（Ⅴ）和车用汽油（ⅥA、ⅥB）的技术要求及试验方法

项目	车用汽油（Ⅴ） GB 17930—2016			车用汽油 （ⅥA、ⅥB）GB 17930—2016			试验方法
	89号	92号	95号	89号	92号	95号	
抗爆性 研究法辛烷值（ROM）　不小于 抗爆指数（MON＋ROM）/2 　　　　　　　　　　　不小于	89 84	92 87	95 90	89 84	92 87	95 90	GB/T 5487 GB/T 5487，GB/T 503
铅含量①/（g/L）　　　不大于	0.005			0.005			GB/T 8020
馏程 10%馏出温度/℃　　不高于 50%馏出温度/℃　　不高于 90%馏出温度/℃　　不高于 终馏点/℃　　　　　不高于 残留量/%（体）　　不大于	70 120 190 205 2			70 110 190 205 2			GB/T 6536
蒸气压/kPa 从11月1日至4月30日　不大于 从5月1日至10月30日　不大于	45~85 40~65			45~85 40~65			GB/T 8017
溶剂洗胶质含量/（mg/100mL） 未洗胶质（加清洁剂前）不大于 洗胶质　　　　　　　不大于	30 5			30 5			GB/T 8019
诱导期/min　　　　　不小于	480			480			GB/T 8018
硫含量②/（mg/kg）　不大于	10			10			SH/T 0689
硫醇（需满足下列要求之一） 博士试验 硫醇硫含量/%（质）　不大于	通过 0.001			通过 0.001			SH/T 0174 GB/T 1792
铜片腐蚀（50℃，3h）/级 不大于	1			1			GB/T 5096
水溶性酸碱	无			无			GB/T 259
机械杂质及水分	无			无			目测③
苯含量④/%（体）　　不大于	1.0			0.8			SH/T 0713
芳烃含量⑤/%（体）　不大于	40			35			GB/T 11132
烯烃含量⑤/%（体）　不大于	24			18（15）			GB/T 11132
氧含量/%（质）　　　不大于	2.7			2.7			SH/T 0663
锰含量⑥/（g/L）　　不大于	0.002			0.002			SH/T 0711

续表

项目		车用汽油（Ⅴ）GB 17930—2016			车用汽油（ⅥA、ⅥB）GB 17930—2016			试验方法
		89 号	92 号	95 号	89 号	92 号	95 号	
铁含量[①] /（g/L）	不大于	0.01			0.01			SH/T 0712
密度（20℃）/（kg/m³）		720~775			720~775			GB/T 1884，GB/T1885

注：①车用汽油中，不得人为加入甲醇及含铅、含铁和含锰的添加剂。

②有异议时，以 SH/T 0689 方法结果为准。

③将试样注入 100mL 玻璃量筒中观察，应当透明，没有悬浮和沉降的机械杂质和水分。当有异议时，以 GB/T 511 和 GB/T 260 方法测定结果为准。

④当有异议时，以 SH/T 0713 方法测定结果为准。

⑤对于 95 号车用汽油，在烯烃和芳烃总量控制不变的前提下，可允许芳烃的最大值为 42%（体）。在含量测定有异议时，以 GB/T 11132 方法测定结果为准。

⑥锰含量是指车用汽油中以甲基环戊二烯三羰基锰形式存在的总锰含量，不得人为加入其他类型的含锰添加剂。

附表 3-2　车用柴油（Ⅴ 和 Ⅵ）的质量标准

项目		质量指标（GB/T 19147—2016）						试验方法
		5 号	0 号	−10 号	−20 号	−35 号	−50 号	
氧化安定性，总不溶物 /（mg/100mL）	不大于	2.5						SH/T 0175
硫含量 /（mg/kg）	不大于	10						SH/T 0689
10%蒸余物残炭[①]/%（质）	不大于	0.3						GB/T 17144
灰分[②]/%（质）	不大于	0.01						GB/T 508
铜片腐蚀（50℃，3h）/级	不大于	1						GB/T 5096
水分 /%（体）	不大于	痕迹						GB/T 260
润滑性　校正磨痕直径（60℃）/μm	不大于	460						SH/T 0765
运动黏度（20℃）/（mm²/s）		3.0~3.8		2.5~8.0		1.8~7.0		GB/T 256
凝点 /℃	不高于	5	0	−10	−20	−35	−50	GB/T 510
冷滤点 /℃	不高于	8	4	−5	−14	−29	−44	SH/T 0248
闪点（闭口）/℃	不低于	60			50	45		GB/T 261
着火性　十六烷值	不小于	51			49	47		GB/T 11139 SH/T 0694
十六烷指数	不小于	46			46	43		
馏程　50%回收温度 /℃	不高于	300						GB/T 6536
90%回收温度 /℃	不高于	355						
95%回收温度 /℃	不高于	365						

项目	质量指标（GB/T 19147—2016）						
	5 号	0 号	−10 号	−20 号	−35 号	−50 号	试验方法
密度（20℃）/（kg/m³）	810~850 810~845（Ⅵ）			790~840			GB/T 1884, GB/T 1885

注：① 10%蒸余物残炭可用 GB/T 17144《石油产品残炭的测定微量法》方法测定。结果有争议时，以 GB/T 268《石油产品残炭测定法（康氏法）》方法为准。若柴油中含有硝酸酯型十六烷值改进剂及其他性能添加剂时，10%蒸余物残炭的测定，必须用不加硝酸酯及其他性能添加剂的基础燃料进行。

② 灰分可用目测法，即将试样注入 100 mL 玻璃筒中，在室温（20℃±5℃）下观察，应当透明、没有悬浮和沉降的水分及机械杂质。如果有争议时，按 GB/T 511《石油和石油产品及添加剂机械杂质测定法》的方法测定。

附表 3-3　喷气燃料的质量标准

项目		燃料代号及质量标准		
		2 号 GB 1788—78（88）	3 号 GB 6537—2006	试验方法
密度（20℃）/（kg/m³）	不大于	775	775~830	GB/T 1884
组成				
总酸值 /（mgKOH/g）	不大于	—①	0.015	GB/T 12574
酸度 /（mgKOH/100mL）	不大于	1.0	—	GB/T 258
碘值 /（g I/100g）	不大于	4.2	—	SH/T 0234
芳烃含量 /%（体）	不大于	20.0	20.0②	GB/T 11132
烯烃含量 /%（体）	不大于	—	5.0	GB/T 11132
总硫含量③ /%（质）	不大于	0.20	0.20	GB/T 380 等
硫醇性硫 /%（质）	不大于	0.002	0.002	GB/T 505、 GB/T 1792、
或博士试验④		—	通过	SH/T 0174
直馏组分 /%（体）		—	报告	
加氢精制组分 /%（体）		—	报告	
加氢裂化组分 /%（体）		—	报告	
铜含量⑤ /（μg/kg）		—	150	SH/T 0182
挥发性				
馏程⑥				GB/T 255、 GB/T 6536
初馏点 /℃	不高于	150	报告	
10%回收温度 /℃	不高于	165	205	
20%回收温度 /℃	不高于	—	报告	
50%回收温度 /℃	不高于	195	232	
90%回收温度 /℃	不高于	230	报告	
98%回收温度 /℃	不高于	250	—	
终馏点 /℃	不高于	—	300	
残留量 /%（体）	不大于	—	1.5	
损失量 /%（体）	不大于	—	1.5	

项目		燃料代号及质量标准		试验方法
		2 号 GB 1788—78（88）	3 号 GB 6537—2006	
残留量及损失量 /%	不大于	2.0	—	
闪点 /℃	不低于	28	38	GB/T 261
流动性				
冰点[7]/℃	不高于	—	–47	
结晶点 /℃	不高于	–50		GB/T 2430、SH/ T 0770、SH/T 0179
运动黏度 /（mm²/s）				
20℃	不小于	1.25	1.25[8]	
–20℃	不大于	—	8.0	GB/T 265
–40℃	不大于	8.0	—	
燃烧性				
净热值[9]/（MJ/kg）	不小于	42.9	42.8	GB/T 384、GB/T
烟点 /mm	不小于	25	25	2429、GB/T 382
烟点最小值为 20mm 时萘系芳烃含量 /%				
	不大于	3.0	3.0	SH/T 0181
辉光值	不小于	45	45	GB/T 11128
腐蚀性				
铜片腐蚀（100℃，2h）/ 级	不大于	1	1	GB/T 5096
银片腐蚀（50℃，4h）/ 级	不大于	1	1[10]	SH/T 0023
安定性				
热安定性（250℃，2.5h）		—	3.3	
过滤器压力降 /kPa	不大于		小于 3 级，且无孔雀 蓝色或异常沉积物	GB/T 9169
管壁评级				
洁净性				GB/T 8019、
实际胶质[11]/（mg/100mL）	不大于	5	7	GB/T 509
水反应			—	GB/T 1793
体积变化 /mL	不大于	1	1b	
界面情况 / 级	不大于	1b	2	
分离程度 / 级	不大于	实测	1.0[12]	
固体颗粒污染物含量 /（mg/L）		—		SH/T 0093
机械杂质及水分[13]		无	—	GB/T 511、GB/T
灰分 /%（质）	不大于	0.005		260、GB/T 508
水溶性酸碱		无		GB/T 259
导电性　电导率（20℃）/（pS/m）		—	50~450[14]	GB/T 6539
外观		—	室温下清澈透明， 无不溶解水的固体 物质	目测
颜色	不小于	—	+25[13]	GB/T 3555

项目	燃料代号及质量标准		试验方法
	2 号 GB 1788—78（88）	3 号 GB 6537—2006	
润滑性　磨痕直径 WSD/mm　不大于	—	0.65[15]	SH/T 0687

注：①表中"—"表示喷气燃料不要求该指标。

②对于民用航空燃料的芳烃含量（体积分数）规定为不大于 25.0%。

③总硫测定方法较多，如 GB/T 380，GB/T 11140，GB/T 17040，SH/T 0253，SH/T 0689 等。如有争议，以 GB/T 380 测定结果为准。硫醇硫和博士试验任做一项，当两者出现争议时，以硫醇性硫为准。

④3 号喷气燃料规定博士试验和硫醇硫可任做一项，当硫醇硫和博士试验发生争议时，以硫醇硫为准。

⑤经过铜精制工艺加工的喷气燃料，试样应按 SH/T 0182《轻质石油产品中铜含量测定法（分光光度法）》测定铜离子含量，要求铜离子含量不大于 150 μg/kg。

⑥馏程测定允许用 GB/T 255，有争议时则以 GB/T 6536 测定结果为准，其中 3 号喷气燃料用回收温度表示。

⑦如有争议，以 GB/T 2430 测定结果为准。

⑧对于民用航空燃料，20℃ 的黏度指标不作要求。

⑨如有争议，以 GB/T 384 测定结果为准。

⑩对于民用航空燃料，此项指标不作要求。

⑪实际胶质结果有争议时，以 GB/T 8019 为准。

⑫对于民用航空燃料，不要求报告分离程度。

⑬将试样注入 100mL 玻璃量筒中，在 15~20℃ 下观察，如有争议，以 GB/T 511 和 GB/T 260 方法为准。

⑭如燃料不要求加抗静电剂，此项指标不作要求，燃料离厂时一般要求电导率大于 150 pS/m。

⑮对于民用航空燃料，从炼油厂输送到客户，输送过程中颜色的变化不允许超出以下要求：初始波塞特颜色大于 +25，变化不大于 8；初始波塞特颜色在 +25~+15 之间，变化不大于 5；初始波塞特颜色小于 +15，变化不大于 3。

附表3-4　汽油机油黏温性能要求（GB 11121）

项目		低温动力黏度 / (mPa·s)	低温泵送黏度 / (mPa·s)(在无屈从应力时)	运动黏度 / (100℃) / (mm²/s)	高温高剪切黏度 (150℃, 10⁶s⁻¹) / (mPa·s)	黏度指数	倾点 /℃
试验方法		GB/T 6538	SH/T 0562	GB/T 256	GB/T 0618③、GB/T 0703、GB/T 0751	GB/T 1995、GB/T 2541	GB/T 3535
质量等级	黏度等级						
	0W-20	≤6200（-35℃）	≤60000（-40℃）	5.6～<9.3	≥2.6	—	—
	0W-30	≤6200（-35℃）	≤60000（-40℃）	9.3～<12.5	≥2.9	—	≤-40
	5W-20	≤6600（-30℃）	≤60000（-35℃）	5.6～<9.3	≥2.6	—	—
	5W-30	≤6600（-30℃）	≤60000（-35℃）	9.3～<12.5	≥2.9	—	≤-35
SG、SH、GF—1①、SJ、GF—2②、SL、GF—3	5W-40	≤6600（-30℃）	≤60000（-35℃）	12.5～<16.3	≥2.9	—	—
	5W-50	≤6600（-30℃）	≤60000（-35℃）	16.3～<21.9	≥3.7	—	—
	10W-30	≤7000（-25℃）	≤60000（-30℃）	9.3～<12.5	≥2.9	—	—
	10W-40	≤7000（-25℃）	≤60000（-30℃）	12.5～<16.3	≥2.9	—	≤-30
	10W-50	≤7000（-25℃）	≤60000（-30℃）	16.3～<21.9	≥3.7	—	—
	15W-30	≤7000（-25℃）	≤60000（-25℃）	9.3～<12.5	≥2.9	—	—
	15W-40	≤7000（-25℃）	≤60000（-25℃）	12.5～<16.3	≥3.7	—	≤-25
	15W-50	≤7000（-25℃）	≤60000（-25℃）	16.3～<21.9	≥3.7	—	—
	20W-40	≤9500（-15℃）	≤60000（-20℃）	12.5～<16.3	≥3.7	—	≤-20
	20W-50	≤9500（-15℃）	≤60000（-20℃）	16.3～<21.9	≥3.7	—	—
	30	—	—	9.3～<12.5	—	≥75	≤-15
	40	—	—	12.5～<16.3	—	≥80	≤-10
	50	—	—	16.3～<21.9	—	≥80	≤-5

注：①10W 黏度等级低温度动力黏度和低温泵送黏度的试验温度均升高 5℃，指标分别为：≤3500mPa·s 和 30000mPa·s。
②10W 黏度等级低温度动力黏度的试验温度升高 5℃，指标为：≤3500mPa·s。
③为仲裁方法。

附表 3-5　汽油机油模拟性能和理化性能要求（GB 11121）

项目	质量指标（GB 11121—2006）								试验方法
	SE	SF	SG	SH	GF-1	SJ	GF-2	SL、GF-3	
水分/%（体）					痕迹				GB/T 260
泡沫性（泡沫倾向/泡沫稳定性）/（mL/mL） 24℃		≤20/0	≤10/0	≤10/0	≤10/0	≤10/0	≤10/0	≤10/0	GB/T 12579①
93.5℃		≤150/0	≤50/0	≤50/0	≤50/0	≤50/0	≤50/0	≤50/0	
后24℃		≤25/0	≤10/0	≤10/0	≤10/0	≤10/0	≤10/0	≤10/0	
150℃		—	报告	报告	报告	≤200/50	≤100/0		SH/T 0722②
蒸发损失③/%（质）		5W-30	10W-30	15W-40	0W和5W / 所有其他多级油	0W-20、5W-20、5W-30、10W-30 / 所有其他多级油			
诺亚克法（250℃，1h）		≤25	≤20	≤18	≤25 / ≤20	≤22 / ≤20	≤22	≤15	SH/T 0059
气相色谱法（371℃馏出量）　方法1		≤20	≤17	≤15	≤20 / ≤17	≤20 / ≤15	—	—	SH/T 0558
方法2				≤17		≤15 / ≤15	≤17	—	SH/T 0695
方法3						≤15 / ≤15	≤17	≤10	ASTM D4617

续表

项目	质量指标（GB 11121—2006）								试验方法
	SE	SF	SG	SH	GF-1	SJ	GF-2	SL、GF-3	
			5W-30、10W-30	15W-40					
过滤性									
EOFT 流量减少		—	≤ 50	—	≤ 50	≤ 50	≤ 50	≤ 50	ASTM D6795
EOWTT 流量减少									ASTM D46794
用 0.6%H$_2$O		—	—	—	—	报告	—	≤ 50	
用 1.0%H$_2$O		—	—	—	—	报告	—	≤ 50	
用 2.0%H$_2$O		—	—	—	—	报告	—	≤ 50	
用 3.0%H$_2$O		—	—	—	—	报告	—	≤ 50	
均匀性和混合性					与 SAE 参比油混合均匀				ASTM D6922
高温沉淀物 /mg									
TEOST		—	—	—	—	≤ 60	≤ 60	—	SH/T 0750
TEOST MHT		—	—	—	—	—	—	≤ 45	ASTM D7097
凝胶指数		—	—	—	—	≤ 12	≤ 12[4]	≤ 12[4]	SH/T 0732
机械杂质 /%（质）					≤ 0.01				GB/T 511
闪点（开口）/℃（黏度等级）					≥ 200（0W、5W 多级油）；≥ 205（10W 多级油）；≥ 215（15W、20W 多级油）；≥ 220（30）；≥ 225（40）；≥ 230（50）				GB/T 3536
磷 /%（质）	报告	报告	≤ 0.12[5]	≤ 0.12[5]	≤ 0.12	≤ 0.10[6]	≤ 0.10	≤ 0.10[7]	GB/T 17476[8]，SH/T 0296、SH/T 0631、SH/T 0749

续表

项目	SE	SF	SG	SH	GF-1	SJ	GF-2	SL、GF-3	试验方法
碱值⑨（以KOH计）/（mg/g）					报告				SH/T 0251
硫酸盐灰分⑨%（质）					报告				GB/T 2433
硫⑨%（质）					报告				GB/T 387、GB/T 388、GB/T 11140、GB/T 17040、GB/T 17476、SH/T 0172、SH/T 0631、SH/T 0749
氮⑨%（质）					报告				GB/T9170、SH/T0656、SH/T0704

注：①对于SG、SH、GF-1、SJ、GF-2、SL和GF-3，需首先进行步骤A试验。

②为1min后测定稳定体积。对于SL和GF-3，可根据需要确定是否首先进入步骤A试验。

③对于SF、SC和SH，除规定了指标的5W/30、10W/30和15W/40之外的所有其他多级油均为"报告"。

④对于GF-2和GF-3，凝胶指数试验是从-5℃开始降温，直到黏度达到40000mPa·s时的温度或温度达到-40℃时试验结束，任何一个先出现即为试验结束。

⑤仅适用于5W-30和10W-30的黏度等级。

⑥仅适用于0W-20、5W-20、5W-30和10W-30黏度等级。

⑦仅适用于0W-20、5W-20、0W-30、5W-30和10W-30黏度等级。

⑧仲裁方法。

⑨生产者在每批产品出厂时要向使用者或经销者报告该项目的实测值，有争议时以发动机台架试验结果为准。

附表 3-6　半精炼石蜡的质量指标

项目		质量指标（GB/T 254—2010）														试验方法
		46号	48号	50号	52号	54号	56号	58号	60号	62号	64号	66号	68号	70号	72号	
熔点 /℃	不低于	46	48	50	52	54	56	58	60	62	64	66	68	70	72	GB/T 2539
	低于	48	50	52	54	56	58	60	62	64	66	68	70	72	74	
含油量 /%（质）　不大于		2.0														GB/T 3554
色度（赛波特）/号　不小于		+18														GB/T 3555
光安定性 /号　不大于		6							7			8				SH/T 0404
针入度（1/10mm）	（25℃，100g）	35			23											GB/T 4985
	（35℃，100g）	报告														
运动黏度（100℃）/（mm²/s）		报告														GB/T 265
水溶性酸或碱		无														SH/T 0407
臭味 /号　不大于		2														SH/T 0414
机械杂质及水分		无														目测

目测方法：将约 10g 蜡放入容积为 100~250mL 的锥形瓶中，加入 50mL 初馏点不低于 70℃的无水直馏汽油馏分，并在振荡下于 70℃的水浴中加热，直到石蜡溶解为止，将该溶液于 70℃的水浴中放置 15min 后，溶液中不应该呈现可以看见的浑浊、沉淀或水，允许溶液有轻微乳光。

附表 3-7　道路沥青质量指标

项目	质量指标（NB/SH/T 0522—2010）					试验方法
	200 号	180 号	140 号	100 号	60 号	
针入度（25℃，100g，5s）/（1/10mm）	200~300	150~200	110~150	80~110	50~80	GB/T 4509
延度[注]（25℃）/cm　不小于	20	100	100	90	70	GB/T 4508
软化点（环球法）/℃	30~48	35~48	38~51	42~55	45~58	GB/T 4507
溶解度 /%　不小于	99.0	99.0	99.0	99.0	99.0	GB/T 11148
闪点（开口）/℃　不低于	180	200	230	230	230	GB/T 267
密度（25℃）/（g/cm³）	报告					GB/T 8928
蜡含量 /%　不大于	4.5					SH/T 0425
薄膜烘箱试验（163℃，5h）质量变化 /%	1.3	1.3	1.3	1.2	1.0	GB/T 5304
针入度比 /%	报告					GB/T 4509
延度（25℃）/cm	报告					GB/T 4508

注：当 25℃延度达不到，15℃延度达到时，也认为是合格的，指标要求与 25℃延度一致。

附录 4　油品分析常见溶液配制方法

1. 油品试验用试剂溶液配制的一般规定

①所用的水，在没有注明其他要求时，应符合 GB/T 6682 中三级水规格。所用乙醇是指 95% 乙醇（分析纯）。除已指明溶剂的溶液外，均是水溶液。

②标定标准滴定溶液和配制基准溶液所用试剂为容量分析基准试剂。配制溶液所用的试剂纯度不低于分析纯。

③所使用的分析天平的砝码、滴定管、容量瓶及移液管等需按计量检定规程要求定期检定。

④所称取的试剂质量，应在所规定质量的 ±10% 以内。

⑤浓度等于或低于 0.02mol/L 的标准滴定溶液，应在临用前配制，可用煮沸并冷却的水将浓度较高的标准滴定溶液稀释而成，必要时重新标定。

⑥标定标准滴定溶液浓度时，单次标定的浓度值与算术平均值之差不应大于算术平均值的 0.2%。至少取三次标定结果的算术平均值作为标准滴定溶液的实际浓度。

⑦标准滴定溶液和基准溶液的浓度值取四位有效数字。

⑧配制的标准滴定溶液的浓度值与所规定的浓度值之差不应大于规定的浓度值的 ±5%。

⑨标准滴定溶液和基准溶液在常温（15~25℃）下的有效期，氢氧化钾 – 乙醇（或异丙醇）标准滴定溶液和盐酸 – 乙醇（或异丙醇）标准滴定溶液为 15d，其他标准滴定溶液和基准溶液为两个月。

2. 标准滴定溶液的配制与标定

（1）盐酸标准滴定溶液

配制：根据拟配制浓度要求，按下述规定体积量取浓盐酸［36%~38%（质）］，注入 1L 水中，摇匀。

c（HCl）/（mol/L）	0.5	0.1	0.05
浓盐酸 /mL	45	9.0	4.5
标定时称取无水碳酸钠 /g	0.8	0.17	0.08

标定：根据拟标定浓度要求，按上述规定量称取经 270~300℃灼烧至恒重的基准无水碳酸钠，精确至 0.0002g，溶于 50mL 水中，加入 10 滴溴甲酚绿 – 甲基红混合指示液，用配制好的盐酸溶液滴定至溶液由绿色变为暗红色，煮沸 2~3min，冷却后继续滴定至溶液再呈暗红色，同时做空白试验。

计算：

$$c(\mathrm{HCl}) = \frac{m}{(V_1 - V_0) \times 0.05299}$$
（1）

式中　　　m——无水碳酸钠的质量，g；

　　　　　V_1——盐酸溶液的用量，mL；

　　　　　V_0——空白试验时，盐酸溶液的用量，mL；

　　0.05299——与1.00mL盐酸标准滴定溶液［c（HCl）=1.000mol/L］相当的以克表示的
　　　　　　　无水碳酸钠的质量。

（2）盐酸－乙醇（或异丙醇）标准滴定溶液

配制：根据拟配制浓度要求，按下述规定体积量取浓盐酸［36%~38%（质）］，注入1L乙醇（或异丙醇）中，摇匀。

c（HCl–乙醇或异丙醇）/（mol/L）	0.2	0.1	0.05
浓盐酸 /mL	18	9.0	4.5
标定时称取无水碳酸钠 /g	0.4	0.17	0.08

标定：根据拟标定浓度要求，按上述规定量称取经270~300℃灼烧至恒重的基准无水碳酸钠，精确至0.0002g，溶于50mL水中。加入10滴溴甲酚绿－甲基红混合指示液，用配制好的盐酸－乙醇（或异丙醇）溶液滴定至溶液由绿色变为暗红色。煮沸2~3min，冷却后继续滴定至溶液再呈暗红色，同时做空白试验。

计算公式同式（1）。

（3）硫酸标准滴定溶液

配制：量取3mL硫酸［96%~98%（质）］，缓慢地注入1L水中，冷却，摇匀。

标定：称取0.2g经270~300℃灼烧至恒重的基准无水碳酸钠，精确至0.0002g，溶于50mL水中，加入10滴溴甲酚绿－甲基红混合指示液，用配制好的硫酸溶液滴定至溶液由绿色变为暗红色，煮沸2~3min，冷却后继续滴定至溶液再呈暗红色，同时做空白试验。

计算：

$$c\left(\frac{1}{2}\mathrm{H_2SO_4}\right) = \frac{m}{(V_1 - V_0) \times 0.05299}$$
（2）

式中　m——无水碳酸钠的质量，g；

　　　V_1——硫酸溶液的用量，mL；

　　　V_0——空白试验时，硫酸溶液的用量，mL；

0.05299——与 1.00mL 硫酸标准滴定溶液 $[c(\frac{1}{2}H_2SO_4)=1000mol/L]$ 相当的以克表示的无水碳酸钠的质量。

（4）氢氧化钠标准滴定溶液

配制：将氢氧化钠用无二氧化碳的水制成饱和溶液，装入聚乙烯容器中，密闭放置至溶液清亮。按下述规定量取上层清液，注入 1L 水中，配成不同浓度的氢氧化钠溶液。

c（NaOH）/（mol/L）	0.5	0.1	0.05
氢氧化钠饱和溶液 /mL	26	5.2	2.6
标定时称取苯二甲酸氢钾的质量 /g	0.8	0.17	0.08

标定：根据拟标定浓度的要求，按上述规定量称取经 105~110℃烘至恒重的基准苯二甲酸氢钾，精确至 0.0002g，溶于上述规定体积的无二氧化碳的水中，加入 2~3 滴酚酞－乙醇指示液（10g/L），用配制好的氢氧化钠溶液滴定至溶液呈粉红色。同时做空白试验。

计算：

$$c(\text{NaOH}) = \frac{m}{(V_1 - V_0) \times 0.2042} \qquad (3)$$

式中　　m——苯二甲酸氢钾的质量，g；

　　　　V_1——氢氧化钠溶液的用量，mL；

　　　　V_0——空白试验时，氢氧化钠溶液的用量，mL；

　　0.2042——与 1.00mL 氢氧化钠标准滴定溶液 $[c(\text{NaOH})=1.000mol/L]$ 相当的以克表示的苯二甲酸氢钾的质量。

（5）氢氧化钾标准滴定溶液

配制：根据拟配制浓度的要求，按下述规定量称取氢氧化钾，溶于 1L 无二氧化碳的水中，摇匀。

标定：根据拟标定浓度的要求，按下述规定量称取经 105~110℃烘至恒重的基准苯二甲酸氢钾，精确至 0.0002g，溶于下述规定体积的无二氧化碳的水中，加入 2~3 滴酚酞－乙醇指示液（10g/L），用配制好的氢氧化钾溶液滴定至溶液呈粉红色，同时做空白试验。

c（KOH）/（mol/L）	0.1	0.05	0.025
氢氧化钾 /g	5.6	2.8	1.4
基准苯二甲酸氢钾的质量 /g	0.8	0.17	0.08
无二氧化碳水的体积 /mL	80	80	50

计算公式同氢氧化钠标定计算公式（3）。

（6）氢氧化钾 – 乙醇（或异丙醇）标准滴定溶液

氢氧化钾 – 乙醇标准滴定溶液配制：配制溶液所用乙醇需进行精制［称取 1.5g 硝酸银，3g 氢氧化钾，分别用 10mL 水溶解，注入 1L95% 乙醇（或无水乙醇）中，摇动 3~4min，静置后过滤到蒸馏烧瓶中，进行蒸馏。收集 78℃时的馏分，储存在棕色具塞玻璃瓶中］。根据拟配制浓度要求，按下述规定量称取氢氧化钾，溶于 100mL 水中，再用 900mL 精制乙醇稀释，摇匀。保存在棕色具塞玻璃瓶中，静置 24h 后取上层清液标定。

氢氧化钾 – 异丙醇标准滴定溶液配制：按规定量（下表）称取氢氧化钾，加入盛有 1L 无水异丙醇（含水量小于 0.9%）的烧瓶中，安装好回流冷凝器，加热，不断地摇动烧瓶（防止氢氧化钾在瓶底结块）。缓慢地煮沸 20min，待氢氧化钾全部溶解后，冷却片刻。加入至少 2g 氢氧化钡（一般 4~5g），再缓慢地煮沸至少 30min。冷却到室温、静置，待上层溶液澄清后，小心地将上层清液倾入棕色瓶中，最好在瓶口上接一根碱石棉干燥管。

c（KOH）/（mol/L）	1.0	0.5	0.2	0.1	0.05
氢氧化钾 /g	56	28	12	6	3
基准苯二甲酸氢钾的质量 /g	6.0	3.0	1.2	0.6	0.3
无二氧化碳水的体积 /mL	80	80	80	80	80

标定：根据拟标定浓度的要求，按上述规定量称取经 105~110℃烘至恒重的基准苯二甲酸氢钾，精确至 0.0002g。溶于上述规定体积的无二氧化碳的水中，加入 2~3 滴酚酞 – 乙醇指示液（10g/L），用配制好的氢氧化钾溶液滴定至溶液呈粉红色，同时做空白试验。

计算公式同氢氧化钠标定计算公式（3）。

（7）硫代硫酸钠标准滴定溶液

配制：根据拟配制浓度要求，按下述规定量称取硫代硫酸钠，溶于 1L 水中，缓慢地煮沸 10min，加入按下述规定量的三氯甲烷后，摇匀，保存于棕色瓶中，放置两周后过滤或取上层清液标定。

c（Na$_2$S$_2$O$_3$）/（mol/L）	0.1	0.05
硫代硫酸钠 /g	26	13
三氯甲烷 /mL	0.25~0.4	0.2
基准重铬酸钾 /g	0.15	0.08

标定：根据拟标定浓度要求，按表中规定量称取经 120℃烘至恒重的基准重铬酸钾，精确至 0.0002g，置于具塞锥形烧瓶中，用 25mL 水溶解，加入 2g 碘化钾及 20mL 硫酸溶液［18%

（质）]。摇匀，在暗处放置 10min 后，再加 150mL 水。用配制好的硫代硫酸钠溶液滴定至浅黄色时，加入 3mL 淀粉指示液（5g/L），继续滴定至溶液由蓝色变为亮绿色。同时做空白试验。

计算：

$$c(\text{Na}_2\text{S}_2\text{O}_3) = \frac{m}{(V_1 - V_0) \times 0.04903} \tag{4}$$

式中　　m——重铬酸钾的质量，g；

　　　　V_1——硫代硫酸钠溶液的用量，mL；

　　　　V_0——空白试验时，硫代硫酸钠溶液的用量，mL；

　0.04903——与 1.00mL 硫代硫酸钠标准滴定溶液 [$c(\text{Na}_2\text{S}_2\text{O}_3)$=1.000mol/L] 相当的以克表示的重铬酸钾的质量。

（8）溴酸钾 – 溴化钾标准滴定溶液

配制：根据拟配制浓度要求，按下述规定量称取溴酸钾及溴化钾，溶于 1L 水中，摇匀。

标定：按下述规定浓度量取 30.00~35.00mL 溴酸钾 – 溴化钾溶液，注入碘量瓶中，加入 2g 碘化钾及 5mL 盐酸溶液 [19%（质）]，摇匀。在暗处放置 5min，加入 30mL 水，用硫代硫酸钠标准滴定溶液滴定至溶液呈浅黄色，加入 3mL 淀粉指示液（5g/L），继续滴定至溶液蓝色消失。同时做空白试验。

$c(1/6\text{KBrO}_3)$ /（mol/L）	0.5	0.1	0.05
溴酸钾 /g	14	2.8	1.4
溴化钾 /g	51	10	5
标定用硫代硫酸钠的浓度 /（mol/L）	80	80	50

溴酸钾 – 溴化钾标准溶液的实际浓度计算公式：

$$c\left(\frac{1}{6}\text{KBrO}_3\right) = \frac{(V_1 - V_0) \times c_1}{V} \tag{5}$$

式中　V_1——硫代硫酸钠标准滴定溶液的用量，mL；

　　　V_0——空白试验时，硫代硫酸钠标准滴定溶液的用量，mL；

　　　c_1——硫代硫酸钠标准滴定溶液的实际浓度，mol/L；

　　　V——溴酸钾—溴化钾溶液的用量，mL。

（9）碘标准滴定溶液

配制：称取 13g 碘及 35g 碘化钾，溶于 100mL 水中，并稀释至 1L，摇匀，保存在棕色具塞玻璃瓶中。

标定：称取 0.15g 预先在硫酸干燥器中干燥至恒重的基准三氧化二砷，精确至 0.0002g，置于碘量瓶中，加入 4mL 氢氧化钠（40g/L）溶液，加 50mL 水，加 2 滴酚酞 – 乙醇指示液（10g/L），用硫酸溶液［5%（质）］中和，然后加入 3g 碳酸氢钠及 3mL 淀粉指示液（5g/L），用配制好的碘溶液滴定至溶液呈浅蓝色。同时做空白试验。

碘标准滴定溶液的实际浓度计算：

$$c(1/2\,I_2) = \frac{m}{(V_1 - V_0) \times 0.04946} \tag{6}$$

式中　　m——三氧化二砷的质量，g；

　　　　V_1——碘溶液的用量，mL；

　　　　V_0——空白试验时，碘溶液的用量，mL；

　　0.04946——与 1.00mL 碘标准溶液［c（1/2I_2）=1.000mol/L］相当的以克表示的三氧化二砷的质量。

（10）高锰酸钾标准滴定溶液

配制：称取 3.3g 高锰酸钾，溶于 1L 水中，缓慢地煮沸 15min，冷却后在暗处静置两周后，取上层清液贮存于棕色具塞玻璃瓶中。

标定：称取 0.2g 经 105~110℃ 干燥至恒重的基准草酸钠，精确至 0.0002g，溶于 100mL 硫酸溶液（硫酸与水按 8 ： 92 的体积比）中，用配制好的高锰酸钾溶液滴定，接近终点时加热至 65℃，继续滴定至溶液呈粉红色保持 30s。同时做空白试验。

高锰酸钾标准滴定溶液的实际浓度［c（1/5$KMnO_4$）］计算：

$$c\left(1/5\,KMnO_4\right) = \frac{m}{(V_1 - V_0) \times 0.06700} \tag{7}$$

式中　　m——草酸钠的质量，g；

　　　　V_1——高锰酸钾溶液的用量，mL；

　　　　V_0——空白试验时，高锰酸钾溶液的用量，mL；

　　0.06700——与 1.00mL 高锰酸钾标准滴定溶液［c（1/5$KMnO_4$）=1000mol/L］相当的以克表示的草酸钠的质量。

（11）乙二胺四乙酸二钠（EDTA）标准滴定溶液

配制：根据拟配制浓度要求，按下述规定量称取乙二胺四乙酸二钠，加热，溶于 1L 水中，摇匀。

标定：根据拟标定浓度要求，按下述规定量称取经 800℃ 灼烧至恒重的基准氧化锌，精确至 0.0002g，用少量水湿润，加 2mL 盐酸溶液［19%（质）］使之溶解，加入 10mL 水，用氨

水溶液 [10%（质）] 中和至 pH 值为 7~8，再加入 10mL 氨－氯化铵缓冲溶液（pH≈10，称取 54.0g 氯化铵溶于水，加入 350mL 氨水，稀释至 1L）及约 0.1g 铬黑 T 指示剂，用配制好的乙二胺四乙酸二钠溶液滴定至溶液由紫色变为纯蓝色。同时做空白试验。

c（EDTA）/（mol/L）	0.2	0.1	0.05
乙二胺四乙酸二钠 /g	80	40	20
基准氧化锌 /g	0.5	0.25	0.13

乙二胺四乙酸二钠标准滴定溶液的实际浓度计算：

$$c\left(\text{EDTA}\right)=\frac{m}{(V_1-V_0)\times0.08138}\tag{8}$$

式中　　m——基准氧化锌的质量，g；

　　　　V_1——乙二胺四乙酸二钠标准滴定溶液的用量，mL；

　　　　V_0——空白试验时，乙二胺四乙酸二钠标准滴定溶液的用量，mL；

　　0.08138——与 1.00mL 乙二胺四乙酸二钠标准溶液 [c（EDTA）=1.000mol/L] 相当的以克表示的氧化锌的质量。

（12）**氯化镁标准滴定溶液**

配制：称取 21g 氯化镁，溶于 1L 盐酸溶液（盐酸与水按 0.5 ∶ 999.5 的体积比）中，放置一个月后，取上层清液标定。

标定：量取 30.00~35.00mL 配制的氯化镁溶液，加 70mL 水及 10mL 氨—氯化铵缓冲溶液（pH≈10），加入约 0.1g 铬黑 T 指示剂，用乙二胺四乙酸二钠标准滴定溶液 [c（EDTA）=0.1mol/L] 滴定至溶液由紫色变为纯蓝色。同时做空白试验。

氯化镁标准滴定溶液的实际浓度计算：

$$c\left(\text{MgCl}_2\right)=\frac{(V_1-V_0)\times c_1}{V}\tag{9}$$

式中　V_1——乙二胺四乙酸二钠标准滴定溶液的用量，mL；

　　　V_0——空白试验时，乙二胺四乙酸二钠标准滴定溶液的用量，mL；

　　　c_1——乙二胺四乙酸二钠标准滴定溶液的试剂浓度，mol/L；

　　　V——与 1.00mL 乙二胺四乙酸二钠标准溶液 [c（EDTA）=1.000mol/L] 相当的以克表示的氧化锌的质量。

（13）**硫氰酸钾标准滴定溶液**

配制：称取 4.9g 硫氰酸钾，溶于 1L 水中，摇匀。

标定：称取 0.25g 在硫酸干燥器中干燥至恒重的基准硝酸银，精确至 0.0002g，溶于 100mL 水中，加 2mL 硫酸高铁铵指示液（80g/L）及 10mL 硝酸溶液［25%（质）］，在摇动下用配制好的硫氰酸钾溶液滴定。终点前摇动溶液至完全清亮后，继续滴定至溶液呈浅棕红色保持 30s。

硫氰酸钾标准滴定溶液的实际浓度［c（KCNS），mol/L］计算：

$$c(\text{KCNS}) = \frac{m}{(V_1 - V_0) \times 0.1699} \qquad (10)$$

式中　　　m——硝酸银的质量，g；

　　　　　V_1——硫氰酸钾溶液的用量，mL；

　　　　　V_0——空白试验时，硫氰酸钾标准滴定溶液的用量，mL；

　　0.1699——与 1.00mL 硫氰酸钾标准滴定溶液［c（KCNS）=1.000mol/L］相当的以克表示的硝酸银的质量。

（14）**硝酸银标准滴定溶液**

配制：称取 8.7g 硝酸银，溶于 1L 水中，摇匀。溶液贮存在棕色具塞玻璃瓶中。

标定：称取 0.1g 经 500~600℃ 灼烧至恒重的基准氯化钠，精确至 0.0002g，溶于 70mL 水中，加 5mL 淀粉指示液（5g/L），用配制的硝酸银溶液滴定，接近终点时加 3 滴荧光素指示液（5g/L），继续滴定至溶液由黄色变为粉红色。同时做空白试验。

硝酸银标准滴定溶液的实际浓度［c（AgNO$_3$），mol/L］计算：

$$c(\text{AgNO}_3) = \frac{m}{(V_1 - V_0) \times 0.05844} \qquad (11)$$

式中　　　m——基准氯化钠的质量，g；

　　　　　V_1——硝酸银溶液的用量，mL；

　　　　　V_0——空白试验时，硝酸银溶液的用量，mL；

　0.05844——与 1.00mL 硝酸银标准滴定溶液［c（AgNO$_3$）=1.000mol/L］相当的以克表示的氯化钠的质量。

（15）**高氯酸 - 冰乙酸标准滴定溶液**

配制：将 8.5mL 高氯酸，在搅拌下注入 500mL 冰乙酸中，在室温下加入 20mL 乙酸酐，搅拌至溶液均匀。冷却后再用冰乙酸稀释至 1L，摇匀。

标定：称取 0.6g 经 105~110℃ 烘至恒重的基准苯二甲酸氢钾，精确至 0.0002g，置于干燥的锥形烧瓶中，加入 50mL 冰乙酸，温热溶解，再加入 4~5 滴结晶紫 - 冰乙酸指示液（2g/L），用配制的高氯酸 - 冰乙酸溶液滴定至溶液由紫色变为蓝色（微带紫色）。同时做空白试验。

高氯酸 – 冰乙酸标准滴定溶液的实际浓度 $[c(HClO_4), mol/L]$ 计算：

$$c(HClO_4) = \frac{m}{(V_1 - V_0) \times 0.2042}$$ （12）

式中　　　m——苯二甲酸氢钾的质量，g；

　　　　　V_1——高氯酸 – 冰乙酸溶液的用量，mL；

　　　　　V_0——空白试验时，高氯酸 – 冰乙酸溶液的用量，mL；

　　0.2042——与 1.00mL 高氯酸 – 冰乙酸标准滴定溶液 $[c(HClO_4)=1.000mol/L]$ 相当的

　　　　　　以克表示的苯二甲酸氢钾的质量。

注：本溶液应于使用前标定。标定时的温度应与使用该标准滴定溶液时的温度相同。

3. 基准溶液

（1）重铬酸钾基准溶液

配制：根据拟配制浓度要求，按下述规定量称取经 120℃烘至恒重的基准重铬酸钾，精确至 0.0001g，用少量水溶解后，移入 1L 容量瓶中，用水稀释至刻线，摇匀。

$c(1/6K_2Cr_2O_7)/(mol/L)$	0.2	0.1
基准重铬酸钾 /g	9.8060	4.9030

重铬酸钾基准溶液的实际浓度 $[c(1/6K_2Cr_2O_7), mol/L]$ 的计算：

$$c(1/6K_2Cr_2O_7) = \frac{m}{49.03 \times 1}$$

式中　　　m——重铬酸钾的质量，g；

　　49.03——基本单元为 $1/6\ K_2Cr_2O_7$ 的 1mol 重铬酸钾的质量，g/mol；

　　　　1——重铬酸钾基准溶液的体积，L。

（2）草酸钠基准溶液

配制：称取 6.7000g 经 105~110℃干燥至恒重的基准草酸钠，精确至 0.0002g，用少量水溶解后，移入容量瓶中，用水稀释至刻线，摇匀。

草酸钠基准溶液的实际浓度 $[c(1/2Na_2C_2O_4), mol/L]$ 计算：

$$c(1/2Na_2C_2O_4) = \frac{m}{67.00 \times 1}$$

式中　　　m——草酸钠的质量，g；

　　67.00——基本单元为 $1/2\ Na_2C_2O_4$ 的 1mol 草酸钠的质量，g/mol；

　　　　1——草酸钠基准溶液的体积，L。

（3）氧化锌基准溶液

配制：根据拟配制浓度要求，按下述规定量称取经 800℃灼烧至恒重的基准氧化锌，精确至 0.0002g，加入 20mL 盐酸溶液［19%（质）］及 25mL 水，使其溶解，然后移入 1L 容量瓶中，再加水稀释至刻线，摇匀。

c（ZnO）/（mol/L）	0.2	0.05	0.02
基准氧化锌 /g	16.2760	4.0690	1.6276

氧化锌基准溶液的实际浓度［c（ZnO），mol/L］的计算：

$$c(\text{ZnO}) = \frac{m}{81.38 \times 1}$$

式中　m——氧化锌的质量，g；

　　81.38——基本单元为 ZnO 的 1mol 氧化锌的质量，g/mol；

　　　　1——氧化锌基准溶液的体积，L。

（4）氯化钠基准溶液

配制：根据拟配制浓度要求，按下述规定量称取经 500~600℃灼烧至恒重的基准氯化钠，精确至 0.0002g，用少量水溶解后，移入 1L 容量瓶中，再用水稀释至刻线，摇匀。

c（NaCl）/（mol/L）	0.1	0.02
基准氯化钠 /g	5.8445	1.1689

氯化钠基准溶液的实际浓度［c（NaCl），mol/L］的计算：

$$c(\text{NaCl}) = \frac{m}{58.44 \times 1}$$

式中　m——氯化钠的质量，g；

　　58.44——基本单元为 NaCl 的 1mol 氯化钠的质量，g/mol；

　　　　1——氯化钠基准溶液的体积，L。

4. 其他溶液

（1）质量分数 19%、13%、10%、7%、4% 盐酸溶液

根据拟配制浓度要求，按下述规定体积量取盐酸［36%~38%（质）］，用水稀释至 1L，摇匀。

盐酸溶液 /%（mol/L）	19（≈6mol/L）	13（≈4mol/L）	10（≈3mol/L）	7（≈2mol/L）	4（≈1mol/L）
盐酸的体积 /mL	490（500）	325（335）	245（250）	170（170）	95（85）

（2）质量分数 98.5%±0.5%（质）、95.0%±0.5%（质）硫酸溶液

配制：

质量分数 98.5%±0.5% 硫酸溶液：把存有硫酸［95%~98%（质）］的瓶放入冷浴中，然后将发烟硫酸（发烟硫酸与硫酸按 1 : 3 的体积比）缓慢地倒入硫酸中，摇匀。静置 3d。

质量分数 95.0%±0.5% 硫酸溶液：量取 980mL 硫酸［95%~98%（质）］加入 20mL 水中，摇匀。

标定：用减量法称取 0.5g 配制的硫酸溶液（精确至 0.0002g）置于装有 50mL 水的锥形烧瓶中，混合均匀，待冷却后加入 2~3 滴酚酞 – 乙醇指示液（10g/L），用氢氧化钠标准滴定溶液［c（NaOH）=0.5mol/L］滴定至呈粉红色。

硫酸含量 X［%（质）］计算：

$$X = \frac{cV \times 0.04904}{m} \times 100\%$$

式中　　　c——氢氧化钠标准滴定溶液的实际浓度，mol/L；

　　　　　V——氢氧化钠标准滴定溶液的用量，mL；

　　　　　m——硫酸溶液的质量，g；

　　0.04904——与 1.00mL 氢氧化钠标准滴定溶液［c（NaOH）=1.000mol/L］相当的以克表示的硫酸的质量。

（3）质量分数 26%、20%、18%、9%、5% 硫酸溶液

根据拟配制浓度要求，按下述规定体积量取硫酸［95%~98%（质）］，缓慢地注入 700mL 水中，冷却至室温后，稀释至 1L，摇匀。

硫酸溶液 /%（mol/L）	26（≈6mol/L）	20（≈5mol/L）	18（≈4mol/L）	9（≈2mol/L）	5（≈1mol/L）
硫酸的体积 /mL	175（165）	130（140）	120（110）	54（55）	30（28）

（4）质量分数 28%、10%、6%、3%、1% 硝酸溶液

根据拟配制浓度要求按下述规定体积量取硝酸［65%~68%（质）］，用水稀释至 1L，摇匀。

硝酸溶液 /%（质）（mol/L）	28（≈5mol/L）	10（≈2mol/L）	6（≈1mol/L）	3（≈0.5mol/L）	1（≈0.1mol/L）
硝酸的体积 /mL	350（335）	110（135）	66（66）	32（33）	10.6（6.6）

（5）质量分数 10%、4% 氨水溶液

根据拟配制浓度要求按下述规定体积量取氨水［25%~28%（质）］，用水稀释至 1L，摇匀。

氨水溶液 /%（质）（ ≈ mol/L ）	10（≈6mol/L）	4（≈2mol/L）
氨水的体积 /mL	380（400）	155（145）

（6）质量分数 12%、1% 冰乙酸溶液

根据拟配制浓度要求，按下述规定体积量取冰乙酸 [99%（质）]，用水稀释至 1L，摇匀。

冰乙酸溶液 /%（mol/L）	12（≈2mol/L）	1（≈0.2mol/L）
冰乙酸的体积 /mL	120（120）	9.6（12）

（7）体积分数 85%、60%、20% 乙醇溶液

根据拟配制浓度要求，按下述规定体积量取 95% 乙醇，用水稀释至 1L，摇匀。

乙醇溶液 /%（体）	85	60	20
乙醇的体积 /mL	900	110（135）	66（66）

（8）200g/L、100g/L、80g/L、60g/L、40g/L、20g/L、8g/L、4g/L 氢氧化钠溶液

根据拟配制浓度要求，按下述规定量称取氢氧化钠，用适量水溶解后，再用水稀释至 1L，摇匀。200g/L、100g/L 氢氧化钠溶液应保存在内壁敷有石蜡的玻璃瓶或耐碱的塑料瓶中。

氢氧化钠溶液 /（g/L）	200	100	80	60	40	20	8	4
摩尔浓度 /（mol/L）	5	2.5	2	1.5	1	0.5	0.2	0.1
氢氧化钠 /g	200	100	80	60	40	20	8	4

（9）20%（质）氢氧化钠饱和盐水

称取 200g 氢氧化钠于 1L 烧杯中，加入 800mL 水，用玻璃棒搅拌，待氢氧化钠完全溶解后，再加入精制食盐，直到不再溶解为止，此溶液应保存在内壁敷有石蜡的玻璃瓶或耐碱的塑料瓶中。

（10）100g/L [10%（质/体）] 乙酸铅溶液

称取 100g 乙酸铅，加入 30mL 冰乙酸，用水稀释至 1L，摇匀。

注："10%（质/体）" 是有关标准中曾用的溶液浓度单位，现应使用 100g/L 表示该溶液的浓度，下同。

（11）150g/L [15%（质/体）] 酸性硫酸镉溶液

称取 150g 硫酸镉，用少量水溶解后，将其加入 10mL 硫酸溶液 [26%（质）] 中，然后移入 1L 容量瓶中，再用水稀释至刻线，摇匀。

（12）2.5g/L［0.25%（质／体）］钒酸铵溶液

称取 2.5g 偏钒酸铵，在加热的条件下溶于约 300mL 水中，冷却后加入 20mL 硝酸［65%~68%（质）］，然后移入 1L 容量瓶中，再用水稀释至刻线，摇匀。

（13）50g/L［5%（质／体）］钼酸铵溶液

称取 50g 钼酸铵于 600mL 烧杯中，加入约 300mL 水，然后加热溶解（温度不超过 60℃），冷却后移入 1L 容量瓶中，用水稀释至刻线，摇匀（出现沉淀时，要过滤）。

（14）50g/L［5%（质／体）］硼酸溶液

称取 50g 硼酸，加入 1L 水中，加热煮沸后取上层清液。

（15）20g/L［2.0%（质／体）］8-羟基喹啉溶液

称取 20g 8-羟基喹啉，溶于 80~100mL 冰乙酸中，用水稀释至 1L，摇匀。

（16）250g/L［25%（质／体）］氯化亚锡溶液

称取 250g 含 2 个结晶水的氯化亚锡，溶于 250mL 盐酸［36%~38%（质）］中，加热至全部溶解后，用水稀释至 1L，摇匀。

（17）81.2g/L（0.5mol/L）一氯化碘溶液

称取 55.58 碘化钾于 250mL 烧杯中，用少量水将其移入 1L 容量瓶中，再加入 400mL 水，445mL 盐酸［36%~38%（质）］，摇动，使其溶解，并冷却至室温。缓慢地加入 37.5g 碘酸钾，并一边摇动，一边在自来水龙头下冲水冷却，直至开始形成的碘重新溶解，得到清亮的橙红色溶液，冷却至室温后，用水稀释至刻线，摇匀。

注：盛装一氯化碘溶液的容器禁止使用橡胶塞子。在一定的条件下，一氯化碘能和铵离子反应生成三碘化氨，很容易爆炸，所以一氯化碘绝对禁止与氨或铵盐接触。

（18）100g/L［10%（质／体）］二氯化镉溶液

称取 100g 二氯化镉，加入 10mL 盐酸［36%~38%（质）］，用水稀释至 1L，摇匀。

（19）75g/L（0.2mol/L）乙二胺四乙酸二钠（EDTA）溶液

称取 75g 乙二胺四乙酸二钠，用少量水将其移入 1L 容量瓶中，用水稀释至刻线，摇匀。

5. 常用指示液和指示剂

（1）1g/L［0.1%（质／体）］甲酚红–乙醇指示液

称取 0.1g 甲酚红，研细，溶于 100mL95% 乙醇中，并在水浴中煮沸回流 5min，趁热用氢氧化钾–乙醇溶液（3g/L）滴定至甲酚红–乙醇指示液由橘红色变为深红色，而在冷却后又能恢复成橘红色为止。

（2）10g/L、5g/L、2.5g/L［1%、0.5%、0.25%（质／体）］淀粉指示液

根据拟配制浓度要求，按下述规定量称取可溶性淀粉，加入 10mL 水，在搅拌下注入

90mL 水中，再微沸 2min，至几乎全部透明，过滤后使用。

淀粉指示剂 /（g/L）[%（质/体）]	10（1%）	5（0.5%）	2.5（0.25%）
可溶性淀粉 /g	1	0.5	0.25

注：此溶液于使用前配制。如果在配制时，加入几滴甲苯或三氯甲烷，则可以使用几天。

（3）20g/L［2%（质/体）］碱蓝 6B- 乙醇指示液

称取 2g 碱蓝 6B，将其溶于 100mL 煮沸的 95% 乙醇中，并在水浴中回流 1h，冷却后过滤。必要时，煮沸的澄清滤液要用氢氧化钾 – 乙醇溶液（3g/L）或盐酸 – 乙醇溶液中和，直至加入 1~2 滴氢氧化钾 – 乙醇溶液 3（g/L）能使碱蓝 6B- 乙醇指示液从蓝色变成浅红色，而在冷却后又能恢复为蓝色为止。

注：盐酸 – 乙醇溶液的配制是将 4.5mL 盐酸［36%~38%（质）］用乙醇稀释至 1L。

（4）1g/L［0.1%（质/体）］溴百里酚蓝 – 乙醇指示液

称取 0.1g 溴百里酚蓝溶于 3.2mL 氢氧化钾 – 乙醇溶液（3g/L）中，然后用 20% 乙醇溶液稀释至 100mL，摇匀。

（5）溴甲酚绿 – 甲基红混合指示液

量取已配制的溴甲酚绿 – 乙醇溶液（1g/L）3 体积和甲基红 – 乙醇溶液（2g/L）1 体积，摇匀。

（6）二甲酚橙指示剂

称取 1g 二甲酚橙和 100g 氯化钠，混合研细后，保存于磨口瓶中。

（7）80g/L 硫酸高铁铵指示液

称取 8.0g 硫酸高铁铵，溶于水中（加几滴硫酸），稀释至 100mL。

（8）5g/L［0.5%（质/体）］铬黑 T- 乙醇指示液

称取 0.5g 铬黑 T 和 2.0g 盐酸羟胺，溶于乙醇中，然后用乙醇稀释至 100mL，摇匀。此溶液有效期为 7d。

（9）铬黑 T 指示剂

称取 1g 铬黑 T 和 100g 氯化钠，混合研细后，保存于磨口瓶中。

（10）钙指示剂

称取 1g 钙指示剂和 100g 氯化钠，混合研细后，保存于磨口瓶中（使用期为半年）。

参考文献

［1］中国石油化工股份有限公司科技部 . 石油和石油产品试验方法国家标准汇编 .2020. 北京：中国标准出版社，2020.

［2］中国石油化工股份有限公司科技部 . 石油产品国家标准汇编（2020）. 北京：中国标准出版社，2020.

［3］中国石油化工股份有限公司科技部 . 石油和石油产品试验方法国家标准汇编 . 北京：中国标准出版社，2016.

［4］中国石油化工股份有限公司科技部 . 石油产品国家标准汇编（2016）. 北京：中国标准出版社，2016.

［5］甘黎明 . 石油产品分析 . 2 版 . 北京：化学工业出版社，2019.

［6］樊宝德，朱焕勤 . 油库化验工 . 北京：中国石化出版社，2006.

［7］熊云，许世海 . 油品应用及管理 . 2 版 . 北京：中国石化出版社，2008.

［8］中国石油化工集团公司人事部，中国石油天然气集团公司人事服务中心编 . 油品分析工 . 北京：中国石化出版社，2009.

［9］王宝仁 . 油品分析 . 2 版 . 北京：高等教育出版社，2014.